电子[illegible]术实验与课程设计教程

刘　春　朱维勇　李维华　主编

合肥工業大學出版社

前　言

电子技术基础课程是电气信息类专业重要的技术基础课,具有较强的实践性。电子技术实验和课程设计是电子技术基础课程的重要组成部分,是电子技术理论学习的补充和深化。可以促进学生巩固和拓展课堂中的理论知识,培养和提高学生的工程实践和工程创新能力,为学生今后深入学习及从事工程应用领域工作打下坚实的基础。

为了适应新世纪高等学校培养电气类、自动化类、电子信息类等专业人才的战略要求,加强学生工程实践和创新创业能力的培养,根据高等学校电子技术基础课程教学的要求,本书作者结合近年来电子技术实践课程教学的调整,总结多年的电子技术相关课程教学实践、教学改革和指导大学生电子设计竞赛的经验,编写了集理论验证、综合设计、实操与实践融合一体的《电子技术实验与课程设计教程》。

全书主要分为四章:第一章重点介绍模拟电子技术基础实验,涵盖了模拟电子技术中主要的应用电路;第二章主要介绍数字电子技术基础实验和主要应用电路;第三章主要介绍电子技术课程设计中电子系统常用的单元电路和电子电路的设计及实现方法;第四章为 FPGA 综合实验,主要介绍数字系统设计方法和 EDA 技术的应用;最后在附录中简单介绍常用电子技术实验仪器的使用方法、电子器件及典型仿真电路等内容。

本教材具体特点如下:

1. 基础实验全面涵盖了电子技术课程中的重要知识点,实验类型多样化,由验证性实验、综合提高性实验至设计性实验。电子技术课程设计和基础实验整合在一起,实现了实验与设计的有机结合,实验中单元电路可以作为课程设计参考,既便于学生学习应用,又节省了篇幅。

2. 教材中每个实验都包含实验目的、实验原理、预习要求、思考题和注意事项,大多数学生通过自主学习这些内容,即可自行完成实验。本书既保证了实践教学与理论教学的紧密联系,又突出了电子技术实验的独立性和系统性。

3. 教材中实验内容的安排由浅入深,循序渐进。既有测试、验证性内容,也有设计、研究性内容;既有电子技术课程各章节局部知识点实验,也有多个章节综合的设计性实验内容。本书适用于全开放、自主学习式实验教学模式,有利于激发学生自主学习的热情与兴趣，亦可用于传统的小班授课实验教学模式。

4. 通过验证性和综合性实验，帮助学生巩固加深对电子技术课程中重要理论知识的理解，认识实际电子电路，掌握基本实验知识、基本实验方法和实验技能。

5. 课程设计训练，能够培养学生综合设计及实践能力，通过引进学习新器件、新技术、新方法来拓宽学生的知识面，促进学生创新能力的提高。

6. 教材中使用到的仪器设备录制了相应的视频课件，重点实验内容配有电子课件，可以方便学生自主学习。

本教材由合肥工业大学刘春、朱维勇和李维华主编。编写分工为：第 1 章、第 3 章及附件 A 由刘春、李维华、刘冬梅和侯华龙编写，第 2 章、第 4 章及附件 B、附件 C 由朱维勇、张海燕、戴雷和邓凡李编写。

由于时间和水平有限，书中难免会有缺点和错误，敬请读者批评指正。

编　者

2022 年 9 月

目　　录

第1章　模拟电子技术基础实验

1.1　晶体管共射极放大电路

1.1.1　实验目的

1. 熟悉放大器静态工作点的调试方法，分析静态工作点对放大器性能的影响。

2. 掌握放大器电压放大倍数、输入电阻、输出电阻、最大不失真输出电压及通频带的测试方法。

3. 熟悉常用电子仪器的使用。

1.1.2　实验设备与元器件

1. 直流稳压电源
2. 函数信号发生器
3. 示波器
4. 万用表
5. NPN 型三极管 3DG6
6. 电阻器、电容器

1.1.3　实验原理

1. 实验电路

实验电路如图1-1-1所示，电路采用自动稳定静态工作点的分压式射极偏置电路，温度稳定性较好。其中三极管选用的是 I_{CEO} 较小的硅管 3DG6，电位器 R_w 用来调整静态工作点。

2. 静态工作点

在图 1-1-1 电路中，当流过偏置电阻 R_{b1} 和 R_{b2} 的电流远大于晶体管的基极电流 I_B 时（一般 5 ～ 10 倍），则它的静态工作点可用下式估算：

$$V_B \approx \frac{R_{b1}}{R_{b1}+R_{b2}+R_w}V_{cc}$$

$$I_E = \frac{V_B - V_{BE}}{R_{f1}+R_e} \approx I_C$$

$$I_B = \frac{I_C}{\beta}$$

$$V_{CE} = V_{CC} - I_C(R_c + R_{f1} + R_e)$$

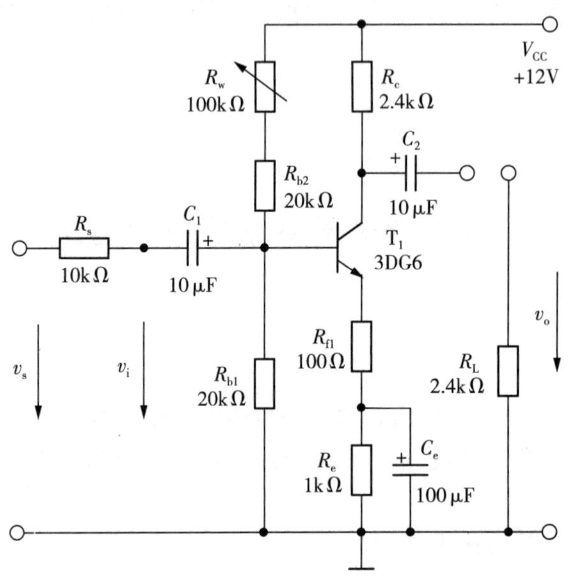

图 1-1-1　共射极放大电路

实验中，测量放大器静态工作点的过程，应在输入信号 $\dot{V}_i=0$ 的情况下进行，也就是将放大器输入端与地端短接，为了避免断开集电极串入电流表测量 I_C，可以用直流电压表测出晶体管各个电极的对地电位 V_E、V_C、V_B，然后由下列公式计算出静态工作点的各个参数：

$$V_{BE} = V_B - V_E$$

$$I_C = \frac{V_{CC} - V_C}{R_C}$$

$$I_B = \frac{I_C}{\beta}$$

$$V_{CE} = V_C - V_E$$

调节偏置电阻 R_w 可以改变静态工作点。

为了减小误差，提高测量精度，应选用内阻较高的直流电压表测量各电极电位。

3. 放大器动态性能指标

放大器动态性能指标包括电压放大倍数、输入电阻、输出电阻、最大不失真输出电压等参数。

(1) 电压放大倍数

电压放大倍数是指输出电压和输入电压之比，即

$$\dot{A}_v = \frac{\dot{V}_o}{\dot{V}_i} = -\frac{\beta(R_C // R_L)}{r_{be} + (1+\beta)R_{f1}}$$

$$r_{be} = 200\Omega + (1+\beta)\frac{26(\mathrm{mV})}{I_E(\mathrm{mA})}$$

信号源电压放大倍数为输出电压和信号源电压之比，即

$$\dot{A}_{vs} = \frac{\dot{V}_o}{\dot{V}_s} = \dot{A}_v \frac{R_i}{R_i + R_s}$$

实验中，这两个放大倍数可由交流毫伏表直接测出 $\dot{V}_s$、$\dot{V}_i$、$\dot{V}_o$ 的有效值，按下式求出：

$$A_v = \frac{V_o}{V_i}$$

$$A_{vS} = \frac{V_o}{V_s}$$

(2) 输入电阻

输入电阻 R_i 的大小决定放大电路从信号源或前级放大电路获取信号电压的多少，如图 1-1-1 所示电路的输入电阻为

$$R_i = R_{b1} \parallel (R_{b2} + R_w) \parallel [r_{be} + (1+\beta)R_{f1}]$$

实验中，为了测量放大器的输入电阻，将放大器等效为如图 1-1-2 所示的形式，这样通过测量信号源电压有效值V_s 和输入电压有效值V_i，可以计算输入电阻为

$$R_i = \frac{V_i}{I_i} = \frac{V_i}{\dfrac{V_{R_S}}{R_S}} = \frac{V_i}{V_S - V_i} R_S$$

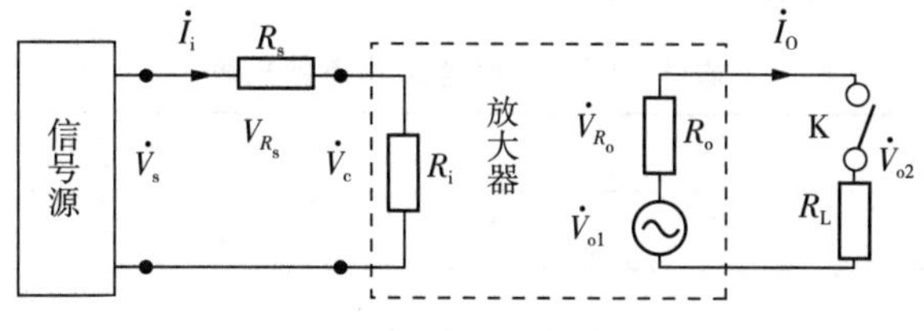

图 1-1-2　放大器等效电路图

(3) 输出电阻 R_o

输出电阻 R_o 的大小表示放大电路带负载的能力。如图 1-1-1 所示电路的输出电阻为

$$R_o \approx R_C$$

实验中，可根据图 1-1-2 所示的等效电路，通过测量空载电压有效值V_{o1} 和带负载电压有效值V_{o2} 来计算输出电阻为

$$R_o = \frac{V_{R_o}}{I_o} = \frac{V_{o1} - V_{o2}}{\dfrac{V_{o2}}{R_L}} = \frac{V_{o1} - V_{o2}}{V_{o2}} R_L = \left(\frac{V_{o1}}{V_{o2}} - 1\right) R_L$$

测量输出电阻时应注意 R_L 接入前、后输入信号的大小保持不变。

(4) 最大不失真输出电压V_{OPP}(最大动态范围)

放大电路的最大不失真输出电压是衡量放大电路输出电压幅值能够达到的最大限度的重要指标,如果超出这个限度,输出波形将产生明显的失真。

实验中,为了得到最大动态范围,首先应将静态工作点调在交流负载线的中点,利用示波器或交流毫伏表可测得放大电路的最大不失真输出电压V_{OPP}。

(5) 放大器的频率特性

放大器的频率特性是指放大器的电压放大倍数 $\dot{A}_v$ 与输入信号频率 f 之间的关系曲线,分幅频特性和相频特性。在幅频特性曲线上设 A_{vm} 为中频电压放大倍数,通常规定电压放大倍数随频率变化下降到 $0.707A_{vm}$ 时所对应的频率分别为下限频率 f_L 和上限频率 f_H,通频带为 $B_W = f_H - f_L$。

1.1.4 预习要求

1. 复习教材中有关单管共射极放大电路的工作原理,根据图 1-1-1 所示实验的电路估算出放大器的静态工作点、电压放大倍数 A_v、A_{vs}、输入电阻 R_i 和输出电阻 R_o。
2. 预习实验内容,了解测量单管共射极放大电路的静态工作点及动态性能指标的方法。
3. 复习示波器、函数信号发生器、交流毫伏表等实验仪器的使用方法。

1.1.5 实验内容

1. 静态工作点的调整和测量

实验电路如图 1-1-1 所示,$+V_{cc}$ 由直流稳压电源提供。令 $\dot{V}_s=0$(即不接信号发生器,将放大器输入端与地短路),$V_{cc}=12V$ 时,调节 R_W,使$V_E=2.2V$ 左右,用万用表直流电压挡测量V_B 和V_C(对地电位),计算V_{CE}、V_{BE}、I_C、I_B,填入表 1-1-1 中。

表 1-1-1 静态工作点数据表

测量值			计算值			
V_B	V_E	V_C	V_{CE}	V_{BE}	I_C	I_B

2. 测量动态参数 A_v、A_{vs}、R_i、R_o

保持静态工作点的 R_W 不变,调节信号发生器,使放大电路输入正弦波信号的频率 $f=1kHz$,有效值$V_i=100mV$,测量V_s、电路空载输出电压V_{o1} 和负载输出电压V_{o2},并计算 A_v、A_{vs}、R_i、R_o,填入表 1-1-2 中。用双踪示波器观察输入、输出波形,并分析它们的相位关系。

表 1-1-2 动态参数数据表

测量值				计算值					
V_s (mV)	V_i (mV)	V_{o1} ($R_L=\infty$)	V_{o2} ($R_L=2.4k\Omega$)	A_{v1}	A_{v2}	A_{vs1}	A_{vs2}	R_i	R_o

3. 最大不失真输出电压V_{OPP}的测量

在放大器正常工作的情况下，逐步增大输入信号的幅度，并同时调节R_W(改变静态工作点)，用示波器观察输出电压的波形，当输出波形同时出现对称的削底和缩顶失真时，说明静态工作点已调在交流负载线的中点。然后调整输入信号，使波形输出幅度最大且无明显失真，此时，用交流毫伏表测出V_o(有效值)，则输出信号动态范围$V_{OPP}=2\sqrt{2}\ V_o$，或在示波器上直接读出V_{OPP}。

4. 放大器频率特性的测量

以步骤 3 输出电压有效值V_o为基准，保持V_s不变，增大输入信号频率，使V_o下降到 $0.707\ V_o$时，对应的信号频率为上限频率 f_H。按照同样的方法，减小输入信号频率，可以测量到下限频率 f_L，最后计算出带宽 B_W。填入表 1-1-3 中。

表 1-1-3　频率特性数据表

f_H	f_L	B_W

5. 观察静态工作点对输出波形的影响

调节信号发生器，使放大电路输入正弦波信号的频率 $f=1\text{kHz}$，有效值$V_i=100\text{mV}$，用示波器观察输出波形。顺时针调节R_W，使输出波形失真，用万用表的直流电压挡测量此时的V_{CE}值；保持输入信号不变，逆时针调节R_W，使输出波形出现失真，测量此时的V_{CE}值，记录于表 1-1-4 中(注：每次测V_{CE}值时都要使信号发生器的输出为零)，分析两种情况下的失真类型。

表 1-1-4　失真波形记录

R_W	V_{CE}(V)	输出电压的波形	失真类型
顺时针			
逆时针			

1.1.6　实验报告要求

1. 简述图 1-1-1 所示实验电路的特点，列表整理测量结果，并把实测的静态工作点、电压放大倍数、输入电阻、输出电阻之值与理论计算值比较，分析产生误差的原因。

2. 讨论静态工作点变化对放大器输出波形的影响。

3. 分析总结静态工作点的位置与输出电压波形的关系。

4. 思考题：

(1) 能否用直流电压表直接测量晶体管的V_{BE}？为什么实验中要采用测V_B、V_E，再间接算出V_{BE}的方法？

(2) 改变静态工作点对放大器的输入电阻 R_i 是否有影响？改变外接电阻 R_L 对输出电阻 R_o 是否有影响？

(3) 当电路的静态工作点正常，而放大电路的电压增益较低(只有几倍)，有可能是哪几个元件出现了故障？

1.1.7 注意事项

1. 测试中，应将函数信号发生器、交流毫伏表、示波器及实验电路的接地端连接在一起。

2. 由于函数信号发生器有内阻，而放大电路的输入电阻 R_i 不是无穷大，测量放大电路输入信号V_i 时，应将放大电路与函数信号发生器连接上再测量，避免造成误差。

1.2 射极输出器

1.2.1 实验目的

1. 进一步学习放大器各项参数的测试方法。
2. 掌握射极输出器的特性及测试方法。
3. 了解射极输出器的应用。

1.2.2 实验设备与元器件

1. 直流稳压电源
2. 函数信号发生器
3. 示波器
4. 交流毫伏表
5. 万用表
6. NPN 型三极管 3DG6
7. 电阻器、电容器

1.2.3 实验原理

射极输出器的输出信号取自发射极，它是一个电压串联负反馈放大电路，具有输入阻抗高、输出阻抗低、输出电压能够在较大范围内跟随输入电压作线性变化以及输入输出信号同相位等特点，射极输出器又称射极跟随器。

1. 实验电路

图 1-2-1 为射极输出器实验电路。

2. 静态工作点

图 1-2-1 所示实验电路的静态工作点估算公式为

$$I_B = \frac{V_{CC} - V_{BE}}{R_b + R_w + (1+\beta)R_e}$$

$$I_C \approx I_E = (1+\beta)I_B$$

$$V_{CE} = V_{CC} - I_E R_e$$

实验中，可在静态（$\dot{V}_i = 0$，即输入信号对地短路）时测得晶体管的各电极电位V_E、V_C、

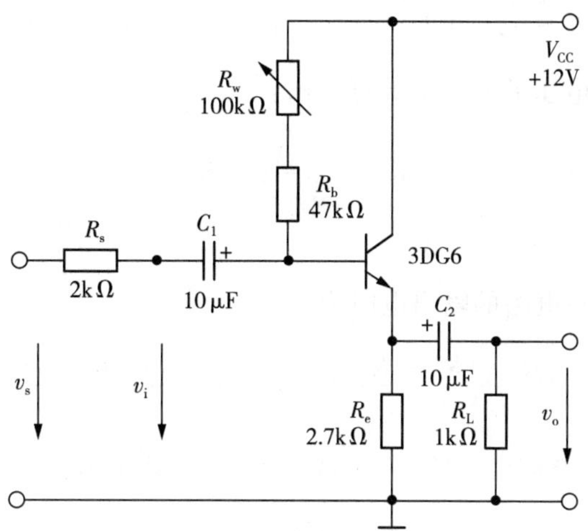

图 1-2-1　射极输出器实验电路

V_B,然后由下列公式计算出静态工作点的各个参数：

$$V_{BE}=V_B-V_E$$

$$I_C\approx I_E=\frac{V_E}{R_e}$$

$$I_B=\frac{V_{CC}-V_B}{R_w+R_b}\quad 或\quad I_B=\frac{I_C}{\beta}$$

$$V_{CE}=V_C-V_E=V_{CC}-V_E$$

3. 放大电路动态性能指标

(1) 电压放大倍数

图 1-2-1 所示实验电路的电压放大倍数估算公式为

$$\dot{A}_v=\frac{\dot{V}_o}{\dot{V}_i}=\frac{(1+\beta)(R_e//R_L)}{r_{be}+(1+\beta)(R_e//R_L)}\leqslant 1$$

$$\dot{A}_{vS}=\frac{\dot{V}_o}{\dot{V}_s}=\dot{A}_v\frac{R_i}{R_i+R_s}$$

射极跟随器的电压放大倍数小于且接近于1,输出电压和输入电压相位相同,这是深度电压负反馈的结果;它的射极电流比基极电流大$(1+\beta)$倍,所以它具有一定的电流和功率放大作用。

实验中,放大倍数 A_v 和 A_{vs} 可通过测量输入、输出电压的有效值计算求出

$$A_v=\frac{V_o}{V_i}$$

$$A_{vS}=\frac{V_o}{V_s}$$

(2) 输入电阻 R_i

图 1-2-1 所示实验电路的输入电阻为

$$R_i = (R_b + R_w)//[r_{be} + (1+\beta)(R_e//R_L)]$$

实验中可通过测量输入电压的有效值计算求出：

$$R_i = \frac{V_i}{V_S - V_i} R_S$$

(3) 输出电阻 R_o

图 1-2-1 所示实验电路的输出电阻为

$$R_o = \frac{r_{be} + [R_s//(R_b + R_w)]}{1+\beta} // R_e \approx \frac{r_{be} + [R_s//(R_b + R_w)]}{\beta}$$

实验中，可通过测量空载电压 V_{o1} 和负载电压 V_{o2} 计算求出：

$$R_o = (\frac{V_{o1}}{V_{o2}} - 1)R_L$$

1.2.4 预习要求

1. 复习教材中有关射极输出器的工作原理，掌握射极输出器的性能特点，并了解其在电子线路中的应用。

2. 复习测试放大电路的静态工作点、放大倍数、输入电阻和输出电阻的方法。

1.2.5 实验内容

1. 静态工作点的调整和测量

实验电路如图 1-2-1 所示，接通 +12V 电源，令 $\dot{V}_s = 0$(即不接信号发生器，将放大器输入端与地短路)，调节 R_W，使 $V_E = 7V$ 左右，测量 V_C 和 V_B，计算 V_{BE}、V_{CE}、I_C、I_B，填入表 1-2-1 中。

表 1-2-1 静态工作点数据表

测量值			计算值			
V_B	V_E	V_C	V_{BE}	V_{CE}	I_C	I_B

2. 测量动态参数 A_v、A_{vs}、R_i、R_o

保持静态工作点的 R_W 不变，调节信号发生器，使输出正弦波的 $f = 1kHz$，有效值 $V_i = 1V$，测量 V_s、V_i 及电路空载输出电压 V_{o1} 和负载输出电压 V_{o2}，并计算 A_v、A_{vs}、R_i、R_o，填入表 1-2-2 中。用双踪示波器观察输入、输出波形，分析它们的相位关系。

表 1-2-2 动态参数数据表

测量值				计算值					
V_s (V)	V_i (V)	V_{o1} ($R_L = \infty$)	V_{o2} ($R_L = 1k\Omega$)	A_{v1}	A_{v2}	A_{vs1}	A_{vs2}	R_i	R_o

3. 测试射极跟随器的特性

接入负载 $R_L = 1k\Omega$，在电路输入端加入正弦信号，$f = 1kHz$，并保持频率不变，逐渐增大输入信号 V_s 的幅度，用示波器监视输出波形，直至输出电压幅值最大并且不失真，分别测量 V_i 和 V_o，记入表 1-2-3 中，分析电路的电压跟随特性。

表 1-2-3　射极输出器跟随特性数据表

测量值		计算值
V_i	V_o	A_v
1V		
2V		

1.2.6　实验报告要求

1. 简述图 1-2-1 所示实验电路的特点，列表整理测量结果，并把实测的静态工作点、电压放大倍数、输入电阻、输出电阻之值与理论计算值比较，分析产生误差原因。

2. 简要说明射极输出器的应用。

3. 思考题：

(1) 测量放大器静态工作点时，如果测得 $V_{CE} < 0.5V$，说明三极管处于什么工作状态？如果测得 $V_{CE} \approx V_{CC}$，三极管又处于什么工作状态？

(2) 实验电路中，偏置电阻 R_b 起什么作用？既然有了 R_w，是否可以不要 R_b？为什么？

1.2.7　注意事项

1. 实验中，应将函数信号发生器、交流毫伏表、示波器及实验电路的接地端连接在一起。

2. 测量放大电路输入信号 V_i 时，应将放大电路与函数信号发生器连接上再测量。

1.3　场效应管放大器

1.3.1　实验目的

1. 了解结型场效应管静态参数的测量方法。

2. 熟悉场效应管放大器动态参数的测试方法。

1.3.2　实验设备与元器件

1. 直流稳压电源
2. 函数信号发生器
3. 示波器

4. 交流毫伏表
5. 万用表
6. 结型场效应管 3DJ6F
7. 电阻器、电容器

1.3.3 实验原理

1. 实验电路

图 1-3-1 为分压式自偏压结型场效应管共源级放大电路。

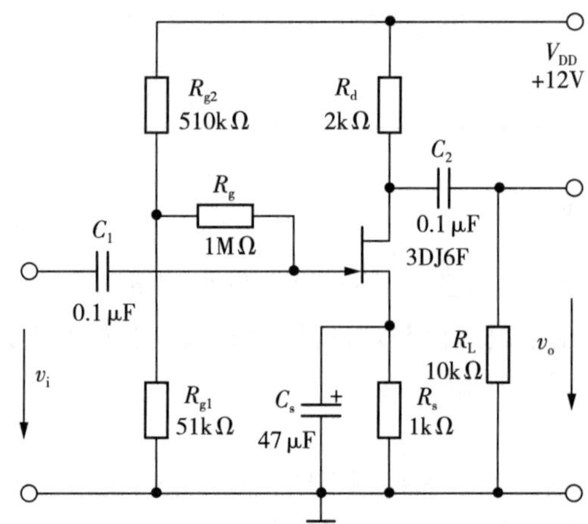

图 1-3-1 分压式自偏压结型场效应管共源级放大电路

2. 静态工作点

图 1-3-1 所示实验电路的静态工作点 $Q(V_{GS}、V_{DS}、I_D)$ 可由下列 3 式联解求出：

$$V_{GS}=V_G-V_S=\frac{R_{g1}}{R_{g1}+R_{g2}}V_{DD}-I_DR_S$$

$$I_D=I_{DSS}\left(1-\frac{V_{GS}}{V_P}\right)^2$$

$$V_{DS}=V_D-V_S=V_{DD}-I_D(R_d+R_S)$$

实验中，可在静态($\dot{V}_i=0$，即输入信号端对地短路)时测得场效应管的各极电位V_G、V_D、V_S，然后由下列公式计算出静态工作点的各个参数：

$$V_{GS}=V_G-V_S$$

$$I_D=\frac{V_{DD}-V_D}{R_d}$$

$$V_{DS}=V_D-V_S$$

3. 放大电路动态性能指标

(1) 电压放大倍数

图 1-3-1 所示实验电路的电压放大倍数估算公式为

$$\dot{A}_v=\frac{\dot{V}_o}{\dot{V}_i}=-g_mR'_L=-g_m(R_d//R_L)$$

实验中，此电压放大倍数可由测量输入、输出电压的有效值计算求出：

$$A_v=\frac{V_o}{V_i}$$

(2) 输入电阻 R_i

图 1-3-1 所示实验电路的输入电阻为

$$R_i=R_g+R_{g1}//R_{g2}$$

实验中，由于场效应管的输入电阻很大，如采用 1.1 节、1.2 节的测量方法，即直接测量输入电压 V_s、V_i，由于测量仪器的输入电阻有限，必然带来很大误差。为减小误差，按图 1-3-2 改接实验电路，取 $R=100\text{k}\Omega$，选择输入电压 V_s 的有效值(50～100mV)。保持 V_s 不变，将开关 K 掷向"1"($R=0$)，测出输出电压 V_{o1}；然后将开关掷向"2"(接入 R)，再测出 V_{o2}。由于两次测量中 A_v 和 V_s 保持不变，故

$$V_{o2}=A_v\times V_i=A_v\times\frac{R_i}{R_i+R}\times V_s$$

$$V_{o1}=A_v\times V_s$$

由此可以计算出：

$$R_i=\frac{V_{o2}}{V_{o1}-V_{o2}}\times R$$

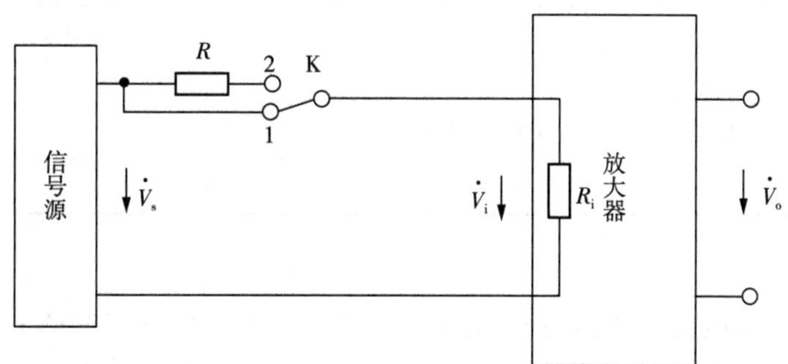

图 1-3-2　测量 R_i 实验电路图

(3) 输出电阻 R_o

图 1-3-1 所示实验电路的输出电阻为

$$R_o\approx R_d$$

实验中，可通过测量空载电压 V_{o1} 和负载电压 V_{o2} 计算求出：

$$R_o=(\frac{V_{o1}}{V_{o2}}-1)R_L$$

1.3.4 预习要求

1. 复习教材中有关场效应管及其放大电路的理论，根据图 1－3－1 所示实验电路参数，估算放大电路的静态工作点及各项动态性能指标。

2. 根据场效应管输入阻抗高的特点，掌握高输入阻抗的测试方法。

1.3.5 实验内容

1. 静态工作点的测量

按图 1-3-1 连接电路，接通＋12V 电源，令 $\dot{V}_i=0$（即不接信号发生器，将放大器输入端与地短路），用万用表直流电压挡分别测量静态工作点的各电压值，把结果填入表 1－3－1 中。

表 1－3－1　静态工作点数据表

测　量　值			计　算　值		
V_S	V_D	V_G	V_{DS}	V_{GS}	I_D

2. 测量动态参数 A_v，R_o

在放大器的输入端加入 $f=1\text{kHz}$，$V_i=50\text{mV}$ 的正弦信号，并用示波器监视输出电压的波形。在输出电压没有失真的条件下，用交流毫伏表分别测量电路的空载输出电压V_{o1} 和负载输出电压V_{o2}，并计算出 A_v、R_o 的值，填入表 1－3－2 中。用双踪示波器观察输入、输出波形，分析它们的相位关系。

表 1－3－2　动态参数测量数据表

测量值			计算值		
V_i (mV)	V_{o1} ($R_L=\infty$)	V_{o2} ($R_L=10\text{k}\Omega$)	A_{v1}	A_{v2}	R_o

3. 测量输入电阻 R_i

按图 1－3－2 改接实验电路，选择合适的输入电压V_s（50 ～ 100mV），将开关 K 掷向“1”（$R=0$），测出输出电压V_{o1}，然后将开关掷向“2”（接入 R），再测出V_{o2}，计算出 R_i 的值，填入表 1－3－3 中。

表 1－3－3　测量 R_i 数据表

测量值			计算值
V_s	V_{o1}	V_{o2}	R_i
50mV			
80mV			

1.3.6 实验报告要求

1. 简述图 1-3-1 所示实验电路的特点，列表整理测量结果，并把实测的静态工作点、电压放大倍数、输入电阻、输出电阻之值与理论计算值比较，分析产生误差原因。

2. 把场效应管放大器与晶体管放大器进行比较，总结场效应管放大器的特点。

3. 分析测试中的问题，总结实验收获。

4. 思考题：

(1) 共源级放大电路的输入电阻与场效应管栅级电阻 R_g 有什么关系？

(2) 场效应管放大器输入耦合电容为什么可以比晶体管电路小得多？

(3) 在测量场效应管静态工作电压V_{GS} 时，能否用直流电压表直接在 G、S 两端测量？为什么？

(4) 场效应管放大电路为什么不需要测量$\dot{A}_{vs}$？

1.3.7 注意事项

1. 测量静态工作点时，应关闭信号源。

2. 因为结型场效应管的参数分散性较大，实验电路参数仅供参考，需视结型场效应管的 I_{DSS} 和V_P 值不同进行适当调整，以使电路能够较稳定地工作在饱和区，从而进行信号的正常放大。

1.4 负反馈放大器

1.4.1 实验目的

1. 加深理解负反馈放大电路的工作原理和负反馈对放大器各项性能指标的影响。

2. 学习负反馈放大电路性能指标的测量方法。

1.4.2 实验设备与元器件

1. 直流稳压电源
2. 函数信号发生器
3. 示波器
4. 交流毫伏表
5. 万用表
6. NPN 型三极管 3DG6
7. 电阻器、电容器

1.4.3 实验原理

1. 实验电路

带有负反馈的两级阻容耦合放大电路如图 1-4-1 所示，两级均是共射极放大电路，两级静态工作点分别可以通过 R_{W1}、R_{W2} 来调整，R_f 构成交流反馈通道，反馈类型为电压串联负反馈。

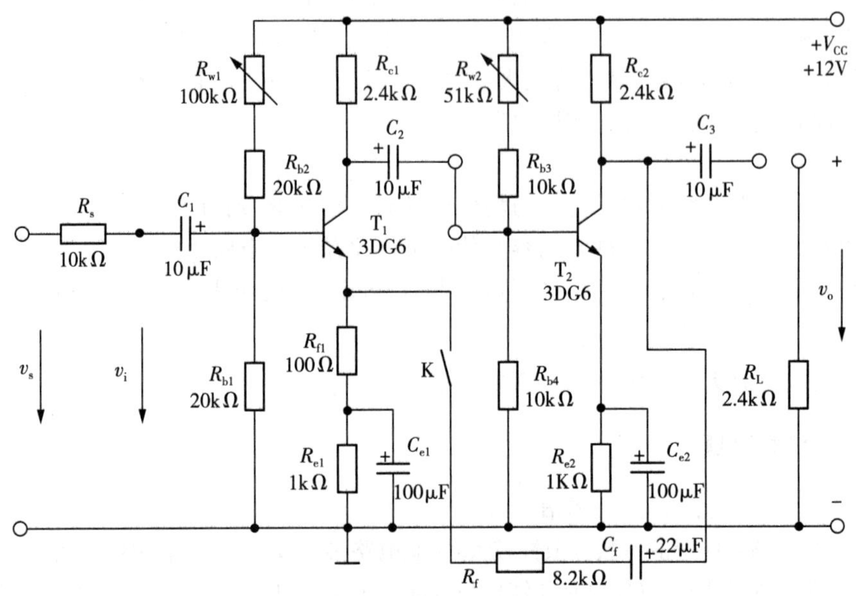

图 1-4-1　带有负反馈的两级阻容耦合放大电路

2. 负反馈对放大器的性能的影响

(1) 负反馈使电压放大倍数降低

闭环电压放大倍数为

$$\dot{A}_{vf}=\frac{\dot{A}_v}{1+\dot{A}_v\dot{F}_v}\approx\frac{1}{F_v}$$

其中，$\dot{A}_v$ 为开环电压放大倍数，图 1-4-1 的电路中即为开关 K 断开时，T_1、T_2 构成的两级阻容耦合放大电路的电压放大倍数，为各级放大倍数的乘积，即

$$\dot{A}_v=\dot{A}_{v1}\times\dot{A}_{v2}$$

$(1+\dot{A}_v\dot{F}_v)$ 为反馈深度。

图 1-4-1 的电路中，反馈系数 $\dot{F}_v=\dfrac{R_{f1}}{R_{f1}+R_f}$。

可见，引入负反馈后，电压放大倍数 $\dot{A}_{vf}$ 比开环时的电压放大倍数 $\dot{A}_v$ 降低 $(1+\dot{A}_v\dot{F}_v)$ 倍。

(2) 负反馈提高放大倍数的稳定性

$$\frac{\mathrm{d}A_f}{A_f}=\frac{1}{1+AF}\times\frac{\mathrm{d}A}{A}$$

(3) 负反馈扩展放大器的通频带

引入负反馈后，放大器闭环时的上、下限截止频率分别为

$$f_{\mathrm{Lf}}=\frac{f_{\mathrm{L}}}{|1+\dot{A}\dot{F}|}$$

$$f_{\mathrm{Hf}}=|1+\dot{A}\dot{F}|f_{\mathrm{H}}$$

可见，引入负反馈后，f_{Lf} 减小为开环 f_{L} 的 $|1+\dot{A}\dot{F}|$ 分之一，f_{Hf} 增加为开环 f_{H} 的 $|1+\dot{A}\dot{F}|$ 倍，从而使通频带得以加宽。

(4) 负反馈对输入阻抗和输出阻抗的影响

负反馈对放大器输入阻抗和输出阻抗的影响比较复杂。不同的反馈形式，对阻抗的影响不一样。一般而言，串联负反馈可以增加输入阻抗，并联负反馈可以减小输入阻抗；电压负反馈减少输出阻抗，电流负反馈增加输出阻抗。本实验引入的是电压串联负反馈，所以对整个放大器而言，输入阻抗增加了，而输出阻抗降低了。它们增加和降低的程度与反馈深度有关，在反馈环内满足

$$R_{\mathrm{if}}=R_{\mathrm{i}}(1+\dot{A}_{\mathrm{v}}\dot{F}_{\mathrm{v}})$$

$$R_{\mathrm{of}}\approx\frac{R_{\mathrm{o}}}{(1+\dot{A}_{\mathrm{v}}\dot{F}_{\mathrm{v}})}$$

其中，R_{i}、R_{o} 分别为开环时的输入电阻、输出电阻。

(5) 负反馈能减小反馈环内的非线性失真

综上所述，在图 1-4-1 的放大器中引入电压串联负反馈后，不仅可以提高放大器放大倍数的稳定性，还可以扩展放大器的通频带，提高输入电阻和降低输出电阻，减小非线性失真。

1.4.4　预习要求

1. 复习教材中有关多级放大电路和负反馈放大电路的内容，理解电压串联负反馈放大电路的工作原理以及对放大电路性能的影响。

2. 估算实验电路在有无反馈时的电压放大倍数、输入电阻和输出电阻在数值上的关系。

1.4.5　实验内容

1. 测量静态工作点

按图 1-4-1 连接实验电路，$\dot{V}_{\mathrm{s}}=0$，调节 R_{W1}，使 $V_{\mathrm{E1}}=2.2\mathrm{V}$ 左右；调节 R_{W2}，使 $V_{\mathrm{E2}}=2\mathrm{V}$ 左右，用万用表的直流电压挡测量各点的电位值，填入表 1-4-1 中。

表 1-4-1　静态工作点数据表

	测量值			计算值		
	V_{B}	V_{E}	V_{C}	V_{CE}	V_{BE}	I_{C}
第一级						
第二级						

2. 测量开环时动态参数 A_v、A_{vs}、R_i、R_o

保持静态工作点的 R_W 不变，将电路的开关 K 断开，调节信号发生器，使输出正弦波信号的 $f=1\text{kHz}$，有效值 $V_s=10\text{mV}$ 左右，测量 V_i 及电路空载输出电压 V_{o1} 和负载输出电压 V_{o2}，参考 1.2 节的内容，计算 $A_{v1}=\dfrac{V_{o1}}{V_i}$，$A_{v2}=\dfrac{V_{o2}}{V_i}$，$A_{vs1}=\dfrac{V_{o1}}{V_s}$，$A_{vs2}=\dfrac{V_{o2}}{V_s}$，输入电阻 $R_i=\dfrac{V_i}{V_s-V_i}\times R_s$，输出电阻 $R_0=(\dfrac{V_{o1}}{V_{o2}}-1)\times R_L$，填入表 1-4-2 中。

表 1-4-2　开环动态参数测量数据表

测量值				计算值					
V_s (mV)	V_i (mV)	V_{o1} ($R_L=\infty$)	V_{o2} ($R_L=2.4\text{k}\Omega$)	A_{v1}	A_{v2}	A_{vs1}	A_{vs2}	R_i	R_o

3. 测量基本放大器的通频带 $B_W=f_H-f_L$

调节信号发生器输出信号的频率，使 $f=1\text{kHz}$；调节 V_s 的大小，使 $V_o=2\text{V}$。V_s 保持不变，增大信号频率，使 V_o 下降到 $2\text{V}\times0.707=1.414\text{V}$ 时，对应的频率为上限频率 f_H。按照同样的方法，减小信号频率，可以测得下限频率 f_L，计算出带宽 B_W。

4. 测量闭环时的 A_{vf}、A_{vsf}、R_{if}、R_{of}

将图 1-4-1 中的开关 K 闭合，信号发生器仍输出 $f=1\text{kHz}$，有效值 $V_i=5\text{mV}$ 左右的正弦波信号，再次测量 V_s 及电路空载输出电压 V_{o1f} 和负载输出电压 V_{o2f}，分别计算电压放大倍数 $A_{vf1}=\dfrac{V_{o1f}}{V_i}$，$A_{vf2}=\dfrac{V_{o2f}}{V_i}$，$A_{vsf1}=\dfrac{V_{o1f}}{V_s}$，$A_{vsf}=\dfrac{V_{o2f}}{V_s}$，$R_{if}=\dfrac{V_i}{V_s-V_i}\times R_s$，输出电阻 $R_{0f}=(\dfrac{V_{o1f}}{V_{o2f}}-1)\times R_L$，填入表 1-4-3 中。

表 1-4-3　闭环动态参数测量数据表

测量值				计算值					
V_s (mV)	V_i (mV)	V_{o1f} ($R_L=\infty$)	V_{o2f} ($R_L=2.4\text{k}\Omega$)	A_{vf1}	A_{vf2}	A_{vsf1}	A_{vsf2}	R_{if}	R_{of}

5. 测量闭环放大器的通频带 $B_{WF}=f_{HF}-f_{LF}$

保持 K 闭合，用实验内容 3 的方法，测量闭环放大器的带宽。

6. 观察负反馈对非线性失真的改善

(1) 打开开关 K，使实验电路成为开环形式，在输入端加频率为 1kHz 的正弦波信号，输出端接示波器，逐渐增大输入信号的幅度，使输出波形出现失真，记下此时的波形和输出电压的幅度。

(2) 保持输入信号的幅度不变，闭合开关 K，将实验电路变成闭环放大器的形式，观察比较有无反馈时输出波形的变化。

1.4.6　实验报告要求

1. 简述图 1-4-1 所示实验电路的特点，列表整理测量结果，并把实测的引入反馈时的电压放大倍数、输入电阻、输出电阻与开环时测得的值进行比较，分析它们的关系。

2. 分析实验数据、结果，总结串联电压负反馈对放大电路性能的影响。

3. 思考题：

(1) 实验中将开关 K 断开进行开环放大器的动态性能指标的测量会带来怎样的误差？

(2) 实验中如何判断电路是否存在自激振荡？

1.4.7　注意事项

测量两级静态工作点前，应先确定电路是否产生了自激振荡。若存在，要消振。

1.5　差动放大器

1.5.1　实验目的

1. 加深对差动放大器性能及特点的理解。
2. 学习差动放大器主要性能指标的测试方法。

1.5.2　实验设备与元器件

1. 直流稳压电源
2. 直流信号源
3. 万用表
4. NPN 型 3DG6
5. 电阻器

1.5.3　实验原理

1. 实验电路

基本差动放大器如图 1-5-1 所示，它由 2 个元件参数相同的基本共射极放大电路组成。当开关 K 拨向位置“1”时，构成典型的差动放大器。调零电位器 R_W 用来调节 T_1、T_2 管的静态工作点，使得当输入信号 $V_s=0$ 时，双端输出电压 $V_o=0$。R_e 为两管共用的发射极电阻，它对差模信号无负反馈作用，因而不影响差模电压放大倍数，但对共模信号有较强的负反馈作用，故可以有效地抑制零点漂移，稳定静态工作点。

当开关 K 拨向位置“2”时，构成具有恒流源的差动放大器，它用晶体管恒流源代替发射极电阻 R_e，可以进一步提高差动放大器抑制共模信号的能力。

2. 静态工作点的估算

K 拨向位置“1”构成典型差动放大电路时：

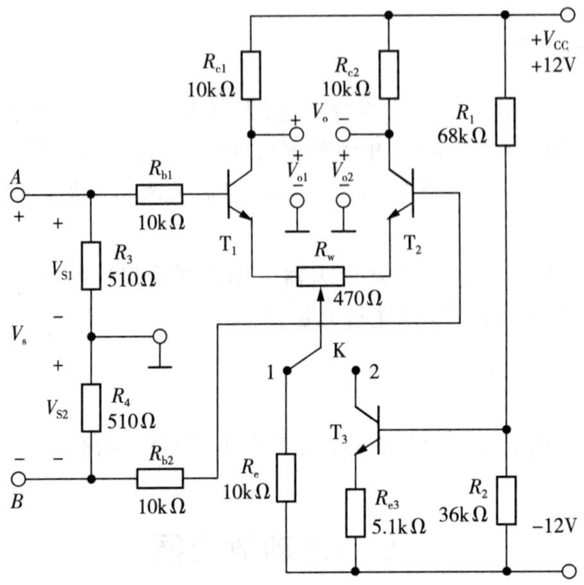

图 1-5-1　差动放大器实验电路

$$I_{B1}=I_{B2}=\frac{V_{EE}-V_{BE1}}{R_S+(1+\beta_1)(\frac{1}{2}R_w+2R_e)}$$

$$I_{C1}=I_{C2}=(1+\beta_1)I_{B1}$$

$$V_{CE1}=V_{CE2}=V_{CC}-I_{C1}R_{c1}+V_{BE1}+I_{B1}R_S$$

$$R_S=R_3+R_{b1}=R_4+R_{b2}$$

K 拨向位置“2”构成恒流源差动放大电路时：

$$I_{C3}\approx I_{E3}=\frac{\frac{R_2}{R_1+R_2}(V_{CC}+V_{EE})-V_{BE3}}{R_{e3}}$$

$$I_{C1}=I_{C2}=\frac{1}{2}I_{C3}$$

$$I_{B1}=I_{B2}=\frac{1}{\beta_1}I_{C1}$$

$$V_{CE1}=V_{CE2}=V_{CC}-I_{C1}R_{c1}+V_{BE1}+I_{B1}R_S$$

实验中，可在静态（输入信号端 A、B 短接并接地）时测得 T_1、T_2 的各极电位，然后由下列公式计算出静态工作点的各个参数：

$$V_{BE1}=V_{B1}-V_{E1},V_{BE2}=V_{B2}-V_{E2}$$

$$V_{CE1}=V_{C1}-V_{E1},V_{CE2}=V_{C2}-V_{E2}$$

$$I_{C1}=\frac{V_{CC}-V_{C1}}{R_{C1}},I_{C2}=\frac{V_{CC}-V_{C2}}{R_{C2}}$$

K 拨向位置“1”构成典型差动放大电路时：$I_{R_e}=\dfrac{V_{R_e}}{R_e}$

K 拨向位置“2”构成恒流源差动放大电路时：$I_{C3}=I_{E3}=\dfrac{V_{R_{e3}}}{R_{e3}}$

3. 动态性能指标

(1) 差模电压放大倍数和共模电压放大倍数

当输入差模信号时，若差动放大器的射极电阻 R_e 足够大，或采用恒流源电路时，差模电压放大倍数 A_{VD} 由输出端方式决定，与输入方式无关。

考虑 $R_e=\infty$，R_W 在中心位置时，双端输出：

$$A_{VD}=\frac{V_{OD}}{V_{SD}}=-\frac{\beta_1 R_C}{R_S+r_{be}+\frac{1}{2}(1+\beta_1)R_w}\approx-\frac{\beta_1 R_C}{R_S+r_{be}}$$

单端输出：

$$A_{VD1}=\frac{V_{o1}}{V_{SD}}=\frac{1}{2}A_{VD},A_{VD2}=\frac{V_{o2}}{V_{SD}}=-\frac{1}{2}A_{VD}$$

实验中，差动放大器的输入信号可采用直流信号也可用交流信号。

当采用直流信号V_{SD} 作为输入信号时，差动放大器的差模电压放大倍数可以由V_{SD} 作用下的输出电压V_{O1}（T_1 集电极对地电压）、V_{O2}（T_2 集电极对地电压）和双端输出电压V_{OD} 计算求出：

$$A_{VD1}=\frac{V_{O1}-V_{C1}}{V_{SD}},A_{VD2}=\frac{V_{O2}-V_{C2}}{V_{SD}},A_{VD}=\frac{V_{OD}}{V_{SD}}$$

其中，V_{C1}、V_{C2} 为 T_1、T_2 管集电极的静态电位值。

当输入共模信号时，若为双端输出，在理想情况下有 $A_{VC}=\dfrac{V_{OC}}{V_{SC}}=0$，实际上由于元件不可能完全对称，因此 A_{VC} 也不会绝对等于零。

若为单端输出，则有

$$A_{VC1}=A_{VC2}=\frac{V_{OC1}}{V_{SC}}=-\frac{\beta R_C}{R_S+r_{be}+(1+\beta)(\frac{1}{2}R_w+2R_e)}\approx-\frac{R_C}{2R_e}$$

实验中，当采用直流共模信号V_{SC} 作为差动电路的输入信号时，差动放大器的共模电压放大倍数可以由V_{SC} 作用下的输出电压V_{OC1}（T_1 集电极对地电压）、V_{OC2}（T_2 集电极对地电压）和双端输出电压V_{OC} 计算求出：

$$A_{VC1}=\frac{V_{OC1}-V_{C1}}{V_{SC}},A_{VC2}=\frac{V_{OC2}-V_{C2}}{V_{SC}},A_{VC}=\frac{V_{OC}}{V_{SC}}$$

其中，V_{C1}、V_{C2} 为 T_1、T_2 管集电极的静态电位值。

(2) 共模抑制比 K_{CMR}

为了表征差动放大器对有用信号（差模信号）的放大作用和对共模信号的抑制能力，通

常用一个综合指标来衡量，即共模抑制比

$$K_{CMR}=\left|\frac{A_{VD}}{A_{VC}}\right| \quad 或 \quad K_{CMR}=20\log\left|\frac{A_{VD}}{A_{VC}}\right|(\mathrm{dB})$$

1.5.4 预习要求

1. 复习教材中有关差动放大器的相关内容，理解如图1-5-1所示差动放大器的工作原理。

2. 根据实验电路参数，估算典型差动放大器和具有恒流源的差动放大器的静态工作点及各项动态性能指标（取 $\beta_1=\beta_2=50$）。

1.5.5 实验内容

1. 测量典型差动放大器

连接实验电路如图1-5-1所示，开关K拨向位置“1”，构成典型差动放大器。

(1) 静态工作点的调节和测量

① 差动放大器调零

接通 ±12V 直流电源，信号源不接入，即将放大器输入端A和B短接并接地，用直流电压表测量输出电压 V_o，调节调零电位器 R_W，使 $V_o=0$（以下保持 R_W 不变）。

② 测量静态工作点

用直流电压表测量 T_1 和 T_2 管各电极的电位及射极电阻 R_e 两端的电压 V_{R_e}，计算相应静态工作点，填入表1-5-1中。

表1-5-1 典型差动电路静态工作点数据表

测量值							计算值						
V_{C1}	V_{B1}	V_{E1}	V_{C2}	V_{B2}	V_{E2}	V_{Re}	V_{CE1}	V_{BE1}	V_{CE2}	V_{BE2}	I_{C1}	I_{C2}	I_{Re}

(2) 测量差模电压放大倍数

① 双端输入—单端输出、双端输出组态

在输入端A、B之间，分别加直流差模信号 $V_{S1}=50\mathrm{mV}$ 和 $V_{S2}=-50\mathrm{mV}$（$V_{SD}=V_{S1}-V_{S2}=+0.1\mathrm{V}$），用直流电压表分别测量单端输出电压 V_{O1}、V_{O2} 和双端输出电压 V_{OD}（注意电压极性），填入表1-5-2中。

再在输入端A、B之间，加直流差模信号 $V_{S1}=-50\mathrm{mV}$ 和 $V_{S2}=50\mathrm{mV}$（$V_{SD}=V_{S1}-V_{S2}=-0.1\mathrm{V}$），测量 V_{O1}、V_{O2} 和 V_{OD}，并计算这两种输入情况下的 A_{VD1}、A_{VD2}、A_{VD}，填入表1-5-2中。

表1-5-2 典型差动电路双端输入—单端输出、双端输出数据表

输入差模信号	测量值			计算值		
	V_{O1}	V_{O2}	V_{OD}	A_{VD1}	A_{VD2}	A_{VD}
$V_{SD}=+0.1\mathrm{V}$						
$V_{SD}=-0.1\mathrm{V}$						

② 单端输入 — 单端输出、双端输出组态

用导线将 B 端接地($V_{S2}=0$)，在 A 和地之间分别加直流差模信号$V_{SD}=V_{S1}=\pm0.1V$，分别测量单端输出电压V_{O1}、V_{O2} 和双端输出电压V_{OD}，并计算 A_{VD1}、A_{VD2}、A_{VD}，填入表 1-5-3 中。

表 1-5-3　典型差动电路单端输入 — 单端输出、双端输出数据表

输入差模信号	测量值			计算值		
	V_{O1}	V_{O2}	V_{OD}	A_{VD1}	A_{VD2}	A_{VD}
$V_{SD}=V_{S1}=0.1V$						
$V_{SD}=V_{S1}=-0.1V$						

(3) 测量共模电压放大倍数

将 A、B 端相连，在 A 和地之间分别加直流共模信号$V_{S1}=V_{S2}=V_{SC}=\pm0.1V$，用直流电压表分别测量单端输出电压$V_{OC1}$、$V_{OC2}$ 和双端输出电压V_{OC}，并计算共模放大倍数 A_{VC1}、A_{VC2}、A_{VC}，填入表 1-5-4 中。

表 1-5-4　典型差动电路共模输入 — 单端输出、双端输出数据表

输入差模信号	测量值			计算值		
	V_{OC1}	V_{OC2}	V_{OC}	A_{VC1}	A_{VC2}	A_{VC}
$V_{SC}=0.1V$						
$V_{SC}=-0.1V$						

(4) 计算单端输出和双端输出时的共模抑制比 K_{CMR}

$$K_{CMR1}=\left|\frac{A_{VD1}}{A_{VC1}}\right|,K_{CMR2}=\left|\frac{A_{VD2}}{A_{VC2}}\right|,K_{CMR}=\left|\frac{A_{VD}}{A_{VC}}\right|$$

2. 测量具有恒流源的差动放大器

将图 1-5-1 所示电路中的开关 K 拨向位置“2”，构成具有恒流源的差动放大电路。重复实验内容 1 的要求，将数据分别记入表 1-5-5、表 1-5-6、表 1-5-7 和表 1-5-8 中。

表 1-5-5　具有恒流源的差动电路静态工作点数据表

测量值							计算值						
V_{C1}	V_{B1}	V_{E1}	V_{C2}	V_{B2}	V_{E2}	V_{Re3}	V_{CE1}	V_{BE1}	V_{CE2}	V_{BE2}	I_{C1}	I_{C2}	I_{E3}

表 1-5-6　具有恒流源的差动电路双端输入 — 单端输出、双端输出数据表

输入差模信号	测量值			计算值		
	V_{O1}	V_{O2}	V_{OD}	A_{VD1}	A_{VD2}	A_{VD}
$V_{SD}=+0.1V$						
$V_{SD}=-0.1V$						

表 1-5-7　具有恒流源的差动电路单端输入 — 单端输出、双端输出数据表

输入差模信号	测量值			计算值		
	V_{O1}	V_{O2}	V_{OD}	A_{VD1}	A_{VD2}	A_{VD}
$V_{SD}=V_{S1}=0.1\text{V}$						
$V_{SD}=V_{S1}=-0.1\text{V}$						

表 1-5-8　具有恒流源的差动电路共模输入 — 单端输出、双端输出数据表

输入差模信号	测量值			计算值		
	V_{OC1}	V_{OC2}	V_{OC}	A_{VC1}	A_{VC2}	A_{VC}
$V_{SC}=0.1\text{V}$						
$V_{SC}=-0.1\text{V}$						

最后，计算单端输出和双端输出时的共模抑制比

$$K_{CMR1}=\left|\frac{A_{VD1}}{A_{VC1}}\right|, K_{CMR2}=\left|\frac{A_{VD2}}{A_{VC2}}\right|, K_{CMR}=\left|\frac{A_{VD}}{A_{VC}}\right|$$

1.5.6　实验报告要求

1. 简述如图 1-5-1 所示实验电路的工作原理。
2. 列表整理实验数据，比较实验结果和理论估算值，分析误差原因。
3. 根据实验结果，总结电阻 R_e 和恒流源的作用。
4. 思考题：

(1) 为什么要对差动放大器进行调零？调零时能否用交流毫伏表来测量V_o的值？
(2) 差动放大器的差模输出电压是与输入电压的差还是和成正比？
(3) 测量静态工作点时，放大器输入端 A、B 与地应如何连接？
(4) 实验中怎样获得双端和单端输入差模信号？怎样获得共模信号。

1.5.7　注意事项

1. 实验中，测量静态工作点和动态性能指标前，一定要先进行调零。
2. 测量时注意各输出端信号与各输入端信号的相位关系。

1.6　集成运算放大器的基本运算电路

1.6.1　实验目的

1. 了解运算放大器的性质和特点。
2. 用集成运算放大器组成基本运算电路。

1.6.2　实验设备与元器件

1. 直流稳压电源
2. 函数信号发生器
3. 交流毫伏表
4. 万用表
5. 示波器
6. 集成运算放大器 μA741
7. 电阻器、电容器

1.6.3　实验原理

集成运算放大器是一种模拟集成电路，本实验采用的集成运算放大器的型号为 μA741(或 F007)，它是 8 脚双列直插式组件，引脚排列如图 1-6-1 所示。图中，1 脚、5 脚为调零端，2 脚为反相输入端，3 脚为同相输入端，6 脚为输出端，7 脚为正电源输入端，4 脚为负电源输入端，8 脚为空脚。

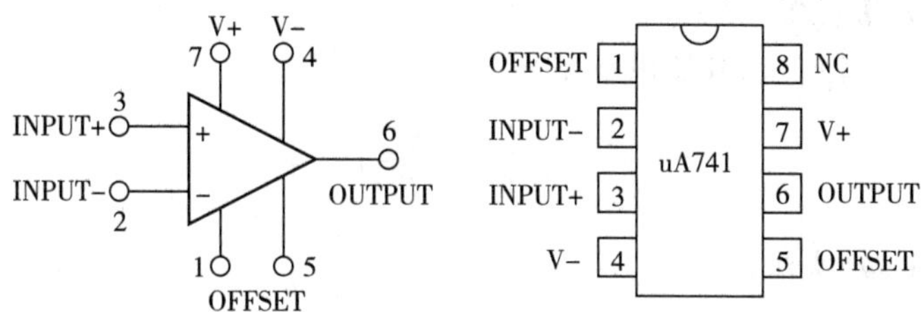

图 1-6-1　μA741 管脚图

集成运算放大器是一种具有高电压放大倍数的直接耦合多级放大电路，在线性应用方面，可组成比例、加法、减法、积分、微分、对数、反对数等模拟运算电路。

1. *反相比例运算电路*

电路如图 1-6-2 所示，假设运算放大器为理想的，此电路的电压放大倍数为

$$\dot{A}_V = \frac{\dot{V}_o}{\dot{V}_i} = -\frac{R_F}{R_1}$$

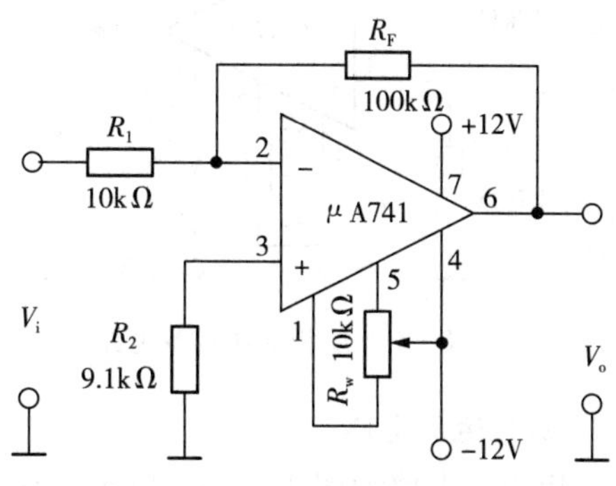

图 1-6-2　反相比例运算电路

2. *同相比例运算电路*

图 1-6-3(a) 所示是同相比例运算电路，其电压放大倍数为

$$\dot{A}_V = \frac{\dot{V}_o}{\dot{V}_i} = 1 + \frac{R_F}{R_1}$$

当 $R_1 \to \infty$，$R_2 = R_F$ 时，$\dot{V}_o = \dot{V}_i$，即得到如图 1-6-3(b) 所示的电压跟随器。

电压跟随器的电压放大倍数为

$$\dot{A}_V = \frac{\dot{V}_o}{\dot{V}_i} = 1$$

图中的 R_2 和 R_F 用以减小漂移和起保护作用，一般 R_F 取 10kΩ，R_F 取得太小，起不到保护作用，太大则影响电压跟随性。

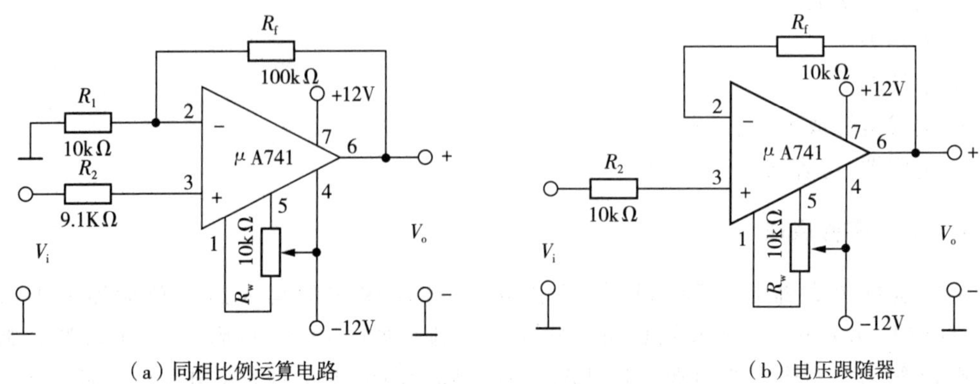

（a）同相比例运算电路　（b）电压跟随器

图 1-6-3　同相比例运算电路

3. 反相加法运算电路

电路如图 1-6-4 所示，其输出电压为

$$\dot{V}_o = -\left(\frac{\dot{V}_{i1}}{R_1} + \frac{\dot{V}_{i2}}{R_2}\right) \times R_F$$

4. 差动放大电路(减法器)

电路如图 1-6-5 所示，当 $R_1 = R_2$，$R_3 = R_F$ 时，有

$$\dot{V}_o = (\dot{V}_{i2} - \dot{V}_{i1}) \times \frac{R_F}{R_1}$$

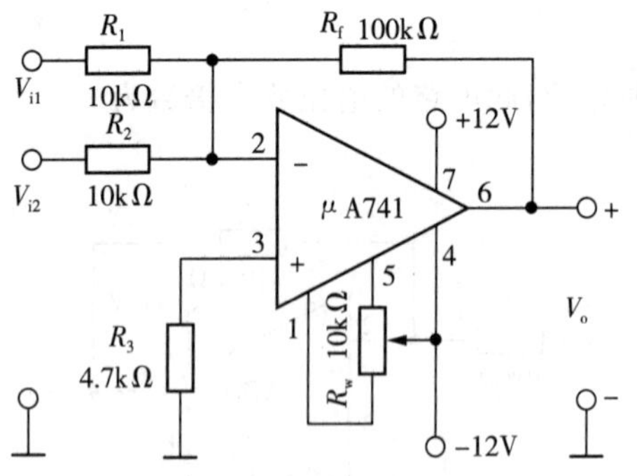

图 1-6-4　反相加法运算电路

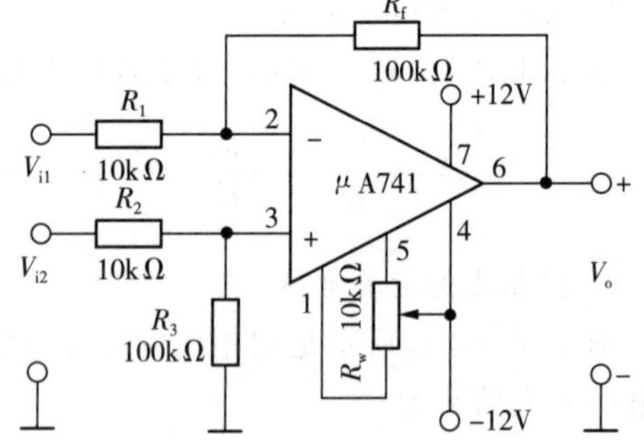

图 1-6-5　差动放大电路

5. 积分运算电路

反相积分电路如图 1-6-6 所示。在理想化条件下，输出电压 v_o 为

$$v_o(t) = -\frac{1}{R_1 C}\int_0^t v_i \mathrm{d}t + V_C(0)$$

其中，$V_C(0)$ 是 $t=0$ 时刻电容 C 两端的电压值，即初始值。

如果 v_i 是幅值为 E 的阶跃电压，并设 $V_C(0)=0$，则

$$v_o(t)=-\frac{1}{R_1C}\int_0^t E\mathrm{d}t=-\frac{E}{R_1C}t$$

即输出电压 $v_o(t)$ 随时间增长而线性下降。显然 RC 的数值越大，达到给定的输出电压值所需的时间就越长。积分输出电压所能达到的最大值受集成运放最大输出电压范围的限制。

6. 微分运算电路

微分电路如图 1-6-7 所示。在理想条件下，输出电压为

$$v_o=-R_FC\frac{\mathrm{d}v_c}{\mathrm{d}t}$$

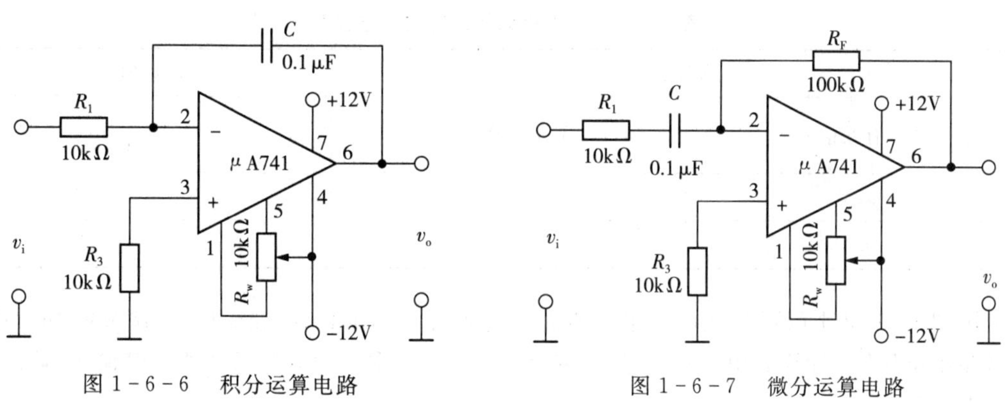

图 1-6-6　积分运算电路　　图 1-6-7　微分运算电路

1.6.4　预习要求

1. 复习教材中有关集成运算放大器构成的运算电路的相关内容，简述各实验电路的工作原理。

2. 根据实验内容计算各电路输出电压的理论值。

3. 自拟记录积分、微分运算电路实验数据和波形的表格。

1.6.5　实验内容

1. 电路调零

按图 1-6-2 接线，1 脚、5 脚之间接入一只 100kΩ 的电位器 R_W，并将滑动触头接到负电源端。调零时，将输入端接地，用直流电压表测量输出电压 V_o，调节 R_W，使 $V_o=0$V。以下操作中，R_W 应保持不变。

2. 反相比例运算电路

按图 1-6-2 接线，在电路输入端加入 $f=100$Hz 的正弦波信号，调节 V_i（有效值）的大小，测量输出电压 V_o，计算其电压放大倍数，填入表 1-6-1 中。用双踪示波器观察输入、输出波形是否反相。

表 1-6-1　反相比例运算电路数据表

测量值		计算值
V_i(有效值)	V_o(有效值)	$A_v=\frac{V_o}{V_i}$
0.2V		
−0.3V		

3. 同相比例运算电路

按图 1-6-3(a) 接线,在电路输入端加入交流信号电压,$f=100\text{Hz}$,调节V_i(有效值) 的大小,测量输出电压V_o,计算其电压放大倍数,填入表 1-6-2 中。用双踪示波器观察输入、输出波形是否同相。

表 1-6-2　同相比例运算电路数据表

测量值		计算值
V_i(有效值)	V_o(有效值)	$A_v=\frac{V_o}{V_i}$
0.2V		
−0.4V		

按图 1-6-3(b) 接线,在电压跟随器输入端加入 $f=100\text{Hz}$ 的交流信号,调节V_i 的大小,测量输出电压V_o,计算其电压放大倍数,填入表 1-6-3 中。用双踪示波器观察输入、输出波形是否跟随。

表 1-6-3　电压跟随器数据表

测量值		计算值
V_i(有效值)	V_o(有效值)	$A_v=\frac{V_o}{V_i}$
0.2V		
−0.4V		

4. 反相加法运算电路

按图 1-6-4 接线,在输入端加直流信号,调节V_{i1}、V_{i2} 的大小,用直流电压表测量输出电压V_o,计算其输出电压,填入表 1-6-4 中。

表 1-6-4　反相加法运算电路数据表

测量值		计算值
V_{i1}	V_{i2}	V_o
0.2V	0.1V	
−0.4V	0.3V	

5. 差动放大电路(减法器)

按图 1-6-5 接线,在输入端加直流信号,调节V_{i1}、V_{i2} 的大小,测量输出电压V_o,填入表 1-6-5 中。

表 1-6-5　差动放大电路数据表

测量值		计算值
V_{i1}	V_{i2}	V_o
0.2V	-0.4V	
0.2V	0.4V	

6. 积分运算电路

按图 1-6-8 接线,电路中 R_2 为电容提供直流放电回路,避免出现"爬行现象"。

在 v_i 处输入频率为 100Hz 的方波信号,信号的幅值为$V_{IPP}=1V$,用双踪示波器观测输入、输出波形。改变 v_i 的频率,观察输出波形的变化,并记录下各输入、输出波形。

7. 微分运算电路

按图 1-6-7 接线,在 v_i 处输入频率为 100Hz 的方波信号,信号的幅值为$V_{IPP}=1V$,用双踪示波器观测输入、输出波形。改变 v_i 的频率,观察输出波形的变化,并记录下各输入、输出波形。

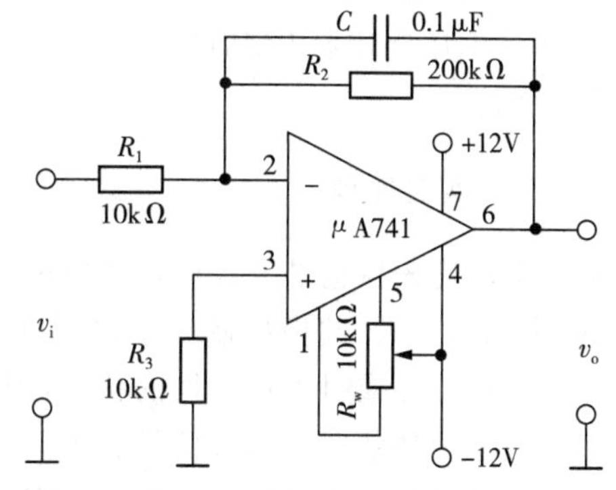

图 1-6-8　积分运算电路

1.6.6　实验报告要求

1. 简述各基本运算电路的工作原理。

2. 列表整理实验数据,将理论计算结果和实测数据相比较,分析产生误差的原因。

3. 分析积分和微分运算电路输入、输出波形之间的关系,总结电路时间常数与输出波形之间的关系。

4. 思考题:

(1) 在反相加法器中,如两个输入信号均采用直流信号,并选定$V_{i2}=-1V$,当考虑到运算放大器的最大输出幅度(±12V) 时,$|V_{i1}|$的大小不应超过多少伏?

(2) 若要将方波信号变换成三角波信号,可选用哪一种运算电路?

1.6.7　注意事项

1. 为了提高运算精度,首先应进行调零,即保证在零输入时运算放大器输出为零。

2. μA741 集成运算放大器的各个管脚不要接错,尤其正、负电源不能接反,否则易烧坏芯片。

3. 输入信号选用交、直流均可,但在选取信号的频率和幅度时,应考虑运放的频率特性和输出幅度的限制。

1.7 集成电压比较器

1.7.1 实验目的

1. 了解集成电压比较器的性能和特点。
2. 用集成电压比较器组成单门限电压比较器和迟滞电压比较器。

1.7.2 实验设备与元器件

1. 双路直流稳压电源
2. 函数信号发生器
3. 直流电源
4. 数字万用表
5. 双踪示波器
6. 集成电压比较器 LM311
7. 电阻器

1.7.3 实验原理

集成电压比较器也是一种模拟集成电路，它与集成运算放大器相比具有以下特点：开环增益低，失调电压大，共模抑制比小；但其响应速度快，传输延迟时间短；而且集成电压比较器通常工作在开环或引入正反馈的状态，因此它可以将模拟信号转换成二值信号，即只有高电平和低电平两种状态的离散信号。由其这个特性，集成电压比较器常用于波形整形、信号甄别、波形产生电路，还可用作模拟与数字电路的接口电路，以及一些控制系统中。另外，有些集成电压比较器芯片带负载能力很强，可直接驱动继电器和指示灯。还有一些芯片既具有工作状态的选通 / 禁止功能，又有多种输出方式（普通、集或漏开路和互补）可选的功能。

集成电压比较器的种类较多，若按芯片所含电压比较器的个数，可分为单、双和四电压比较器；若按功能又可分为通用型、高速型、低功耗型、低电压型和高精度型电压比较器。本实验采用的是一种通用型集成电压比较器，其型号为 LM311，它是一种在单、双电源供电均可工作的集成芯片，封装采用 8 脚双列直插式，其内部功能结构组成示意及引脚排列如图 1-7-1 所示。

图中的 1 脚为发射极输出端，而当 7 脚作为输出端时，该引脚就作为公共地端；2 脚是同相输入端；3 脚是反相输入端；4 脚为负电源端，若 LM311 工作在单电源时，该引脚可接公共地端；5、6 脚为外接调零端，若不需要调零时，6 脚可作为芯片的选通 / 禁止控制端；7 脚是集电极开路输出端，需要接一个上拉电阻，在 1 脚输出时，通常接至正电源；8 脚为正电源端。

电压比较器是一种用来比较输入信号 u_{in} 和参考电压 V_{ref} 的电路，其输出信号的电压为固定的正向饱和电压 V_{OH} 或负向饱和电压 V_{OL}。我们把比较器输出电压从一个电平跳变到另一个电平时所对应的输入信号的电压值，称之为门限电压或阈值电压 V_{th}。由集成电压比

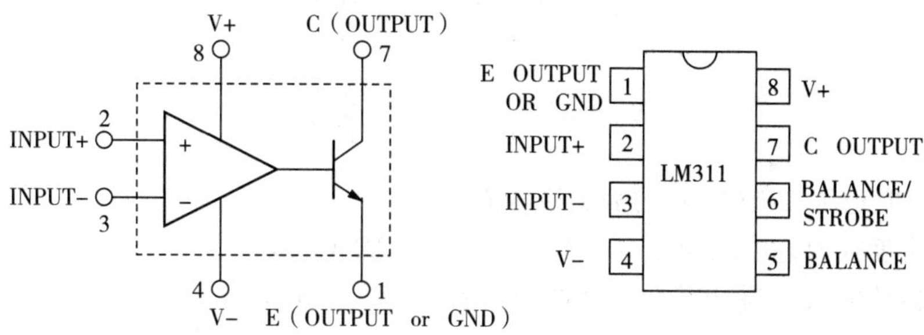

图 1-7-1　LM311 内部组成示意图及引脚排列图

较器 LM311，采用不同的外围电路结构和不同的信号输入方式，就可构成不同类型的单门限电压比较器和双门限电压比较器。

1. 同相输入单门限电压比较器

由 LM311 构成的单门限电压比较电路如图 1-7-2(a) 所示。输入信号 u_{in} 加至同相输入端，参考电压 V_{ref} 加到反相输入端，R_3 为集电极开路输出端的外接上拉电阻，R_4 和 D_1 构成输出信号双向限幅电路。当输入信号的电压值大于 V_{ref} 时，输出电压 $u_o = U_z$（稳压二极管 2DW231 的额定稳压值）；当输入信号的电压值小于 V_{ref} 时，输出电压 $u_o = -U_z$，其传输特性如图 1-7-2(b) 所示。

从中可以看出，在输入信号不变时，若改变参考电压 V_{ref} 的大小，其传输特性曲线将沿横轴向左或右移动；当 $V_{ref} = 0$ 时，传输特性曲线将经过坐标的原点，工作在此工作状态下的电压比较器称之为过零电压比较器。

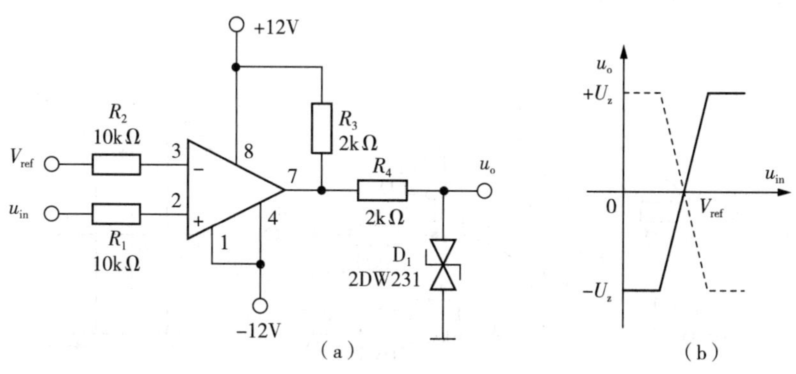

图 1-7-2　同相输入单门限电压比较器

2. 外加参考电压的同相输入迟滞电压比较器

单门限电压比较器虽具有电路结构简单、灵敏度高等特点，但其抗干扰能力较差。为了提高电压比较器的抗干扰能力，可以采用具有迟滞回环传输特性的比较器。该比较器就是在单门限电压比较器的基础上引入正反馈网络，从而组成具有双门限值的迟滞回环比较器，简称迟滞比较器。由 LM311 构成的迟滞电压比较电路如图 1-7-3(a) 所示。根据电路结构和外围元件的参数可分别求出上门限电压 V_{T+} 和下门限电压 V_{T-}：

$$V_{T+}=\frac{R_1+R_2}{R_2}V_{ref}+\frac{R_1}{R_2}V_z$$

$$V_{T-}=\frac{R_1+R_2}{R_2}V_{ref}-\frac{R_1}{R_2}V_z$$

其中,V_z 为双向稳压二极管 D_1 的额定稳压值。

其门限宽度或回差电压为 $\Delta V_T=V_{T+}-V_{T-}=2R_1V_2/R_2$

该比较器的输入－输出传输特性曲线如图 1-7-3(b) 所示。

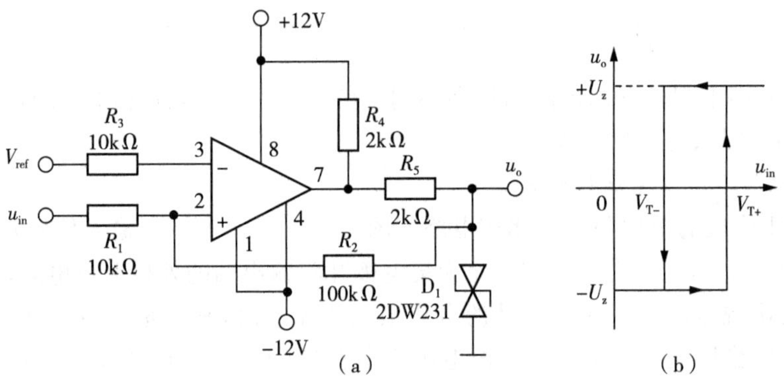

图 1-7-3　同相输入迟滞电压比较器

3. 不外加参考电压的反相输入迟滞电压比较器

典型反相输入迟滞电压比较电路如图 1-7-4(a) 所示。同样根据电路结构参数可分别求出上门限电压V_{T+} 和下门限电压V_{T-}。

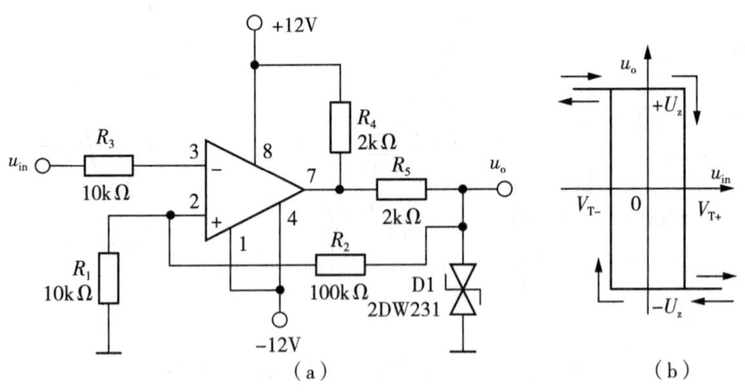

图 1-7-4　反相输入迟滞电压比较器

$$V_{T+}=R_1V_z/(R_1+R_2)$$

$$V_{T-}=-R_1V_z/(R_1+R_2)$$

其门限宽度或回差电压为 $\Delta V_T=V_{T+}-V_{T-}=2R_1V_z/(R_1+R_2)$

该比较器的输入－输出合成传输特性曲线如图 1-7-4(b) 所示。

1.7.4　预习要求

1. 复习教材中有关电压比较器的相关内容，简述各实验电路的工作原理。

2. 根据实验内容估算出各电路的门限电压值及回差电压值。取稳压二极管 2DW231 的额定稳压值 V_z 为 6.2V。

1.7.5　实验内容

1. 同相输入单门限电压比较器

(1) 按照图 1-7-2(a) 所示的电路接线。设置函数发生器的输出为：$f=1\text{kHz}$、幅值 $V_{pp}=3\text{V}$ 的三角波，将该信号分别接到电路的 u_{in} 输入端和双踪示波器的 CH_1 输入端；调节小信号直流电源，使加到 V_{ref} 输入端的 $V_{ref}=0.5\text{V}$；把电路的输出信号接到双踪示波器的 CH_2 输入端，适当调节双踪示波器的水平标尺分度旋钮和 CH_1、CH_2 两通道的垂直标尺分度旋钮，将观测的输入、输出波形记录于表 1-7-1 中。

(2) 在输入条件保持不变的前提下，用双踪示波器测量门限电压值。为了便于测量，首先要合理选择 CH_1、CH_2 两通道的垂直标尺分度值（推荐值：CH_1 为 0.5V/div，CH_2 为 2V/div）。然后把 CH_1、CH_2 两通道的输入耦合方式设置为“接地”，此时显示的两条扫描线即为两通道的零电平基线。分别调节两通道的垂直位移旋钮，使两条零电平基线均与屏幕上正中间的水平栅格线完全重合，这样就确定了 0V 电平参考基线。再把 CH_1、CH_2 两通道的输入耦合方式设置为“直流”(DC)，输入、输出的波形将有两个交点，读取其中一个交点与 0V 电平参考基线之间的格数值，再由 CH_1 通道所选择的的垂直标尺分度值就可间接测出门限电压值。

(3) 保持输入的三角波信号不变，调节小信号直流电源，使加到 V_{ref} 输入端的参考电压分别为 $V_{ref}=0\text{V}$ 和 $V_{ref}=-0.5\text{V}$，分别测出两种情况下的门限电压值，并将相应的输出波形记录于表 1-7-1 中。

表 1-7-1　单门限电压比较器的数据表

V_{ref}(V)	输入 / 输出波形	门限电压	
		测量值	计算值
0.5V			
0V			
−0.5V			

2. 外加参考电压的同相输入迟滞电压比较器

(1) 按照图 1-7-3(a) 所示的电路接线。输入的三角波信号依然为：$f=1\text{kHz}$、幅值 $V_{pp}=3\text{V}$。参照本实验内容 1 中第(2) 项的操作方法，注意输入、输出的波形的两个交点，通过这两个交点可分别读取上门限电压 V_{T+} 和下门限电压 V_{T-}，依据表 1-7-2 中所要求的不同 V_{ref} 值，分别观测相应的参数值和波形并记录于表格中。分析表格中的相关数据，思考迟滞电压比较器的回差电压值与 V_{ref} 是否有关。

表 1-7-2　同相输入迟滞电压比较器的数据表

V_{ref}(V)	输入 / 输出波形	V_{T+}		V_{T-}		回差电压	
		测量值	计算值	测量值	计算值	测量值	计算值
0.2V							
0V							
0.2V							

(2) 保持输入信号不变,将双踪示波器的显示模式设置为 $X-Y$,分别观测对应三种 V_{ref} 值的输入—输出合成传输特性曲线,并将其记录于表 1-7-3 中。注意观测和比较三个波形在水平方向上位置的变化。

表 1-7-3　同相输入迟滞电压比较器的输入—输出合成传输特性记录表

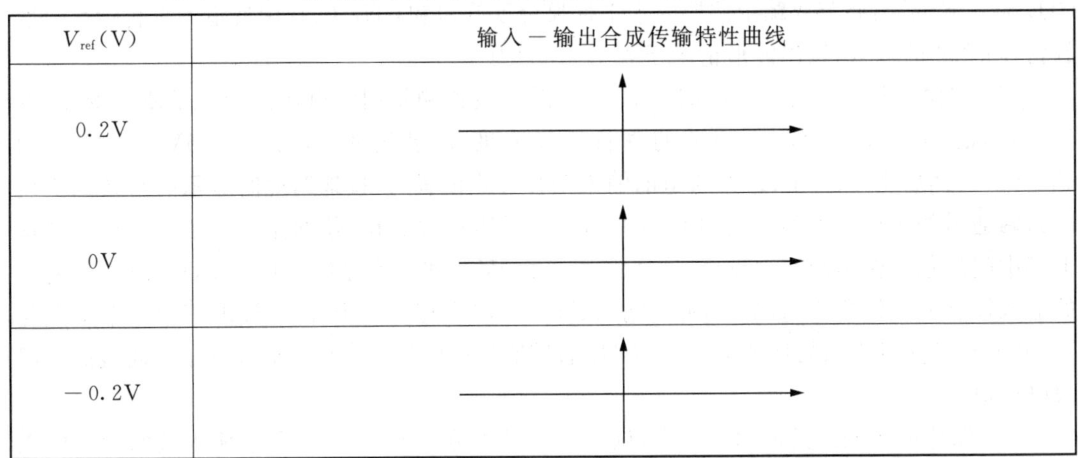

V_{ref}(V)	输入—输出合成传输特性曲线
0.2V	
0V	
−0.2V	

3. 不外加参考电压的反相输入迟滞电压比较器

(1) 按照图 1-7-4(a) 所示的电路接线。输入的三角波信号依然为:$f=1\text{kHz}$、幅值 $V_{pp}=3\text{V}$。参照本实验内容 1 中第(2) 项的操作方法,注意输入、输出的波形的两个交点,通过这两个交点可分别读取上门限电压V_{T+} 和下门限电压V_{T-},记录输入、输出的波形。

(2) 保持输入信号不变,将双踪示波器的显示模式设置为 $X-Y$,观测并记录其输入—输出传输特性曲线。

1.7.6　实验报告要求

1. 简述单门限电压比较器和迟滞电压比较器的工作原理。
2. 列表整理实验数据,将理论计算结果和实测数据相比较,提出相关的结论。
3. 分析输出波形与 V_{ref} 之间的关系,以及输入—输出合成传输特性曲线在二维坐标系中的位置与 V_{ref} 之间的相关性。
4. 分析讨论实验中出现的现象和问题,说明解决的办法。
5. 思考题:

(1) 如何得到带参考电压的反相输入的迟滞电压比较器?画出电路图,并分析与同相输入的迟滞电压比较器的不同点。

(2) 在本实验电路的输出端都加入了一个双向稳压二极管，若改为单向稳压二极管，其输出的结果又会如何？

(3) 若将输入的三角波信号换成同频、同幅的正弦信号，其输出的波形会有所不同吗？为什么？

1.7.7　注意事项

1. LM311 集成电压比较器的各个管脚不要接错，尤其正、负电源不能接反，否则易烧坏芯片。

2. 在 LM311 的 7 脚输出时，必须在其与正电源之间接一个上拉电阻，不能接到负电源，否则将无电压输出。

3. 在用双踪示波器测量电压比较器的门限电压时，一定要先确定 CH_1 通道的零电平基线，否则就没有参考基准，也就无法间接读取门限电压的值。

1.8　*RC* 正弦波振荡器

1.8.1　实验目的

1. 学习 *RC* 正弦波振荡器的组成及其振荡条件。
2. 学会测量、调试振荡器。
3. 学习振荡频率的测量方法。

1.8.2　实验设备与元器件

1. 直流稳压电源
2. 函数信号发生器
3. 示波器
4. 直流电压表
5. NPN 型三极管 3DG12(或 9013)
6. 电阻器、电容器、电位器

1.8.3　实验原理

1. *RC* 串并联选频网络振荡器

电路如图 1-8-1 所示，图中，T_1、T_2 构成两级基本放大电路，R、C 构成串并联选频网络。振荡频率为

$$f_0=\frac{1}{2\pi RC}$$

起振条件为基本放大器的电压放大倍数 $|\dot{A}_v|>3$。

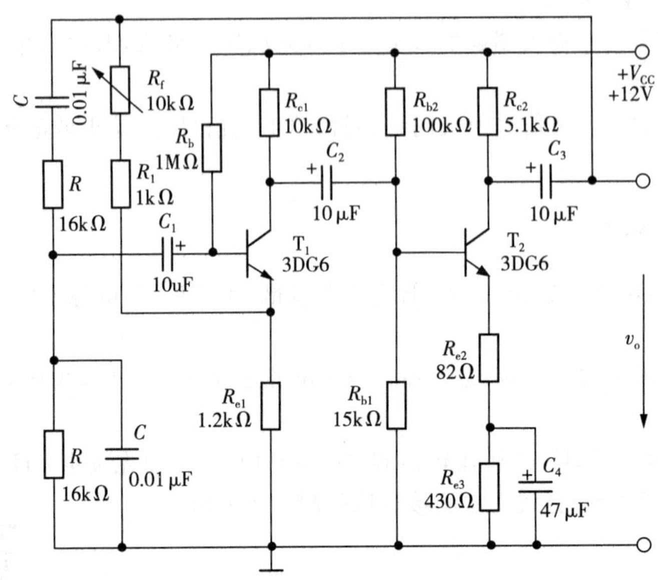

图 1-8-1　*RC* 串并联网络振荡器

此电路的特点是可方便地连续改变振荡频率,便于加负反馈稳幅,容易得到良好的振荡波形。

2. 双 T 选频网络振荡器

电路如图 1-8-2 所示,图中,T_1、T_2 构成两级基本放大电路,R、C 等构成双 T 选频网络。振荡频率为

$$f_0=\frac{1}{5RC}$$

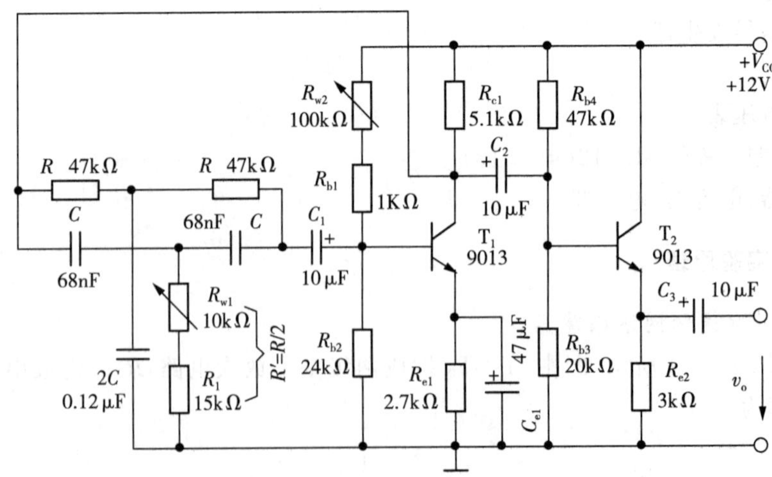

图 1-8-2　双 T 网络 *RC* 正弦波振荡器

起振条件为

$$R' < \frac{R}{2}, \quad |\dot{A}\dot{F}| > 1$$

此电路的特点是选频特性好，但调频困难，适于产生单一频率的振荡。

1.8.4　预习要求

1. 复习教材中有关 RC 振荡器的相关内容，理解实验电路的工作原理。
2. 根据给定的参数，理论计算实验电路的振荡频率。

1.8.5　实验内容

1. RC 串并联选频网络振荡器

(1) 按图 1－8－1 连接线路。

(2) 断开 RC 串并联选频网络，参考 1.2 节的内容测量基本放大器的静态工作点及其电压放大倍数，判断其是否满足起振条件。

(3) 接通 RC 串并联网络，调节 R_f，并使电路起振，用示波器观测 R_f 为不同值时的输出电压波形，若 R_f 适中，输出为无明显失真的正弦波形；若 R_f 太大，则负反馈较弱，输出电压波形出现严重的失真；若 R_f 太小，则负反馈过强，振荡器停振。

观察 R_f 为不同值时的输出电压波形，并测量输出电压的有效值，填入表 1－8－1 中。

(4) 测量振荡频率

1) 用函数发生器的内测频率计测量振荡频率 f_o。

① 将正弦波振荡器的输出电压 v_o 与函数发生器的“测频输入” 端连接；

② 按下函数发生器的“外测频率” 控制键；

③ 调节函数发生器使显示器上显示被测信号的频率 f_o。

2) 用示波器测量振荡频率 f_o—— 李萨育图形法

将函数发生器和正弦波振荡器输出的正弦信号，分别接至数字存储示波器的“CH_1”、“CH_2” 信号输入端。调节函数发生器的输出信号的频率和幅值，使两路信号的频率和幅值相接近，或调节示波器“CH_1”、“CH_2” 的“垂直标度” 旋钮，使显示的两波形在垂直方向所占的刻度数相接近。

在示波器的功能键区，先按一下“Utility”(辅助功能) 键，出现“辅助功能” 的菜单，在该菜单中按一下对应“显示” 一栏的菜单键，会出现“显示” 的一级菜单，而在该菜单中按一下对应“格式” 一栏的菜单键，将会出现一个二级菜单“格式”(有 YT 和 XY 两种显示格式)，旋转“Multipurpose”(通用) 旋钮来选择“XY” 显示格式，再按一下该旋钮进行选择确认，此时示波器上应显示一个不稳定的网纹框或是一个椭圆。

慢慢调节函数发生器输出信号的频率，直到示波器显示一个比较稳定的圆形或椭圆形，此时说明两个信号的频率已很接近相同或相等，这样就可在函数发生器上直接读出 f_o 的频率值。

(5) 改变 R 或 C 值，观察振荡频率的变化情况。

表 1-8-1 *RC* 串并联选频网络振荡器测量数据表

R_f	输出电压V_o	
	V_o(有效值)	波形
太小		
适中		
太大		

2. 双 T 选频网络振荡器

(1) 按图 1-8-2 连接线路。

(2) 断开双 T 网络,参考 1.2 节的内容调试 T_1 管的静态工作点,使V_{E1} 为 2.2V。

(3) 接入双 T 网络,用示波器观察输出波形,若不起振,调节 R_{W1},使电路起振。

(4) 用李萨育法或函数信号发生器内测频率法测量电路振荡频率。

(5) 将双 T 网络与放大器断开,用函数信号发生器的电压信号注入双 T 网络,观察输出波形。保持输入电压幅度不变,频率由低到高变化,找出输出电压幅值最低时的频率。

1.8.6 实验报告要求

1. 简述两个实验电路的工作原理。
2. 比较振荡频率 f_0 实测值和理论值的误差,分析其产生的原因。
3. 绘制双 T 选频放大器的幅频特性曲线特点。
4. 根据 R_f 不同值对 v_o 波形的影响,说明负反馈在 *RC* 振荡器中的作用。
5. 思考题:

(1) 在实验中,怎样判断电路是否满足了振荡条件?

(2) 说明使振荡频率 f_0 稳定的主要因素是什么?

(3) 图 1-8-2 所示的实验电路中的 R_{W1} 具有什么作用?

1.8.7 注意事项

连接实验电路时,应注意电解电容的极性。

1.9 信号发生器

1.9.1 实验目的

1. 学习用集成运算放大器构成正弦波、方波和三角波发生器的方法。
2. 学习信号发生器主要性能指标的测试方法。

1.9.2 实验设备与元器件

1. 直流稳压电源
2. 示波器

3. 交流毫伏表

4. 函数信号发生器

5. 集成运算放大器 LM358，稳压管 2DW231

6. 电阻器、电容器

1.9.3　实验原理

由集成运算放大器构成的正弦波、方波和三角波发生器有多种形式，本实验选用最常用的、线路比较简单的几种电路加以介绍。集成双运算放大器 LM358 的引脚功能及排列图如图 1-9-1 所示。

1. *RC* 桥式正弦波振荡器（文氏电桥振荡器）

图 1-9-2 为 *RC* 桥式正弦波振荡器。此电路与图 1-8-1 的实验电路功能相同，不同之处在于其基本放大电路由集成运算放大器构成，*RC* 串并联电路构成正反馈支路，同时兼作选频网络，R_1、R_2、R_W 及 2DW231 等元件构成负反馈和稳幅环节。调节电位器 R_W，可以改变负反馈深度，以满足振荡的振幅条件和改善波形，利用 2DW231 正向电阻的非线性特性来实现稳幅。此电路一般用来产生 1Hz ～ 1MHz 的正弦波信号。

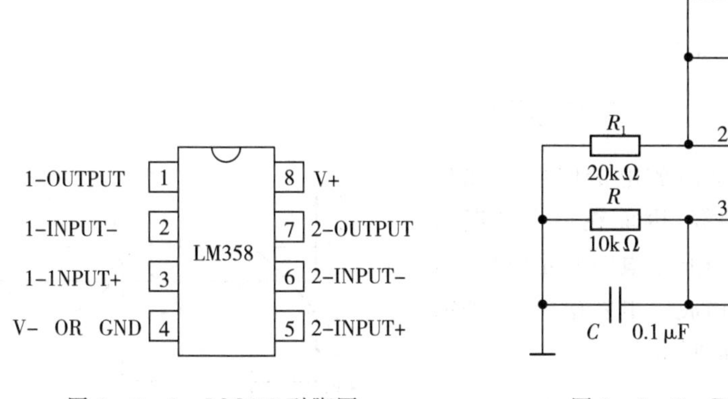

图 1-9-1　LM358 引脚图

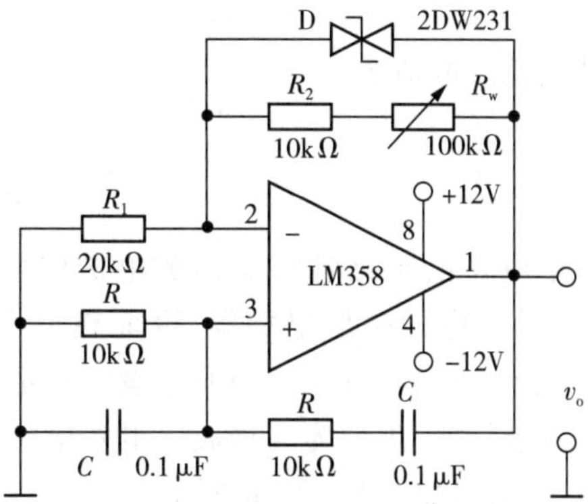

图 1-9-2　*RC* 桥式正弦波振荡器

电路的振荡频率为

$$f_o = \frac{1}{2\pi RC}$$

实验中可通过调整反馈电阻 R_W，使电路起振，且波形失真最小。如不能起振，则说明负反馈太强，应适当加大 R_W。如波形失真严重，则应适当减小 R_W。

2. 方波发生器

集成运算放大器构成的方波发生器和三角波发生器，一般包括比较器和 *RC* 积分器两大部分。图 1-9-3 所示为由滞回比较器及简单 *RC* 积分电路组成的方波、三角波发生器，它的特点是线路简单，但三角波的线性度较差，主要用于产生方波，或对三角波要求不高的场合。

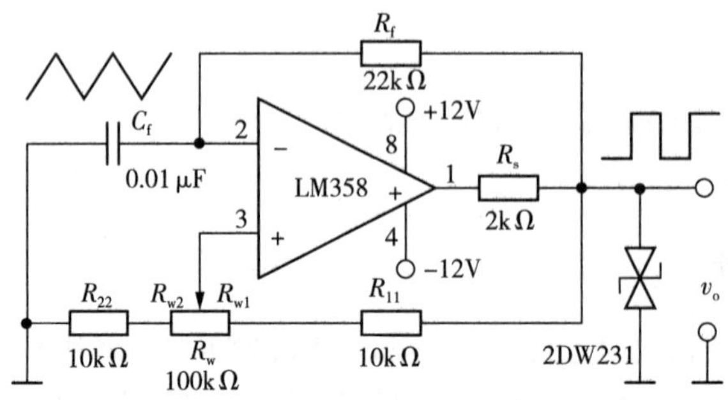

图 1-9-3　方波发生器

该电路的振荡频率为

$$f_o = \frac{1}{2R_f C_f \ln(1 + 2\frac{R_2}{R_1})}$$

其中，$R_1 = R_{11} + R_{W1}$，$R_2 = R_{22} + R_{W2}$。

方波的输出幅值为

$$V_{om} = \pm V_Z$$

三角波的输出幅值为

$$V_{cm} = \frac{R_2}{R_1 + R_2} \times V_Z$$

由于电容正向充电与反向放电的时间常数均为 $R_f C_f$，且充电的幅值也相等，因而在一个周期内 v_o 为占空比 50% 的方波。当充放电时间足够快时，电容上的电压 v_C 近似为三角波。电容电压 v_C 和输出电压 v_o 波形如图 1-9-4 所示。

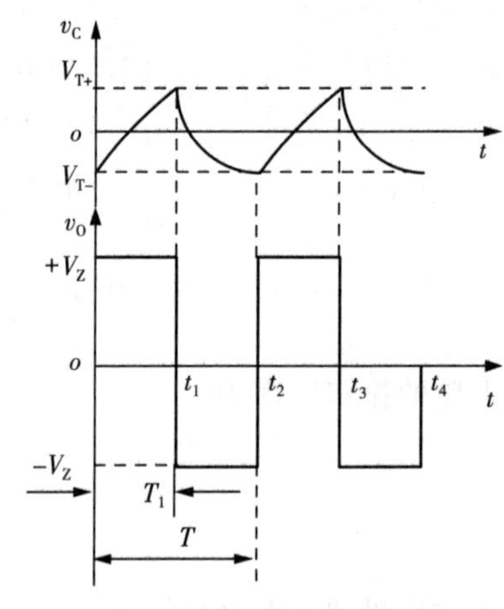

图 1-9-4　电压波形图

实验中可通过调节电位器 R_W（即改变$\frac{R_2}{R_1}$）来改变振荡频率，但三角波的幅值也随之变化。如要互不影响，可通过改变 R_f（或 C_f）来实现振荡频率的调节。

3. 三角波和方波发生器

把滞回比较器和积分器首尾相接，形成正反馈闭环系统，如图 1-9-5 所示，则比较器输出的方波经积分器积分可得到三角波，三角波又触发比较器自动翻转形成方波，这样即可构成三角波、方波发生器。由于采用运算放大器组成积分电路，因此可实现恒流充电，使三角波的线性大大改善。

该电路的振荡频率为

$$f_o = \frac{R_2}{4R_1(R_f + R_w) + C_f}$$

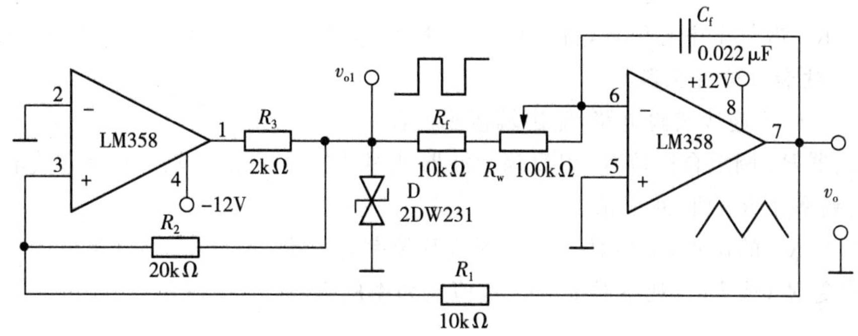

图 1-9-5　三角波、方波发生器

方波的幅值为

$$V_{o1m} = \pm V_Z$$

三角波的幅值为

$$V_{om} = \frac{R_1}{R_2} V_Z$$

1.9.4　预习要求

1. 复习教材中有关 *RC* 文氏电桥振荡器、迟滞比较器和方波—三角波发生器的相关内容，理解实验电路的工作原理。

2. 根据各实验电路的参数，计算输出信号的频率和幅值。

1.9.5　实验内容

1. *RC* 桥式正弦波振荡器

按图 1-9-2 连接实验电路，输出端接示波器。

(1) 接通 ±12V 电源，调节电位器 R_W，直至在示波器荧光屏上出现振荡波形，分析负反馈强弱对起振条件及输出波形的影响。

(2) 调节电位器 R_W，使输出电压 v_o 幅值最大且不失真，用交流毫伏表分别测量输出电压V_o、反馈电压V_P 和V_N 的有效值。

(3) 断开 2DW231，重复(2) 的内容，将测试结果与(2) 进行比较，分析 2DW231 的稳幅作用。

(4) 接上 2DW231，参考 1.8 节的内容，用李萨育法或函数信号发生器内测频率法测量电路振荡频率。

2. 方波发生器

按图 1-9-3 连接实验电路，输出端接示波器。

(1) 将电位器 R_W 调至中心位置，用双踪示波器观察并描绘方波 v_o 及三角波 v_c 的波形(注意对应关系)，测量其幅值和频率，并记录。

(2) 改变 R_W 动点的位置，观察 v_o 和 v_c 的幅值及频率变化情况。把滑动点调至最上端和最下端,测出频率范围,并记录。

(3) 将 R_W 恢复至中心位置,将一只稳压管短接,观察 v_o 的波形,分析 D_Z 的限幅作用。

3. 三角波和方波发生器

按图 1-9-5 连接实验电路,输出端接示波器。

将电位器 R_W 调至合适位置,用双踪示波器观察并描绘三角波输出 v_o 及方波输出 v_{o1},测量其幅值、频率及 R_W 值,并记录。

(1) 改变 R_W 的位置,观察对 v_o、v_{o1} 幅值及频率的影响。

(2) 改变 R_1(或 R_2),观察对 v_o、v_{o1} 幅值及频率的影响。

1.9.6 实验报告要求

1. 简述实验电路的工作原理。
2. 根据实验内容,列表记录实验数据和波形。
3. 分析文氏电桥振荡器的输出电压有效值V_o与反馈电压V_P、V_N 三者之间的关系。
4. 将实验测得的数据与理论值比较,分析产生误差的原因。
5. 思考题:

(1) 在文氏电桥振荡电路中,稳压管 2DW231 具有什么作用?

(2) 能够获得正弦波、方波和三角波的电路还有哪些?

1.9.7 注意事项

为了保证方波信号的产生,应注意滞回比较器的门限电压与积分电路输出电压大小的关系。

1.10 有源滤波器

1.10.1 实验目的

1. 熟悉用运算放大器、电阻和电容组成有源低通滤波、高通滤波和带通、带阻滤波器的方法。
2. 学会测量有源滤波器幅频特性的方法。

1.10.2 实验设备与元器件

1. 直流稳压电源
2. 交流毫伏表
3. 函数信号发生器
4. 示波器
5. 集成运算放大器 μA741
6. 电阻器、电容器

1.10.3　实验原理

1. 二阶低通滤波器

低通滤波器是指低频信号能通过而高频信号不能通过的滤波器，典型的二阶有源低通滤波器如图 1-10-1 所示。

这种有源滤波器的幅频特性为

$$\dot{A}=\frac{\dot{V}o}{\dot{V}_i}=\frac{A_v}{1+(3-A_v)SCR+(SCR)^2}=\frac{A_v}{1-\left(\frac{\omega}{\omega_0}\right)^2+j\frac{\omega}{Q\omega_0}}$$

其中，$S=j\omega$；$A_v=1+\frac{R_f}{R_1}$ 为二阶低通滤波器的通带增益；$\omega_0=\frac{1}{RC}$ 为截止频率，它是二阶低通滤波器通带与阻带的界限频率；$Q=\frac{1}{3-A_v}$ 为品质因数，它的大小影响低通滤波器在截止频率处幅频特性的形状。

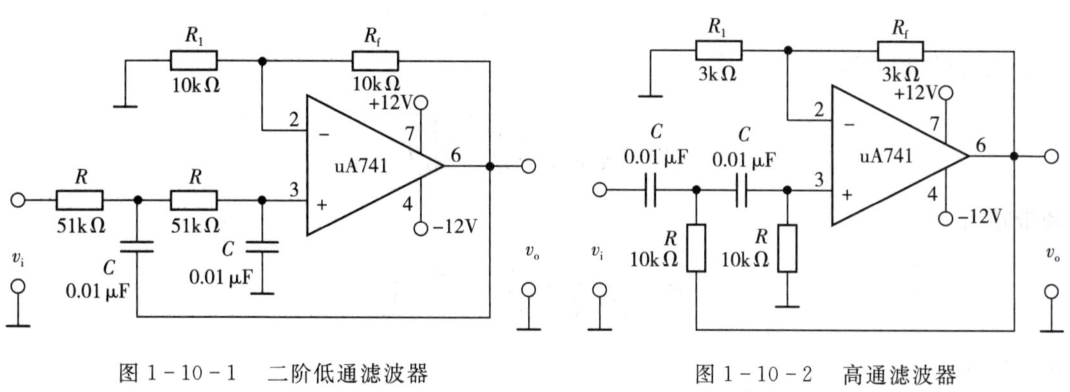

图 1-10-1　二阶低通滤波器　　　图 1-10-2　高通滤波器

2. 高通滤波器

高通滤波器电路如图1-10-2所示。高通滤波器的性能与低通滤波器相反，其频率响应和低通滤波器是“镜像”关系。

这种高通滤波器的幅频特性为

$$\dot{A}=\frac{\dot{V}_o}{\dot{V}_i}=\frac{(SCR)^2A_v}{1+(3-A_v)SCR+(SCR)^2}=\frac{-\left(\frac{\omega}{\omega_0}\right)^2A_v}{1-\left(\frac{\omega}{\omega_0}\right)^2+j\frac{\omega}{Q\omega_0}}$$

其中，A_v、ω_0 和 Q 的意义与前面类似。

3. 带通滤波器

这种滤波电路的作用是只允许在某一个通频带范围内的信号通过，而比通频带下限频率低和比上限频率高的信号都被阻断。典型的带通滤波器可以通过将二阶低通滤波电路中的一级改成高通而形成，如图 1-10-3 所示。

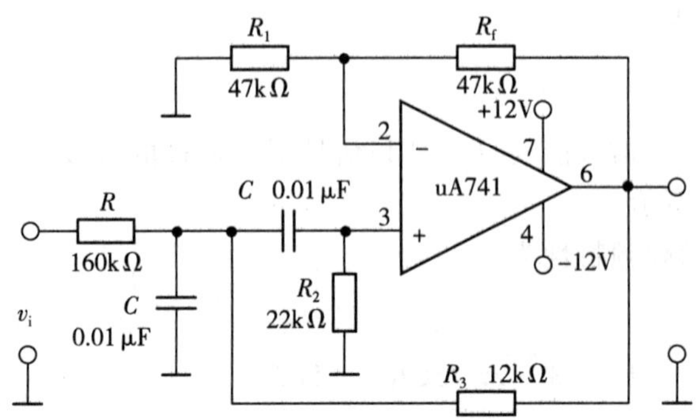

图 1-10-3　典型二阶带通滤波器

此种带通滤波器的输入输出关系为

$$\dot{A}=\frac{\dot{V}_o}{\dot{V}_i}=\frac{(1+\frac{R_f}{R_1})(\frac{1}{\omega_0 RC})(\frac{S}{\omega_0})}{1+(\frac{B}{\omega_0})(\frac{S}{\omega_0})+(\frac{S}{\omega_0})^2}$$

其中，中心角频率为

$$\omega_0=\sqrt{\frac{1}{R_2C^2}\left(\frac{1}{R}+\frac{1}{R_3}\right)}$$

频带宽为

$$B=\frac{1}{C}\left(\frac{1}{R}+\frac{2}{R_2}-\frac{R_f}{R_1R_3}\right)$$

选择性为

$$Q=\frac{\omega_0}{B}$$

这种电路的优点是改变 R_f 和 R_1 的比例就可改变频宽，而不影响中心频率。

4. 带阻滤波器

电路如图 1-10-4 所示，这种电路的性能和带通滤波器相反，即在规定的频带内信号不能通过(或受到很大衰减)，而在其余频率范围内的信号则能顺利通过，常用于抗干扰设备中。

这种电路的输入、输出关系为

$$\dot{A}=\frac{\dot{V}_o}{\dot{V}_i}=\frac{[1+(\frac{S}{\omega_0})^2]A_v}{1+2(2-A_v)\frac{S}{\omega_0}+(\frac{S}{\omega_0})^2}$$

其中，$A_v=1+\frac{R_f}{R_1}$。

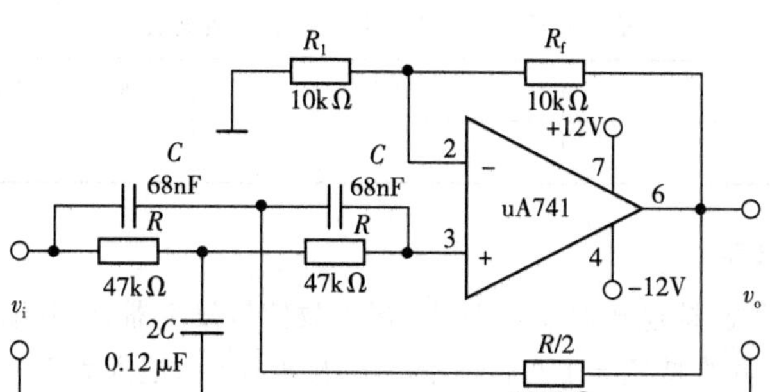

图 1-10-4　二阶带阻滤波器

$$\omega_0 = \frac{1}{RC}$$

由上式可见，A_v 愈接近 2，$|\dot{A}|$ 愈大，即阻断频率范围愈窄。

1.10.4　预习要求

1. 复习教材中有关有源低通、高通、带通和带阻滤波器的相关内容，理解其工作原理。

2. 根据二阶低通、高通滤波器实验电路的参数，计算 ω_0、A_v 及 Q 的理论值；根据二阶带通、带阻滤波器实验电路的参数，计算 ω_0 的理论值。

1.10.5　实验内容

1. 二阶低通滤波器

按图 1-10-1 接线，接通 ±12V 电源，$\dot{V}_i$ 接函数信号发生器，令其输出有效值 $V_i=1V$ 的正弦波，改变其频率，并维持 $V_i=1V$ 不变，测量输出电压 V_o，记入表 1-10-1 中。

表 1-10-1　二阶低通滤波器数据表

f(Hz)	10	100	200	300	400	600	800	1k	…
V_o(V)									

2. 二阶高通滤波器

按图 1-10-2 接线，接通 ±12V 电源，$\dot{V}_i$ 接函数信号发生器，令其输出有效值 $V_i=1V$ 的正弦波，改变其频率，并维持 $V_i=1V$ 不变，测量输出电压 V_o，记入表 1-10-2 中。

表 1-10-2　二阶高通滤波器数据表

f(Hz)	40k	20k	10k	5k	4k	3k	2k	1k	…
V_o(V)									

3. 二阶带通滤波器

按图 1-10-3 接线，接通 ±12V 电源，$\dot{V}_i$ 接函数信号发生器，令其输出有效值 $V_i=1V$ 的正弦波，改变其频率，并维持 $V_i=1V$ 不变，测量输出电压 V_o，记入表 1-10-3 中。

表 1-10-3　二阶带通滤波器数据表

f(Hz)	…	600	700	800	900	1k	2k	3k	4k	…
V_o(V)										

4. 二阶带阻滤波器

按图 1-10-4 接线，接通 ±12V 电源，$\dot{V}_i$ 接函数信号发生器，令其输出有效值V_i=1V 的正弦波，改变其频率，并维持V_i=1V 不变，测量输出电压V_o，记入表 1-10-4 中。

表 1-10-4　二阶带阻滤波器数据表

f(Hz)	…	20	30	40	50	60	70	80	90	…
V_o(V)										

1.10.6　实验报告要求

1. 简述各实验电路的工作原理。
2. 根据实验数据绘制各滤波电路V_o随频率变化的曲线，确定 ω_0、A_v 的数值，并与理论值比较。
3. 简要说明测试结果与理论值有一定差异的主要原因。
5. 思考题：

(1) 若将图 1-10-1 所示的二阶低通滤波器的 R、C 位置互换，组成图 1-10-2 所示的二阶高通滤波器，且 R、C 值不变，试问高通滤波器的截止频率 f_L 等于低通滤波器的截止频率 f_H 吗？

(2) 高通滤波器的幅频特性，为什么在频率很高时，其电压增益会随频率升高而下降呢？

1.10.7　注意事项

在实验过程中，改变输入信号频率时，注意保持V_i=1V(有效值) 不变。

1.11　低频功率放大器——OTL 功率放大器

1.11.1　实验目的

1. 理解 OTL 功率放大器的工作原理。
2. 学会 OTL 电路的调试及主要性能指标的测试方法。

1.11.2　实验设备与元器件

1. 直流稳压电源
2. 直流电压表
3. 函数信号发生器

4. 直流毫安表
5. 示波器
6. 交流毫伏表
7. NPN 型三极管 3DG6(或 9011)、3DG12(或 9013)、3CG12(或 9015)
8. 二极管 2CP
9. 8 Ω喇叭
10. 电阻器、电容器

1.11.3 实验原理

1. 实验电路

图 1-11-1 所示为 OTL 低频功率放大器，其中，由晶体三极管 T_1 组成推动级(也称前置放大级)，T_2 和 T_3 是一对参数对称的 NPN 型和 PNP 型晶体三极管，它们组成互补推挽 OTL 功放电路，由于每一个管子都接成射极输出器，因此具有输出电阻低、带负载能力强等优点，适合于作功率输出级。

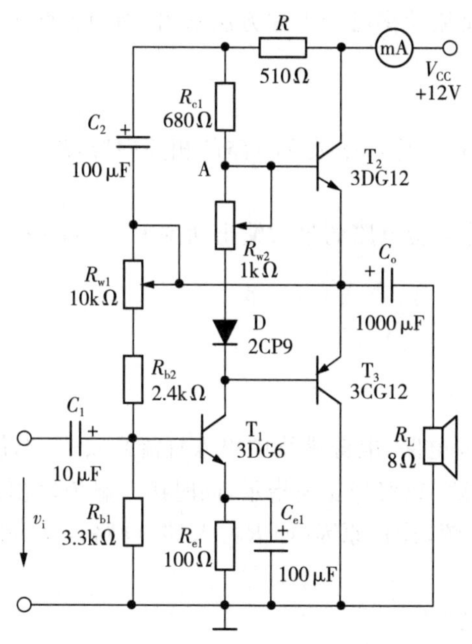

图 1-11-1　OTL 功率放大器

T_1 管工作于甲类状态，它的集电极电流 I_{C1} 由电位器 R_{w2} 进行调节。I_{C1} 的一部分流经电位器 R_{w2} 及二极管 D，给 T_2 和 T_3 提供偏压。调节 R_{w2}，可以使 T_2 和 T_3 得到合适的静态电流而工作于甲乙类状态，以克服交越失真。静态时要求输出端中点 A 的电位 $V_A = 0.5\,V_{CC}$，可以通过调节 R_{w1} 来实现。又由于 R_{w1} 的一端接在 A 点，因此在电路中引入交、直流电压并联负反馈，一方面能够稳定放大器的静态工作点，同时也改善了非线性失真。

当输入正弦交流信号 $\dot{V}_i$ 时，经 T_1 放大、倒相后同时作用于 T_2 和 T_3 的基极。$\dot{V}_i$ 的负半周使 T_2 管导通(T_3 管截止)，有电流通过负载 R_L，同时向电容 C_0 充电；在 $\dot{V}_i$ 的正半周，T_3 管导通(T_2 管截止),则已充好电的电容器 C_0 起着电源的作用,通过负载 R_L 放电,这样在 R_L 上就得到了完整的正弦波。

C_2 和 R 构成自举电路,用于提高输出电压正半周的幅度,以得到大的动态范围。

2. OTL 电路的主要性能指标

(1) 最大不失真输出功率 P_{om}

在理想情况下,$P_{om}=\frac{V_{CC}^2}{8R_L}$。

在实验中,可通过测量 R_L 两端的电压有效值V_o 来求得实际的 $P_o=\frac{{V_o}^2}{R_L}$。

(2) 效率 η

$$\eta=\frac{P_{om}}{P_V}\times 100\%$$

其中,P_V 为直流电源供给的平均功率。

在理想情况下,$\eta_{max}=78.5\%$。在实验中,可测量电源供给的平均电流 I_{DC},从而求得 $P_V=V_{CC}\cdot I_{DC}$,负载上的交流功率已用上述方法求出,因而也就可以计算实际效率了。

1.11.4 预习要求

1. 复习教材中有关互补对称功率放大电路的相关内容,理解图 1-11-1 所示实验电路的工作原理。

2. 在理想情况下,计算实验电路的最大输出功率 P_{om}、管耗 P_T、直流电源供给的功率 P_V 和效率 η 的理论值。

1.11.5 实验内容

1. 静态工作点的测试

按图 1-11-1 连接实验电路,电源进线中串入直流毫安表,电位器 R_{W2} 置最小值,R_{W1} 置中间位置。接通 +12V 电源,观察毫安表指示,同时用手触摸输出级管子,若电流过大,或管子温升显著,应立即断开电源,检查原因(如 R_{W2} 开路,电路自激,或输出管性能不好等)。如无异常现象,可开始调试。

(1) 调节输出端中点电位V_A

调节电位器 R_{W1},用直流电压表测量 A 点电位,使$V_A=\frac{1}{2}V_{CC}=6\text{V}$。

(2) 调整输出级静态电流及测试各级静态工作点

调节 R_{W2},使 T_2、T_3 管的 $I_{C2}=I_{C3}=5\sim 10\text{mA}$。从减小交越失真角度而言,应适当加大输出级静态电流,但该电流过大,会使效率降低,所以一般以(5~10)mA 为宜。由于毫安表是串在电源进线中的,因此测得的是整个放大器的电流。但一般 T_1 的集电极电流 I_{C1} 较小,从而可以把测得的总电流近似当作末级的静态电流。如要准确得到末级静态电流,则可从总电流中减去 I_{C1} 的值。

调整输出级静态电流的另一种方法是动态调试法。先使 $R_{W2}=0$,在输入端接入 $f=$

1kHz 的正弦信号 $\dot{V}_i$。逐渐加大输入信号的幅值，此时，输出波形会出现较严重的交越失真，然后缓慢增大 R_{W2}，当交越失真刚好消失时，停止调节 R_{W2}。恢复 $V_i=0$，此时直流毫安表的读数即为输出级静态电流。一般数值也应为(5 ～ 10)mA，如过大，则要检查电路。

输出级电流调好以后，测量各级静态工作点，记入表 1-11-1 中。

表 1-11-1　OTL 功率放大器静态数据表($I_{C2}=I_{C3}=5$mA，$V_A=6$V)

	测量值			计算值	
	V_B(V)	V_C(V)	V_E(V)	V_{BE}(V)	V_{CE}(V)
T_1					
T_2					
T_3					

2. 最大输出功率 P_{om} 和效率 η 的测试

(1) 测量 P_{om}

输入端接 $f=1$kHz 的正弦信号，输出端用示波器观察输出电压的波形。逐渐增大输入信号的有效值V_i，使输出电压达到最大不失真幅度，用交流毫伏表测出负载 R_L 上的电压有效值V_o，则 $P_{om}=\dfrac{V_o^2}{R_L}$。

(2) 测量 η

当输出电压为最大不失真输出时，读出直流毫安表中的电流值，此电流即为直流电源供给的平均电流 I_{DC}(有一定误差)，由此可近似求得 $P_V=V_{CC}\times I_{DC}$，再根据上面测得的 P_{om}，即可求出效率 η。

3. 频率响应的测试

参考 1.2 节的内容测量电路的上、下限频率 f_H、f_L，计算 $B_w=f_H-f_L$。

在测试时，为保证电路的安全，应在较低电压下进行，在整个测试过程中，应保持V_i 为恒定值，且输出波形不得失真。

4. 研究自举电路的作用

(1) 测量有自举电路，且 $P_o=P_{om}$ 时的电压增益

$$\dot{A}_v=\frac{\dot{V}_o}{\dot{V}_i}$$

(2) 将 C_2 开路，R 短路(无自举)，再测量 $P_o=P_{om}$ 时的 $\dot{A}_v$。

用示波器观察(1) 和(2) 两种情况下的输出电压波形，并将以上两项测量结果进行比较，分析研究自举电路的作用。

5. 噪声电压的测试

测量时将输入端短路($\dot{V}_i=0$)，观察输出噪声波形，并用交流毫伏表测量输出电压，即为噪声电压V_N。本电路中，若$V_N<15$mV，即满足要求。

1.11.6 实验报告要求

1. 简述图 1－11－1 所示 OTL 低频功率放大器的工作原理。
2. 列表整理实验数据。
3. 比较说明实测数据偏离理论值的主要原因。
4. 分析实验中遇到的现象，简述实验体会。
5. 思考题：

(1) 在图 1－11－1 所示的实验电路中，若将 R 短接，自举作用将发生什么变化？

(2) 图 1－11－1 所示的实验电路中二极管 D 具有什么作用？

1.11.7 注意事项

1. 在调整 R_{W2} 时，一是要注意旋转方向，不要调得过大，更不能开路，以免损坏输出管。
2. 输出管静态电流调好后，如无特殊情况，不能随意改变 R_{W2} 的位置。
3. 在整个测试过程中，电路不应有自激现象。

1.12 直流稳压电源

1.12.1 实验目的

1. 了解直流稳压电源的基本组成结构及其工作原理。
2. 熟悉单相桥式整流电路、电容滤波电路的特性。
3. 掌握直流稳压电源的主要性能指标及其测试方法。

1.12.2 实验设备与元器件

1. 数字万用表
2. 双踪示波器
3. 整流电桥(或 4×1N4001)
4. 集成三端稳压器件 7812、LM317
5. 电阻器、电容器若干

1.12.3 实验原理

在电子电路中，通常都需要直流稳压电源来进行供电。小功率直流稳压电源一般由电源变压器、整流、滤波和稳压电路四部分构成。

1. 电源变压器与整流电路

电源变压器的作用只是将电网的 220V 交流电压按照一定的变比变为所需要的电压值，但电压的性质依然是交流电压。而整流电路的作用就是利用二极管的单向导电性，将交流电压转换成单向脉动的直流电压。根据二极管不同的连接可构成半波、全波、桥式和倍压整流电路，在此仅介绍单相桥式全波整流电路，其电路组成如图 1-12-1(a) 所示。

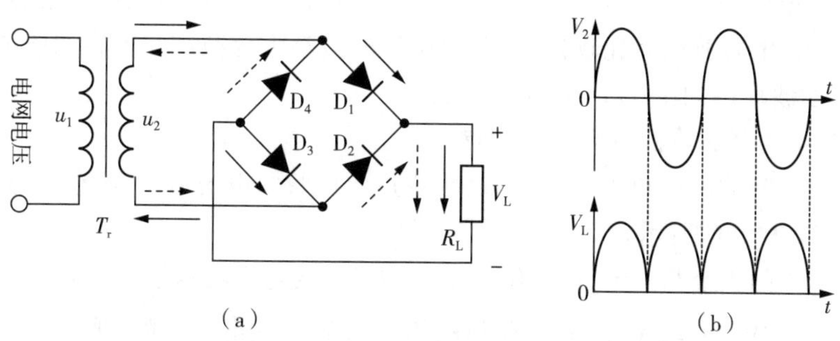

图 1-12-1　单相桥式整流电路

电路的工作原理可描述为：电网的交流电压经隔离变压器获得所需要的整流输入电压 u_2。无论在电压 u_2 的正半周或负半周，整流桥上始终有一对二极管 D_1、D_3 或 D_2、D_4 处于导通状态，对应正、负半周的电流通路参照图 1-12-1(a) 中所标示的实线和虚线箭头。从中可以看出流过负载 R_L 的电流流向均为同一个方向，这也就验证了桥式整流的转换作用，即将交流电压转换为脉动的直流电压。整流输入与输出电压的波形如图 1-12-1(b) 所示。

利用傅里叶级数对整流输出电压 u_L 进行分解并取其恒定分量，且假设二极管为理想元件，就可获得负载电压的平均值 $V_L=2\sqrt{2}\,V_2/\pi=0.9\,V_2$，谐波分量的总电压有效值为 $V_{Lr}=\sqrt{V_2^2-V_L^2}$。因此可进一步求得单相桥式全波整流电路的纹波系数 $Kr=V_{Lr}/V_L=0.483$。

2. 电容滤波电路

由于整流输出电压包含有叠加在直流分量上的偶次谐波分量(总称为纹波)，故需要滤波电路予以滤除纹波电压，一般是由储能元件 L、C 或其组合构成不同形式的滤波电路，如 $R-C$ 形、$L-C$ 形和 $C-R-C$ 构成的 π 形滤波电路。本部分仅介绍电容滤波电路，电路如图 1-12-2(a) 所示。

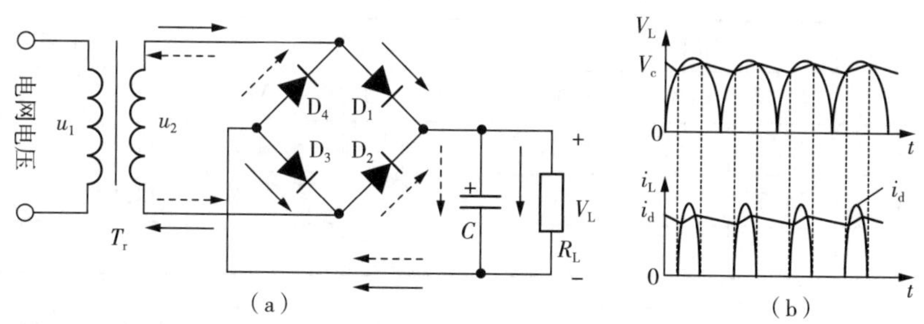

图 1-12-2　单相桥式整流电路、电容滤波电路

由于储能元件 C 两端的电压不能突变，因此在分析电容滤波电路时，必须考虑电容的端电压 u_c 对整流二极管导通有所影响，也就是对于 u_2 的正半波或负半波，只有在 $u_2>u_c$ 时，一对整流二极管才能导通，同时对负载 R_L 供电和电容 C 进行充电，充电时间常数为 $\tau_c=(R_{int}//R_L)C$，其中 R_{int} 包括变压器副绕组的直流电阻和整流二极管的正向导通电阻，一般很

小,τ_c 也就较小,电容充电就比较快;而当 $u_2 < u_c$ 时,整流二极管全部截止,电容 C 仅对负载 R_L 进行放电,放电时间常数为 $\tau_d = R_L C$,一般 R_L 的阻值远大于电容充电回路的等效电阻值,因此 τ_c 也就较大,电容放电就比较慢,使负载电压的波动大为减小。电容滤波电路工作在动态稳定状况下的波形图如 1-12-2(b) 所示。

综上所述,电容滤波电路具有以下特点:

(1) 整流二极管的导通角小于 180°,表明流过二极管的电流 i_D 不是连续的,且瞬时电流较大,如图 1-12-2(b) 所示。

(2) 纹波电压的大小与 $\tau_d = R_L C$ 有关,τ_d 越大,纹波电压就越小。当 $R_L = \infty$(空载) 时,纹波电压为 0,且有 $V_L = \sqrt{2} V_2$。为了获得较为平滑的负载电压,通常取 $\tau_d = R_L C \geqslant (3 \sim 5)T/2$,$T$ 为 u_2 的周期,V_L 与 V_2 的关系约为:$V_L = (1.1 \sim 1.2) V_2$。据此可作为选择滤波电容量值的依据。

(3) 电容滤波电路简单,可以获得较高的负载电压和较小的纹波,但输出特性较差,所以较适用于要求负载电压较高、负载变动不大的场合。

3. 三端集成稳压器

三端集成稳压器,有三个引出端,即输入端、输出端和公共端。其内部电路由启动电路、基准电压电路、取样比较放大电路、调整电路和保护电路等几部分组成,总体电路结构属于串联反馈式稳压电路结构。根据输出电压特性的不同,三端集成稳压器可分为固定电压输出和可调电压输出两大类。固定电压输出的又分为 78XX 和 79XX 两个系列,其中 78XX 系列为固定正电压输出,79XX 系列为固定负电压输出,XX 标示输出电压的额定标称值。三端集成稳压器的型号有很多,本部分仅针对性地介绍 LM7812 和 LM317 的典型应用。

(1)LM7812 的应用电路

LM7812 输出电压的标称值为 +12V,最大允许输出电流可达 1A。根据允许输出电流的不同,又有 LM78M12 和 LM78L12 两个型号,三个型号的特征参数参见表 1-12-1。

表 1-12-1　LM7812 特征参数表

型号 参数	LM7812			LM78M12			LM78L12		
	MIN	TYP	MAX	MIN	TYP	MAX	MIN	TYP	MAX
输出电压(V)	11.5	12	12.5	11.5	12	12.5	11.5	12	12.5
输入电压(V)	14.5		35	14.5		35	14.2		35
输出电流(A)			1.0			0.5			0.1

LM7812 的典型应用电路如图 1-12-3 所示。LM7812 的 1 脚为电压输入端;2 脚为公共地端,为了确保稳压器能够正常工作,输入电压与输出电压至少要有 2.5V 左右的压差;3 脚为稳压输出端。电路中的电容 C_1、C_2 用于滤除高频干扰,电解电容 C_3 用于滤除低频干扰。在某些电路中,还会在 LM7812 的 1、3 脚之间反向并接一个续流二极管,当出现输入电压端短路时,电解电容 C_3 将通过续流二极管迅速放电,防止 LM7812 内部调整管的发射结反向击穿而导致损坏。

(2)LM317 的应用电路

LM317 是一种应用最为广泛的三端集成稳压器件，它既可以工作在固定电压输出模式，也可以工作在可调电压输出模式，其输出电压范围为 1.2V～37V。LM317 的典型应用电路如图 1-12-4 所示。LM317 的 1 脚为输出电压调节端(Adj)，2 脚为电压输出端，3 脚为输入端。在 2、1 脚之间内部提供了 1.2V 的基准电压(典型值为 1.25V，最大值为 1.3V)，接入电阻 R_1 是为了保证在空载情况下输出电压依然稳定，其电阻值不宜太大，推荐阻值范围为 120～240Ω。可调电阻 R_2 用来调节 Adj 端的电压，也就是调节输出电压的大小，输出电压与 R_1、R_2 和基准电压之间的关系为：$V_o=(1+R_2/R_1)\times1.2V$(忽略不计流过 Adj 端的电流)。据此可根据输出电压的调节范围，得到 R_2 的取值。

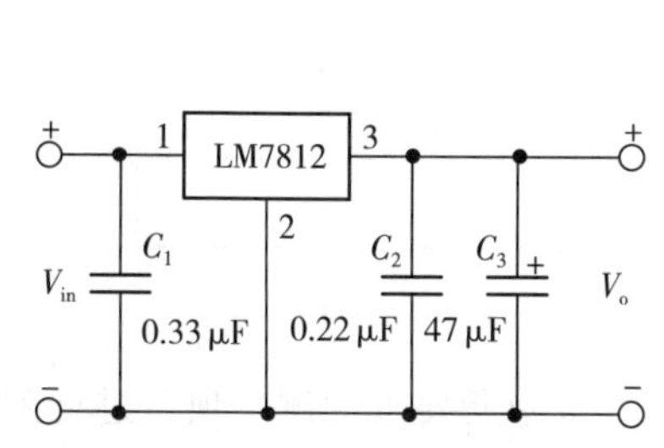

图 1-12-3　LM7812 的典型应用电路

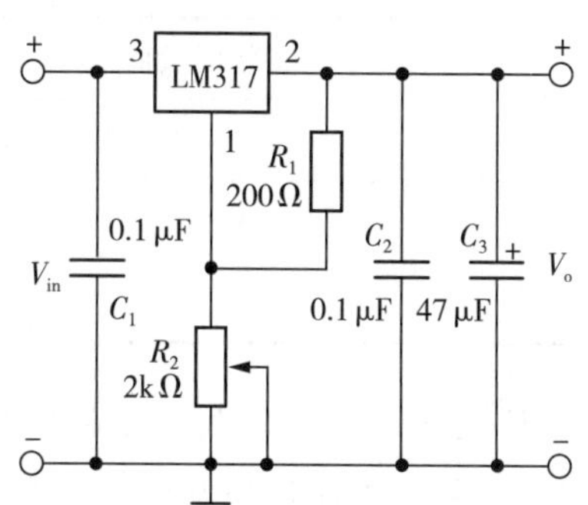

图 1-12-4　LM317 的典型应用电路

4. 直流稳压电源的主要性能指标及其定义

(1) 纹波电压 V_{Lr}：在额定负载条件下，输出电压中所含谐波分量的有效值或峰值。

(2) 输出电阻 R_0：保持稳压电路的输入电压不变，由负载变化而引起输出电压的变化量与输出电流变化量之比，即 $R_0=\triangle V_o/\triangle I_o$。

(3) 稳压系数 S_v：在负载保持不变的条件下，输出电压的相对变化量与输入电压的相对变化量之比，即 $S_v=(\triangle V_o/V_o)/(\triangle V_i/V_i)$。

(4) 电压调整率：工程上常把电网电压波动 ±10% 作为极限条件，将此时稳压电路输出电压的变化量与输入电压变化量的百分比作为衡量电压调整能力的指标，即电压调整率 $=(\triangle V_o/\triangle V_i)\times100\%$。

1.12.4　预习要求

1. 复习教材中有关直流稳压电源的内容，理解实验内容部分的所有实验电路的工作原理。

2. 针对实验内容中实验电路，完成测试表里面的理论计算值。

1.12.5　实验内容

1. 单相桥式整流电路的测试

按照图 1-12-5 所示的电路接线。根据表 1-12-2 中所要求的测量参数进行测量，并记录相关的测量数据和波形。

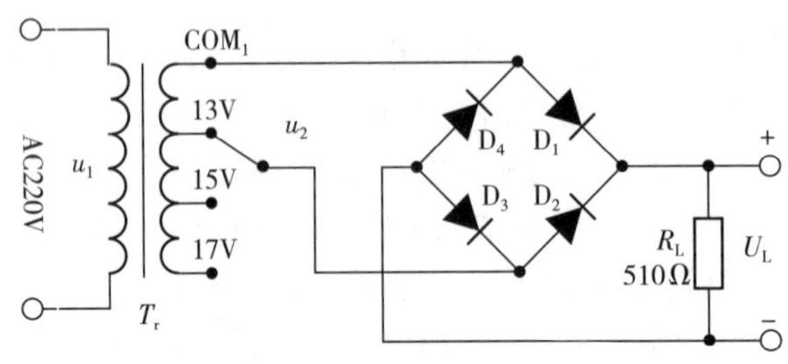

图 1-12-5　单相桥式整流电路

表 1-12-2　单相桥式整流电路参数测试表

u_2 的标称值	实际测量值		理论计算值 V_L	观测的波形	
	V_2	V_L		u_2	u_L
13V					
15V					

2. 单相桥式整流及电容滤波电路的测试

按照图 1-12-6 所示的电路接线。根据表 1-12-3 中所要求的测量项目进行测量，并记录相关的测量数据和波形。提示：为了便于观察纹波电压的波形和测量其峰－峰值，要把示波器输入通道的耦合方式设置为“交流”(AC) 方式。

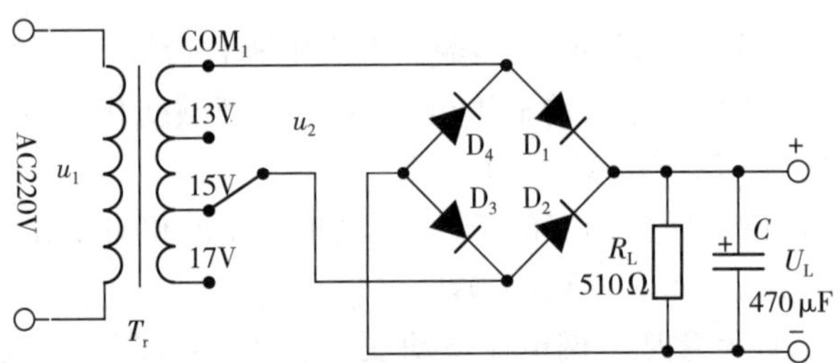

图 1-12-6　单相桥式整流及电容滤波电路

表 1-12-3　单相桥式整流及电容滤波电路的测试表

负载电阻 R_L	实际测量值			观测的波形 u_L
	V_2	V_L	V_{Lr}	
510Ω				
1kΩ				

3. 集成稳压电路的测试

按照图 1-12-7 所示的电路接线。根据表 1-12-4 中所要求的测量项目进行测量并记录相关的测量数据。

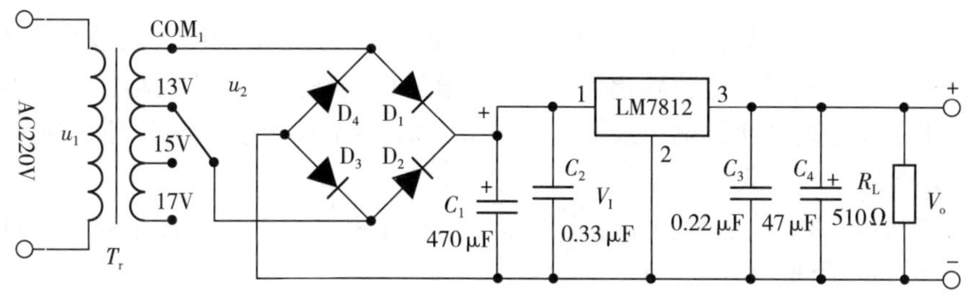

图 1-12-7　集成稳压电路

表 1-12-2　集成稳压电路的测试表

u_2 的标称值	实际测量值		计算值		
	V_I	V_o	$\triangle V_I$	$\triangle V_o$	S_v
13V					
15V					
17V					

4. 可调集成稳压电路的测试

按照图 1-12-8 所示的电路接线。根据表 1-12-5 中所要求的测量项目进行测量并记录相关的测量数据。

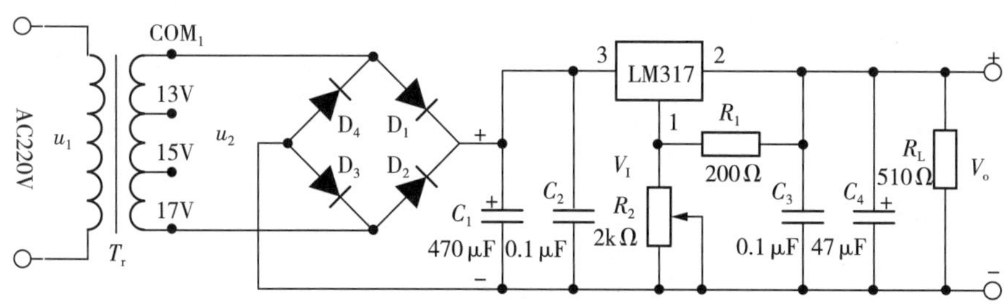

图 1-12-8　可调集成稳压电路

表 1-12-5　可调集成稳压电路的测试表

可调电阻 R_2	实际测量值			理论计算值	
	V_I	V_o 最小值	V_o 最大值	V_o 最小值	V_o 最大值
2kΩ					
1kΩ					

1.12.6　实验报告要求及思考题

1. 简述直流稳压电源的组成结构及各个组成部分的工作原理。
2. 列表整理实验数据和记录的波形。
3. 比较说明实测数据偏离理论值的主要原因。

4. 思考题:

(1) 能不能用双踪示波器同时观测整流输入电压 u_2 和输出电压 u_L 的波形? 为什么?

(2) 为什么会出现桥式整流输出 V_L 的测量值总比其理论计算值要小? 一般小多少?

(3) 在用示波器观测滤波输出纹波电压的波形时,为什么要把示波器输入通道的耦合方式设置为“交流”(AC) 方式?

(4) 如何利用 LM317 实现固定输出电压 12V? 在报告中画出稳压电路部分的电路图,并给出选择 R_1、R_2 的理论依据。

1.12.7 注意事项

1. 实验中,因既有交流电压的测量,又有直流电压的测量,所以在测量电压之前,一定要根据电压信号的性质,先选择好万用表的功能挡位和量程,然后再去进行测量。

2. 本次实验项目为电压源,一定要避免任何情况下的输出短路。

第 2 章　数字电子技术基础实验

2.1　门电路及参数测试

2.1.1　实验目的

1. 熟悉数字电路实验的基本方法。
2. 验证与非门、或非门、非门的逻辑功能。
3. 学习 TTL 与非门有关参数的测试方法。

2.1.2　实验设备与元器件

1. 74LS00 型 2 输入端四与非门 1 块
2. 74LS02 型 2 输入端四或非门 1 块
3. 74LS04 型六反相器 1 块
4. 74LS20 型 4 输入端二与非门 1 块
5. 万用电表 1 只

74LS00 管脚图如图 2－1－1 所示，74LS02 管脚图如图 2－1－2 所示，74LS04 管脚图如图 2－1－3 所示，74LS20 管脚图如图 2－1－4 所示。

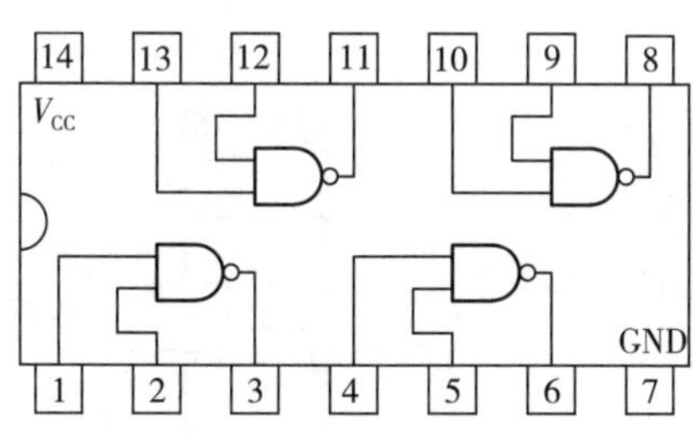

图 2－1－1　74LS00 管脚图

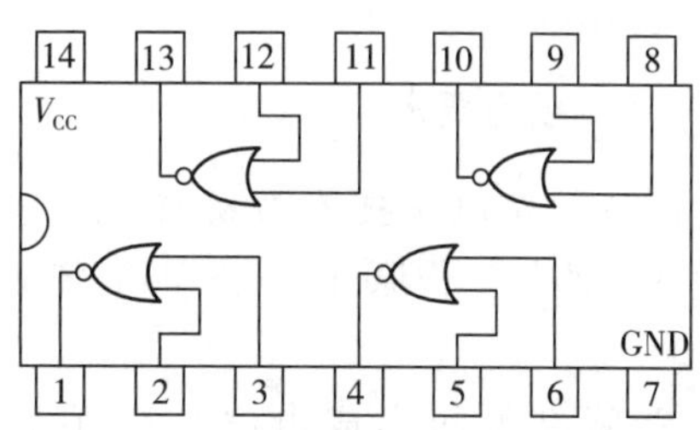

图 2－1－2　74LS02 管脚图

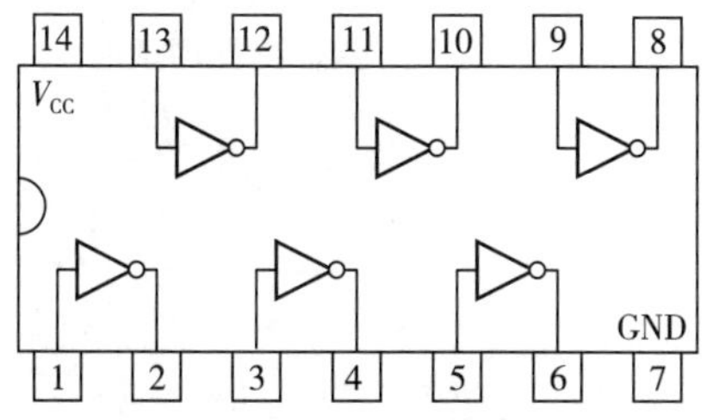

图 2－1－3　74LS04 管脚图

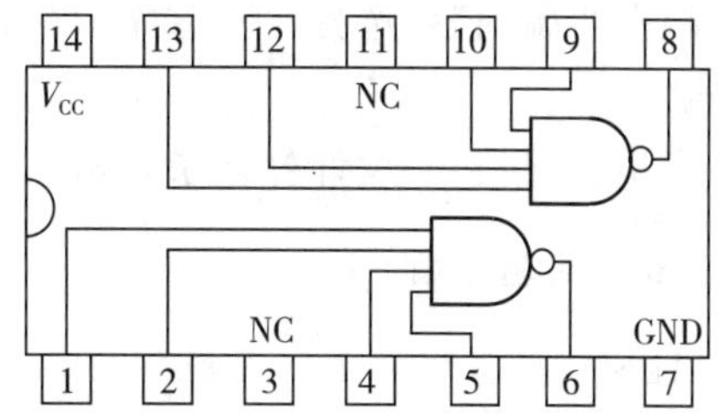

图 2－1－4　74LS20 管脚图

2.1.3 实验原理

本实验采用2输入四与非门74LS00,在一块集成块内含有四个互相独立的与非门,每个与非门有两个输入端。其逻辑符号及引脚排列如图2-1-1所示。

1. 与非门的逻辑功能

与非门的逻辑功能是:当输入端中有一个或一个以上是低电平时,输出端为高电平;只有当输入端全部为高电平时,输出端才是低电平。其逻辑表达式为

$$Y=\overline{AB}$$

2. TTL与非门的主要参数

(1)TTL电路的电源电压

TTL电路对电源电压要求较严,电源电压V_{CC}只允许在$+5V\pm10\%$的范围内工作,超过5.5V将损坏器件;低于4.5V器件的逻辑功能将不正常。

(2) 低电平输入电流I_{IL}和高电平输入电流I_{IH}。

I_{IL}是指被测输入端接地,其余输入端悬空时,被测输入端流出的电流值。在多级门电路中,I_{IL}相当于前级门输出低电平时,后级向前级门灌入的电流,因此它关系到前级门的灌电流负载能力,即直接影响前级门电路带负载的个数,因此希望I_{IL}小些。

I_{IH}是指被测输入端接高电平,其余输入端悬空,流入被测输入端的电流值。在多级门电路中,它相当于前级门输出高电平时,前级门的拉电流负载,其大小关系到前级门的拉电流负载能力,希望I_{IH}小些。由于I_{IH}较小,难以测量,一般免于测试。

(3) 电压传输特性

门的输出电压V_o随输入电压V_I而变化的曲线$V_o=f(V_I)$称为门的电压传输特性。通过它可读得门电路的一些重要参数,如输出高电平V_{OH}、输出低电平V_{OL}和阈值电压V_{TH}等,测量电路如图2-1-5所示。

2.1.4 预习要求

1. 阅读数字电子技术教材有关门电路的内容,理解TTL集成电路的工作原理,掌握TTL集成电路的特性曲线和参数。

2. 查阅有关的集成电路器件手册,熟悉74LS00、74LS02、74LS04、74LS20等集成电路的外形和引脚定义。

3. 根据实验内容,选择实验方案,设计实验电路,拟好实验步骤。

4. 写出预习报告,设计好记录表格。

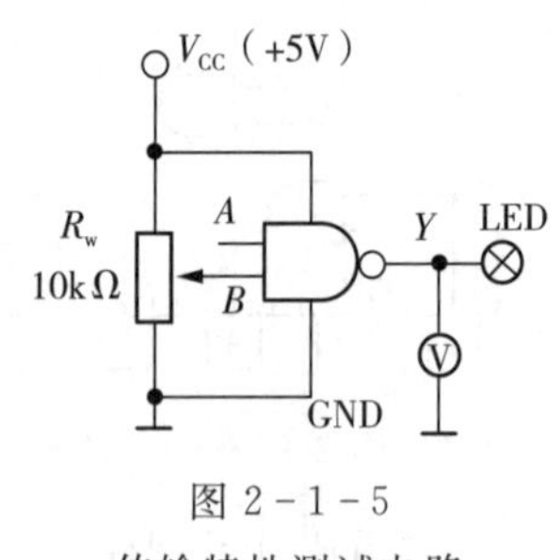

图2-1-5
传输特性测试电路

2.1.5 实验内容

1. 74LS00型与非门逻辑功能测试

(1) 任意选择图2-1-1中一个与非门进行实验。用逻辑开关给门输入端输入信号,当开关向上拨时,输入高电平(H),表示逻辑1;当开关向下拨时,输入低电平(L),表示逻辑0。

(2) 用发光二极管(即 LED) 显示门的输出状态。当 LED 亮时,门输出状态为高电平(H),表示逻辑 1;当 LED 暗时,门输出状态为低电平(L),表示逻辑 0。门的输出状态也可以用电压表或逻辑笔测试。

(3) 将结果填入表 2-1-1 中,并判断功能是否正确,写出逻辑表达式。

表 2-1-1　与非门输入、输出电平关系数据表

输入端		输出端 Y		
A	B	LED 状态	电平(H 或 L)	电压(V)
L	L			
L	H			
H	L			
H	H			

2. 74LS02 型或非门逻辑功能测试

任意选择图 2-1-2 中一个或非门进行实验,方法同上。将结果填入表 2-1-2 中,并判断功能是否正确,写出逻辑表达式。

表 2-1-2　或非门输入、输出电平关系数据表

输入端		输出端 Y		
A	B	LED 状态	电平(H 或 L)	电压(V)
L	L			
L	H			
H	L			
H	H			

3. 74LS04 反相器逻辑功能测试

任意选择图 2-1-3 中一个非门进行实验,方法同上。将结果填入表 2-1-3 中,并判断功能是否正确,写出逻辑表达式。

表 2-1-3　非门输入、输出电平关系数据表

输入端	输出端 Y		
A	LED 状态	电平(H 或 L)	电压(V)
L			
H			

4. 电压传输特性测试

参照图 2-1-5 所示的电路,与非门的 A 接高电平,B 端由 R_W 提供输入电压,改变 R_W 的值,测量 V_I 和 V_O 的电压值,填入表 2-1-4 中,画出与非门的电压传输特性曲线。

表 2-1-4　与非门电压传输特性数据表

输入V_I/V	输出V_O/V	输出端(H 或 L)	LED 状态
0.2			
0.4			
0.8			
1.2			
1.6			
2.0			
2.6			
3.0			

2.1.6　实验报告要求

1. 简述 TTL 与非门电路的工作原理以及 TTL 门电路的参数和特性曲线。
2. 记录、整理实验结果，并对实验结果进行分析。
3. 画出实测的电压传输特性曲线，并从中读出各有关参数值。
4. 思考题：

(1)TTL 与非门输入端悬空相当于输入什么电平？
(2)CM OS 门电路输入端可以悬空吗？
(3)TTL 门电路多余的输入端应该如何处理？
4. TTL 门电路的输出端可以直接连在一起吗？

2.1.7　注意事项

1. 接插集成电路时，要认清定位标记，不得插反。

2. 电源电压使用范围为$+4.5$V～$+5.5$V之间，实验中要求使用$V_{cc}=+5$V。电源极性绝对不允许接错。

3. 闲置输入端处理方法

(1) 对于 TTL 与非门集成电路，数据输入端悬空，相当于输入“1”，实验时允许悬空处理，但易受外界干扰，导致电路的逻辑功能不正常，因此，可以将所有控制输入端按逻辑要求接入电路，不悬空。

(2) 对于 TTL 与非门多余输入端直接接电源电压V_{cc}(也可以串入一只1～10kΩ的固定电阻) 或接至某一固定电压($+2.4\text{V} \leqslant V \leqslant 4.5\text{V}$) 的电源上。

(3) 若前级驱动能力允许，可以与使用的输入端并联。

4. 输出端不允许并联使用(集电极开路门和三态输出门除外)，否则不仅会使电路逻辑功能混乱，并会导致器件损坏。

5. 输出端不允许直接接地或直接接 $+5$V 电源，否则将损坏器件，有时为了使后级电路获得较高的输出电平，允许输出端通过上拉电阻 R 接至 V_{cc}，一般取 $R=(2\sim5.1)\text{k}\Omega$。

2.2　半加器、全加器

2.2.1　实验目的

1. 学习用异或门组成二进制半加器和全加器，并测试其功能。
2. 测试集成 4 位二进制全加器 74LS83 的逻辑功能。

2.2.2　实验设备与元器件

1. 74LS00 型 2 输入端四与非门 1 块
2. 74LS04 型六反相器 1 块
3. 74LS86 型 2 输入端四异或门 1 块
4. 74LS83 型 4 位二进制加法器 2 块

74LS86 管脚图如图 2-2-1 所示，74LS83 管脚图如图 2-2-2 所示。

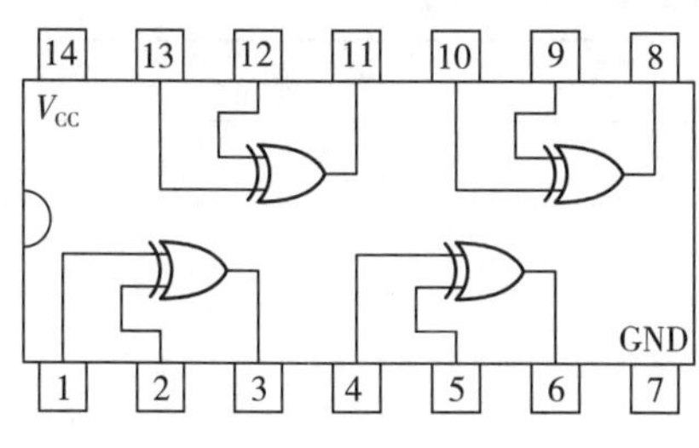

图 2-2-1　74LS86 管脚图

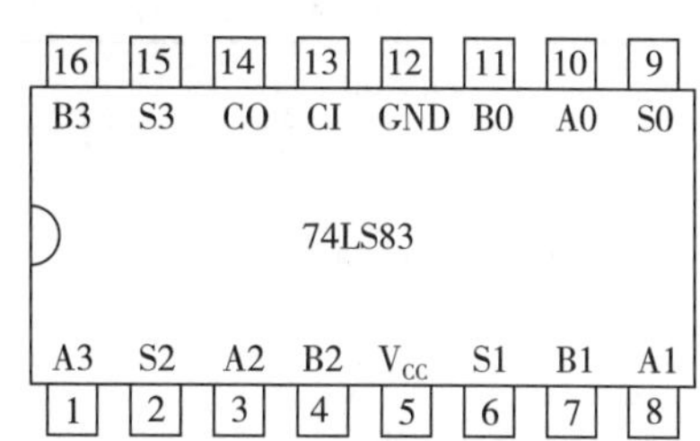

图 2-2-2　74LS83 管脚图

2.2.3　实验原理

1. 1 位半加器

半加器实现两个一位二进制数相加，并且不考虑来自低位的进位。输入是 A 和 B，输出是和 S 和进位 CO。半加器的电路图如图 2-2-3 所示。其逻辑表达式是

$$S=A\overline{B}+\overline{A}B=A\oplus B$$

$$CO=AB$$

2. 全加器

全加器实现 1 位二进制数的加法，考虑来自低位的进位，输入是两个一位二进制数 A、B 和来自低位的进位 CI，输出是 S 和向高位的进位 CO。逻辑表达式是

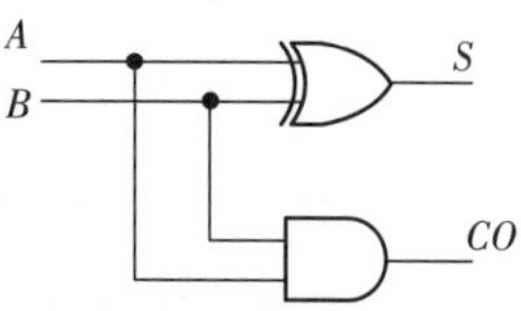

图 2-2-3　半加器逻辑图

$$S=A\oplus B\oplus CI$$

$$CO=AB+BCI+ACI$$

3. 4位加法器

74LS83是集成4位二进制加法器，其逻辑功能是实现两个4位二进制数相加。输入是$A_3A_2A_1A_0$、$B_3B_2B_1B_0$和来自低位的进位CI，输出是$S_3S_2S_1S_0$和向高位的进位CO。

2.2.4 预习要求

1. 复习组合逻辑电路的分析方法，阅读教材中有关半加器和全加器的内容，理解半加器和全加器的工作原理。

2. 熟悉74LS86、74LS83等集成电路的外形和引脚定义。拟出检查电路逻辑功能的方法。

3. 根据实验内容的要求，完成有关实验电路的设计，拟好实验步骤。

4. 写出预习报告，设计好记录表格。

2.2.5 实验内容

1.74LS86型异或门功能测试

图2-2-1中任一个异或门进行实验，输入端接逻辑开关，输出端接LED显示。将实验结果填入表2-2-1中，并判断功能是否正确，写出逻辑表达式。

表2-2-1 异或门输入、输出电平关系数据表

输入端	输出端
A B	Y
0 0	
0 1	
1 0	
1 1	

2. 用异或门构成半加器

电路如图2-2-4所示，输入端接逻辑开关，输出端接LED显示。将实验结果填入表2-2-2中，判断结果是否正确，写出和S及进位CO的逻辑表达式。

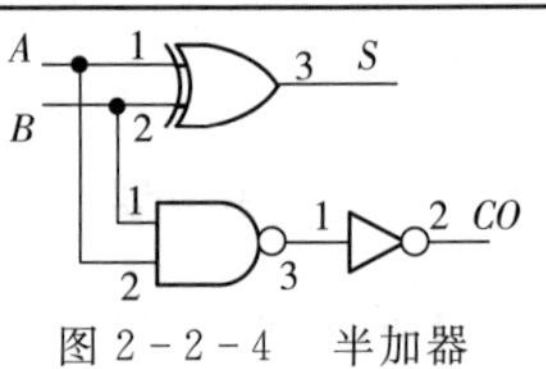

图2-2-4 半加器

表2-2-2 半加器输入、输出电平关系数据表

输入端	输出端
A B	S CO
0 0	
0 1	
1 0	
1 1	

3. 一位二进制全加器

(1) 将1位二进制全加器的真值表填入表2-2-3中。

(2) 写出和S及进位CO的逻辑表达式。

(3) 将逻辑表达式化简成合适的形式，画出用 74LS86 和 74LS00 实现的电路图。

(4) 搭建电路，验证结论的正确性。

表 2-2-3　1位二进制全加器真值表

输　入　端			输　出　端	
A	*B*	*CI*	*S*	*CO*
0	0	0		
0	0	1		
0	1	0		
0	1	1		
1	0	0		
1	0	1		
1	1	0		
1	1	1		

4. 4 位二进制加法器 74LS83 功能测试

电路如图 2-2-5 所示，$A_3A_2A_1A_0$ 和 $B_3B_2B_1B_0$ 分别为 2 个 4 位二进制数，令 $B_3B_2B_1B_0=0110$，$A_3A_2A_1A_0$ 接逻辑开关，输出端接 LED 显示，验证 74LS83 的逻辑功能，将实验结果填入表 2-2-4 中。

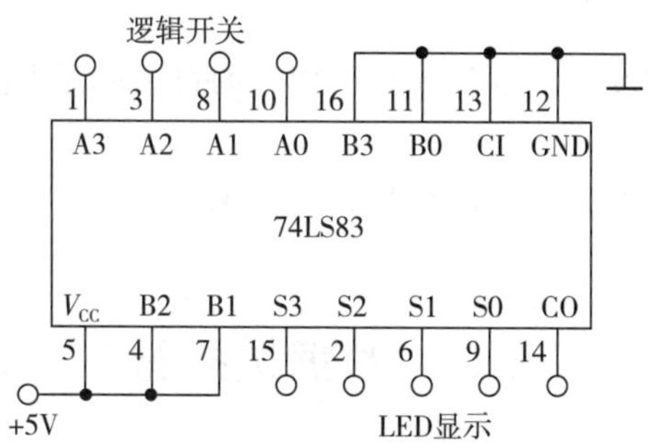

图 2-2-5　4 位二进制加法器功能测试电路

表 2-2-4　4 位二进制加法器数据表

B_3	B_2	B_1	B_0	A_3	A_2	A_1	A_0	S_3	S_2	S_1	S_0	*CO*
0	1	1	0	1	1	0	0					
0	1	1	0	0	1	0	1					
0	1	1	0	0	0	1	1					
0	1	1	0	1	0	1	1					

5. 二进制加 / 减运算

用 74LS83 二进制加法器可以实现加 / 减运算。运算电路如图 2-2-6 所示，它是由

74LS83 及四个异或门构成。

M 为加/减控制端，当 $M=0$ 时，执行加法运算 $S=A+B$；当 $M=1$ 时，执行减法运算 $S=A+\bar{B}+1=A-B$。减法运算结果由 FC 决定，当 $FC=1$ 时表示结果为正，反之结果为负，输出是 $(A—B)$ 的补码。

自拟实验表格和数据，验证电路是否正确。

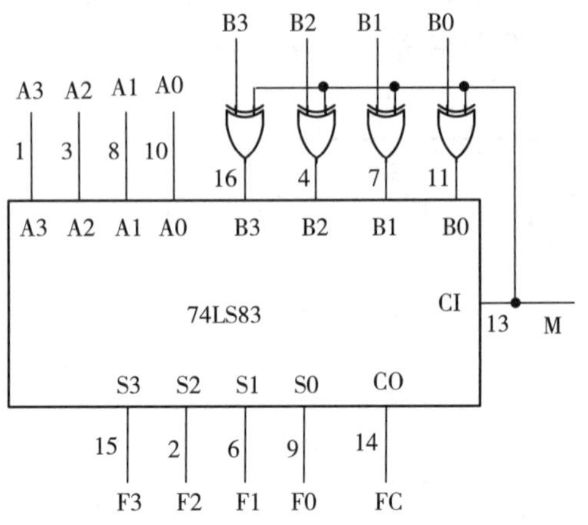

图 2-2-6　二进制加/减运算电路

2.2.6　实验报告要求

1. 写出一位半加器和一位全加器的逻辑表达式，画出用门电路实现的电路图。
2. 整理实验数据、图表，并对实验结果进行分析讨论。
3. 总结组合电路的分析与测试方法。
4. 思考题：

(1) 如何利用 74LS83 和门电路实现 BCD 码加法运算？

(2) 如何用两片 74LS83 实现 8 位二进制数加法运算？

2.2.7　注意事项

1. 在进行复杂电路实验时，应该先检测所用到的每个单元电路功能是否正常，确保单元电路能够正常工作。
2. 每个集成电路工作时都必须接电源(V_{CC}) 和地(GND)。

2.3　数据选择器

2.3.1　实验目的

1. 测试集成数据选择器 74LS151 的逻辑功能。
2. 掌握由集成数据选择器构成的组合逻辑电路的分析方法。
3. 掌握由集成数据选择器构成的组合逻辑电路的设计方法。

2.3.2　实验设备与元器件

1. 74LS151 型 8 选 1 数据选择器 1 块
2. 74LS04 型六反相器 1 块

2.3.3 实验原理

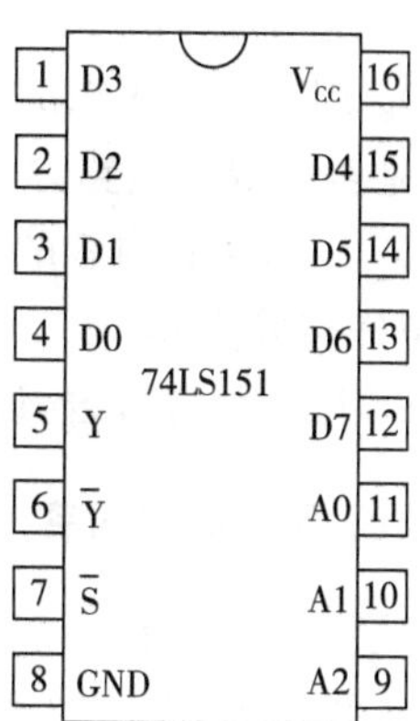

图 2-3-1　74LS151 管脚图

数据选择器从多路输入数据中选择其中的一路数据送到电路的输出端。数据选择器分为 4 选 1 数据选择器和 8 选 1 数据选择器。74LS151 是 8 选 1 数据选择器，数据输入端 $D_0 \sim D_7$ 是 8 位二进制数，$A_2A_1A_0$ 是地址输入端，Y 和 $\overline{Y}$ 是一位互补的数据输出端，$\overline{S}$ 是控制端。其管脚如图 2-3-1 所示，逻辑功能如表 2-3-1 所示。

74LS151 的逻辑表达式是

$$
\begin{aligned}
Y = & D_0(\overline{A}_2\overline{A}_1\overline{A}_0) + D_1(\overline{A}_2\overline{A}_1A_0) \\
& + D_2(\overline{A}_2A_1\overline{A}_0) + D_3(\overline{A}_2A_1A_0) \\
& + D_4(A_2\overline{A}_1\overline{A}_0) + D_5(A_2\overline{A}_1A_0) \\
& + D_6(A_2A_1\overline{A}_0) + D_7(A_2A_1A_0)
\end{aligned}
$$

表 2-3-1　74LS151 功能表

输入端				输出端	
地址输入端			控制端	Y	$\overline{Y}$
A_2	A_1	A_0	$\overline{S}$		
×	×	×	H	L	H
L	L	L	L	D_0	$\overline{D}_0$
L	L	H	L	D_1	$\overline{D}_1$
L	H	L	L	D_2	$\overline{D}_2$
L	H	H	L	D_3	$\overline{D}_3$
H	L	L	L	D_4	$\overline{D}_4$
H	L	H	L	D_5	$\overline{D}_5$
H	H	L	L	D_6	$\overline{D}_6$
H	H	H	L	D_7	$\overline{D}_7$

2.3.4 预习要求

1. 理解数据选择器的工作原理，掌握四选一数据选择器和八选一数据选择器的逻辑表达式。

2. 查找八选一数据选择器 74LS151 的管脚图。

3. 写出大、小月检查电路的设计方法，要求是：用 4 位二进制数 $A_3A_2A_1A_0$ 表示一年中的十二个月，从 0001 ～ 1100 为 1 月到 12 月，其余为无关状态；用 Y 表示大小月份，$Y=0$ 为小月

(2 月也是小月),$Y=1$ 为大月(7 月和 8 月都是大月)。

4. 用一片 74LS151 设计一个判断两个 2 位二进制数是否相等的电路。

5. 根据实验内容的要求,完成有关实验电路的设计,拟好实验步骤。

6. 写出预习报告,设计好记录表格。

2.3.5 实验内容

1. 74LS151 逻辑功能测试

接线如图 2-3-2 所示,按表 2-3-2 输入选择信号,将结果填入表 2-3-2 内,并判断结果是否正确。

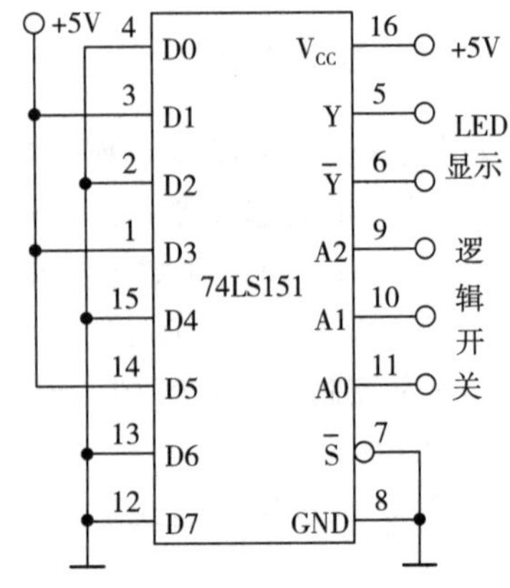

图 2-3-2 74LS151 逻辑功能测试图

表 2-3-2 74LS151 逻辑功能测试数据表

地址输入端			输出端	
A_2	A_1	A_0	Y	$\overline{Y}$
0	0	0		
0	0	1		
0	1	0		
0	1	1		
1	0	0		
1	0	1		
1	1	0		
1	1	1		

2. 大、小月份检查电路

接线如图 2-3-3 所示,$A_3A_2A_1A_0$ 接逻辑开关,按表 2-3-3 输入选择信号,并将结果填入表内。判断输出 Y 与大、小月份之间的关系。

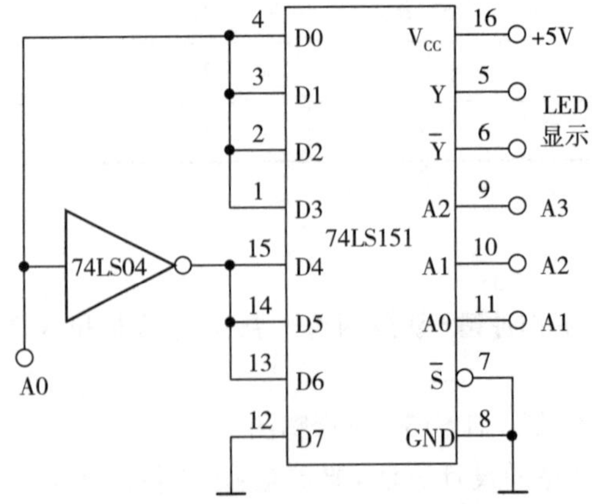

图 2-3-3 大、小月份检查电路图

表 2-3-3　大、小月份检查电路的输入、输出关系数据表

月份	A_3	A_2	A_1	A_0	Y
1	0	0	0	1	
2	0	0	1	0	
3	0	0	1	1	
4	0	1	0	0	
5	0	1	0	1	
6	0	1	1	0	
7	0	1	1	1	
8	1	0	0	0	
9	1	0	0	1	
10	1	0	1	0	
11	1	0	1	1	
12	1	1	0	0	

3. 设计一个比较判断两个 2 位二进制数是否相等的电路

设 $A=A_1A_0$，$B=B_1B_0$。要求当 $A=B$ 时，Y 输出 1；当 $A\neq B$ 时，Y 输出 0。

(1) 根据此逻辑问题列出真值表。

(2) 写出逻辑表达式。

(3) 用数据选择器 74LS151 和反相器 74LS04 实现此逻辑问题，并验证结果是否正确。

2.3.6　实验报告要求

1. 简述 74LS151 的工作原理，写出 74LS151 的逻辑表达式，说明使能端 $\overline{S}$ 的作用。
2. 说明大、小月检查电路的设计方法。
3. 简述判断两个 2 位二进制数是否相等的电路设计方法。
4. 整理实验数据，并对实验结果进行分析和讨论。
5. 思考题：

(1) 用 74LS151 可以实现几变量的组合逻辑函数？

(2) 用 74LS151 实现组合逻辑函数，应将逻辑函数变换成何种形式？

(3) 如果用两块 74LS151 实现两个 4 位二进制数的比较，应如何实现？

2.3.7　注意事项

1. 74LS151 在工作时，使能端 $\overline{S}$ 必须接低电平。

2. 74LS151 是 8 选 1 数据选择器，八路数据中每一路数据都是一位二进制数。如果每一路数据是多位(例如 4 位) 二进制数，就可以用多个 74LS151 并行工作来实现。

2.4　数值比较器

2.4.1　实验目的

1. 设计一个一位数值比较器，并测试其功能的正确性。
2. 测试集成数值比较器 74LS85 的逻辑功能。
3. 掌握用集成数值比较器设计实现组合逻辑电路的方法。

2.4.2　实验设备与元器件

1. 74LS00 型 2 输入端四与非门 1 块
2. 74LS86 型 2 输入端四异或门 1 块
3. 74LS85 型 4 位数值比较器 1 块

2.4.3　实验原理

数值比较器用来比较两个二进制数值（A 和 B）的大小，其结果有三种形式：$A>B$，$A=B$ 和 $A<B$。按比较数值的位数分类，分为：一位比较器和多位比较器。

1. 一位数值比较器

两个一位二进制数 A 和 B，其比较的结果有三种情况，如表 2-4-1 所示。

表 2-4-1　一位数值比较器功能表

输入端		输出端 Y		
A	B	$A>B$	$A<B$	$A=B$
0	0	0	0	1
0	1	0	1	0
1	0	1	0	0
1	1	0	0	1

其表达式是：$Y(A>B)=A\overline{B}$

$$Y(A<B)=\overline{A}B$$

$$Y(A=B)=\overline{A}\cdot\overline{B}+AB=A\odot B$$

用门电路构成的一位数值比较器如图 2-4-1 所示。

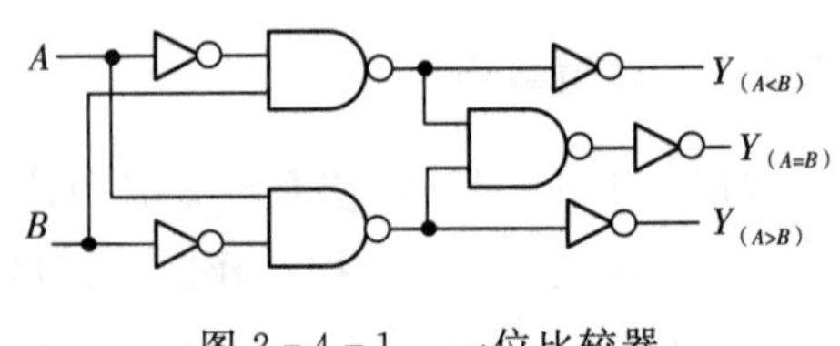

图 2-4-1　一位比较器

2. 集成 4 位数值比较器 74LS85

集成电路 4 位数值比较器 74LS85 完成两个 4 位二进制数大小的比较。74LS85 的管脚图如图 2-4-2 所示。它对两组 4 位二进制数 $A_3 \sim A_0$ 和 $B_3 \sim B_0$ 进行比较，比较的结果是：$A>B$，$A=B$ 和 $A<B$ 三种情况。能扩展成任意位数的比较器。级联时，低位片的三个级联输入端 $I(A<B)=0$，$I(A>B)=0$，$I(A=B)=1$，三个输出端分别接到高位片的级联输入端。74LS85 的逻辑表达式是

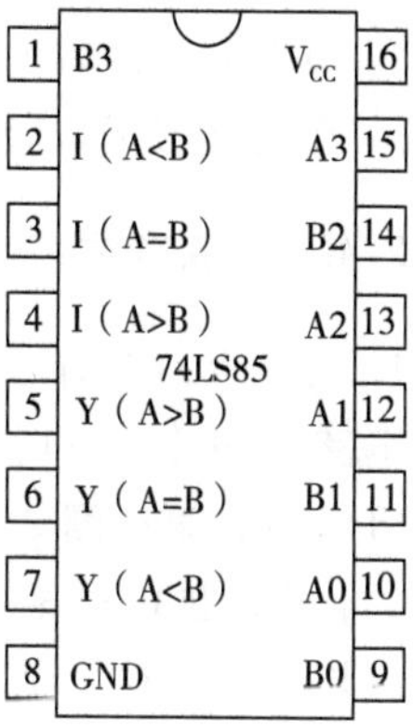

$$Y_{(A=B)}=(A_3\odot B_3)(A_2\odot B_2)(A_1\odot B_1)(A_0\odot B_0)I_{(A=B)}$$

$$\begin{aligned}Y_{(A<B)}=&\overline{A}_3B_3+(A_3\odot B_3)\overline{A}_2B_2\\&+(A_3\odot B_3)(A_2\odot B_2)\overline{A}_1B_1\\&+(A_3\odot B_3)(A_2\odot B_2)(A_1\odot B_1)\overline{A}_0B_0\\&+(A_3\odot B_3)(A_2\odot B_2)(A_1\odot B_1)(A_0\odot B_0)I_{(A<B)}\end{aligned}$$

$$\begin{aligned}Y_{(A>B)}=&A_3\overline{B}_3+(A_3\odot B_3)A_2\overline{B}_2+(A_3\odot B_3)(A_2\odot B_2)A_1\overline{B}_1\\&+(A_3\odot B_3)(A_2\odot B_2)(A_1\odot B_1)A_0\overline{B}_0\\&+(A_3\odot B_3)(A_2\odot B_2)(A_1\odot B_1)(A_0\odot B_0)I_{(A>B)}\end{aligned}$$

1 B3　Vcc 16
2 I(A<B)　A3 15
3 I(A=B)　B2 14
4 I(A>B)　A2 13
74LS85
5 Y(A>B)　A1 12
6 Y(A=B)　B1 11
7 Y(A<B)　A0 10
8 GND　B0 9

图 2-4-2　74LS85 管脚图

逻辑功能表见表 2-4-2。

表 2-4-2　74LS85 逻辑功能表

比较数值输入端				扩展输入端 I			输出端 Y		
A_3　B_3	A_2　B_2	A_1　B_1	A_0　B_0	$A>B$	$A<B$	$A=B$	$A>B$	$A<B$	$A=B$
$A_3>B_3$	×	×	×	×	×	×	H	L	L
$A_3<B_3$	×	×	×	×	×	×	L	H	L
$A_3=B_3$	$A_2>B_2$	×	×	×	×	×	H	L	L
$A_3=B_3$	$A_2<B_2$	×	×	×	×	×	L	H	L
$A_3=B_3$	$A_2=B_2$	$A_1>B_1$	×	×	×	×	H	L	L
$A_3=B_3$	$A_2=B_2$	$A_1<B_1$	×	×	×	×	L	H	L
$A_3=B_3$	$A_2=B_2$	$A_1=B_1$	$A_0>B_0$	×	×	×	H	L	L
$A_3=B_3$	$A_2=B_2$	$A_1=B_1$	$A_0<B_0$	×	×	×	L	H	L
$A_3=B_3$	$A_2=B_2$	$A_1=B_1$	$A_0=B_0$	H	L	L	H	L	L
$A_3=B_3$	$A_2=B_2$	$A_1=B_1$	$A_0=B_0$	L	H	L	L	H	L
$A_3=B_3$	$A_2=B_2$	$A_1=B_1$	$A_0=B_0$	L	L	H	L	L	H

2.4.4　预习要求

1. 阅读教材中有关数值比较器的内容，理解数值比较器的工作原理，掌握一位数值比较器和多位数值比较器的逻辑表达式。

2. 查找 4 位数值比较器 74LS85 的管脚图。

3. 根据实验内容的要求,完成有关实验电路的设计,拟好实验步骤。

4. 写出预习报告,设计好记录表格。

2.4.5 实验内容

1. 用门电路设计 1 位二进制数比较器

电路如图 2-4-1 所示,其中,A、B 接两只逻辑开关,$Y(A>B)$,$Y(A<B)$ 和 $Y(A=B)$ 接 LED 显示,验证图 2-4-1 中的功能。

2. 4 位数值比较器 74LS85 功能测试

自拟一个测试 74LS85 功能的电路,按图 2-4-2 检查其功能。

3. 猜数游戏

猜数游戏可这样进行:电路如图 2-4-3 所示,先由同学甲在测数输入端输入一个 0000 ~ 1111 的任意数,再由同学乙从猜数输入端输入所猜的数,由 3 个发光二极管显示所猜的结果。当 $Y(A=B)$ 为"1"时,表示猜中。经过反复操作,总结出又快又准的猜数方法。

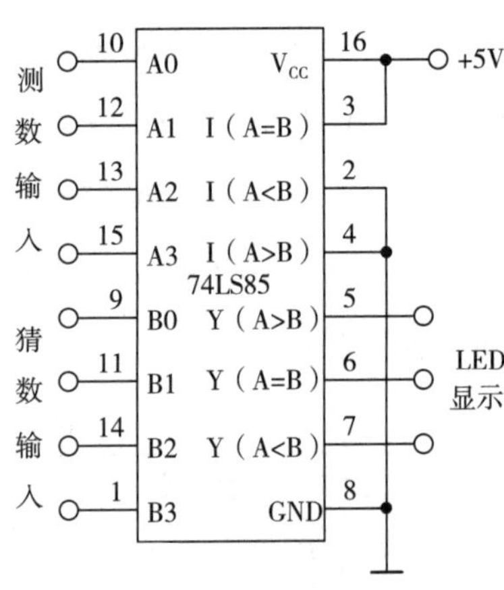

图 2-4-3 猜数游戏接线图

2.4.6 实验报告要求

1. 简述数值比较器的工作原理。

2. 简述猜数游戏的工作原理。

3. 记录、整理实验结果,并对实验结果进行分析。

4. 思考题:

(1) 数字电路的数值比较器与模拟电路中的比较器有何区别?

(2) 如何用两块 74LS85 构成 8 位二进制数值比较器?

2.4.7 注意事项

74LS85 的扩展输入端 $I_{(A=B)}$、$I_{(A>B)}$、$I_{(A<B)}$ 必须连接正确,否则会产生逻辑错误。

2.5 译码器和七段字符显示器

2.5.1 实验目的

1. 测试 74LS138 型 3 线-8 线译码器的逻辑功能。

2. 用 3 线-8 线译码器实现组合逻辑电路。

3. 掌握 BCD-七段显示译码器的逻辑功能,了解七段字符显示器的使用方法。

2.5.2　实验设备与元器件

1. 74LS138 型 3 线－8 线译码器 1 块
2. 74LS20 型 4 输入端二与非门 1 块
3. 74LS48 型 BCD－七段显示译码器 1 块
4. 共阴极 LED 七段字符显示器 1 块

2.5.3　实验原理

译码器将一组二进制代码翻译成对应的高低电平信号输出。常用的译码器有 3 线－8 线译码器、二－十进制译码器和 BCD－七段显示译码器。

1. 3 线－8 线译码器

集成电路 74LS138 是 3 线－8 线译码器，其管脚图如图 2－5－1 所示，逻辑功能如表 2－5－1 所示。$A_2A_1A_0$ 是地址输入端，$\overline{Y}_0 \sim \overline{Y}_7$ 是译码器的输出端(低电平有效)，S_1、$\overline{S}_2$、$\overline{S}_3$ 是三个控制端，用于控制译码器的工作状态。当 $S_1=1$，$\overline{S}_2=\overline{S}_3=0$ 时，输出函数的逻辑关系式是：

$$\overline{Y}_0=\overline{\overline{A}_2\overline{A}_1\overline{A}_0}$$

$$\overline{Y}_1=\overline{\overline{A}_2\overline{A}_1A_0}$$

$$\overline{Y}_2=\overline{\overline{A}_2A_1\overline{A}_0}$$

$$\cdots$$

$$\overline{Y}_7=\overline{A_2A_1A_0}$$

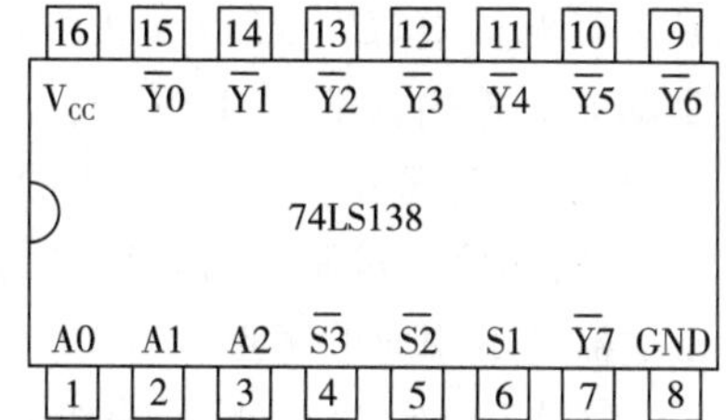

图 2－5－1　74LS138 管脚图

表 2－5－1　74LS138 逻辑功能表

输入						输出							
S_1	$\overline{S}_2$	$\overline{S}_3$	A_2	A_1	A_0	$\overline{Y}_0$	$\overline{Y}_1$	$\overline{Y}_2$	$\overline{Y}_3$	$\overline{Y}_4$	$\overline{Y}_5$	$\overline{Y}_6$	$\overline{Y}_7$
1	0	0	0	0	0	0	1	1	1	1	1	1	1
1	0	0	0	0	1	1	0	1	1	1	1	1	1
1	0	0	0	1	0	1	1	0	1	1	1	1	1
1	0	0	0	1	1	1	1	1	0	1	1	1	1
1	0	0	1	0	0	1	1	1	1	0	1	1	1
1	0	0	1	0	1	1	1	1	1	1	0	1	1
1	0	0	1	1	0	1	1	1	1	1	1	0	1
1	0	0	1	1	1	1	1	1	1	1	1	1	0
0	×	×	×	×	×	1	1	1	1	1	1	1	1
×	1	×	×	×	×	1	1	1	1	1	1	1	1
×	×	1	×	×	×	1	1	1	1	1	1	1	1

2. BCD－七段显示译码器

BCD－七段显示译码器将 BCD 码翻译成七段显示字符码输出，驱动七段字符显示器。由于 LED 七段显示器有共阳极和共阴极两种结构，故所对应的显示译码器也不同。

使用共阳七段显示器时，公共阳极接电源电压，七个阴极 $a \sim g$ 接相应的 BCD－七段显示译码器的输出端，选用七段显示译码器低电平有效。对共阴七段显示器来说，公共阴极接地，相应的 BCD－七段译码器的输出驱动 $a \sim g$ 各阳极，则选用七段显示译码器高电平有效。

驱动共阴数码管的 BCD—七段显示译码器属于 TTL 电路的有 74LS48 和 74LS49 等，该功能 CMOS 电路有 CD4511 和 MC14513 等。驱动共阳数码管的显示译码器有 74LS46 和 74LS47 等。

集成电路 74LS48 是 BCD－七段显示译码器，它驱动共阴极七段显示器，管脚图如图 2－5－2 所示。

$A_3A_2A_1A_0$ 为 BCD 码 4 位二进制数输入端，$a \sim g$ 是输出端，$\overline{LT}$ 为灯测试端，$\overline{BI/RBO}$ 是灭灯输入／灭零输出双功能端，$\overline{RBI}$ 是动态灭零输入端；74LS48 与七段显示器的连接电路如图 2－5－3 所示。根据表 2－5－2 提供的数据，在 74LS48 的输入端输入 BCD 码四位二进制数时，译码器输出随输入 BCD 码变化，七段显示器显示相应的字形。

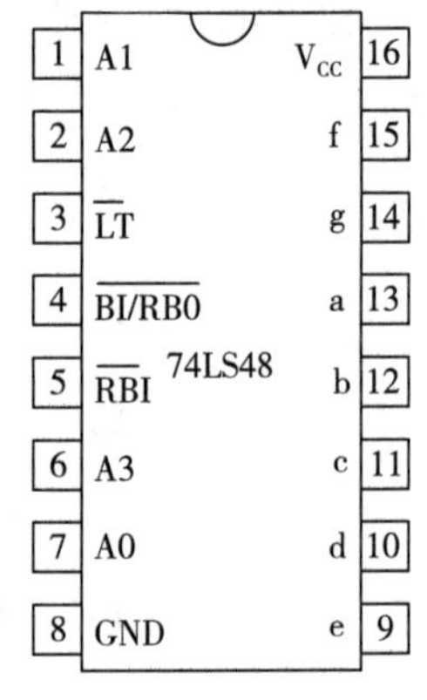

图 2－5－2　74LS48 管脚图

灭灯输入$\overline{BI/RBO}$：该控制端作为输入／输出。当$\overline{BI/RBO}$用作输入且$\overline{BI/RBO}=0$ 时，无论其他输入端是什么电平，所有各段输出 $a \sim g$ 为 0，所以字形熄灭，故称“消隐”。

试灯输入$\overline{LT}$：当$\overline{LT}=0$ 时，$\overline{RBI}$ 任意，$\overline{BI/RBO}$ 是输出端，此时无论其他输入端是什么状态，所有各段输出 $a \sim g$ 均为 1，显示字形 8。

动态灭零输入$\overline{RBI}$：当$\overline{LT}=1$，$\overline{RBI}=0$ 且输入代码 $A_3A_2A_1A_0=0000$ 时，各段输出 $a \sim g$ 均为低电平，与 BCD 码相应的字形熄灭，故称“灭零”。

动态灭零输出$\overline{BI/RBO}$：$\overline{BI/RBO}$ 作为输出使用时，受控于$\overline{LT}$ 和$\overline{RBI}$。当$\overline{LT}=1$ 且$\overline{RBI}=0$，输入代码 $A_3A_2A_1A_0=0000$ 时，$\overline{BI/RBO}$ 输出 0；若$\overline{LT}=0$ 或者$\overline{LT}=1$ 且$\overline{RBI}=1$，则$\overline{BI/RBO}$ 输出 1。

表 2－5－2　74LS48 功能表

输入端							输出端							
$\overline{RBI}$	$\overline{BI}$	$\overline{LT}$	A_3	A_2	A_1	A_0	a	b	c	d	e	f	g	工作状态
1	1	1	0	0	0	0	1	1	1	1	1	1	0	0
1	1	1	0	0	0	1	0	1	1	0	0	0	0	1
1	1	1	0	0	1	0	1	1	0	1	1	0	1	2

（续表）

输入端							输出端							
$\overline{RBI}$	$\overline{BI}$	$\overline{LT}$	A_3	A_2	A_1	A_0	a	b	c	d	e	f	g	工作状态
1	1	1	0	0	1	1	1	1	1	1	0	0	1	3
1	1	1	0	1	0	0	0	1	1	0	0	1	1	4
1	1	1	0	1	0	1	1	0	1	1	0	1	1	5
1	1	1	0	1	1	0	0	0	1	1	1	1	1	6
1	1	1	0	1	1	1	1	1	1	0	0	0	0	7
1	1	1	1	0	0	0	1	1	1	1	1	1	1	8
1	1	1	1	0	0	1	1	1	1	0	0	1	1	9
1	1	1	＞1	0	0	1								显示乱码
0	1	1	×	×	×	×								不显示 0
×	0	×	×	×	×	×	0	0	0	0	0	0	0	不显示
×	1	0	×	×	×	×	1	1	1	1	1	1	1	8

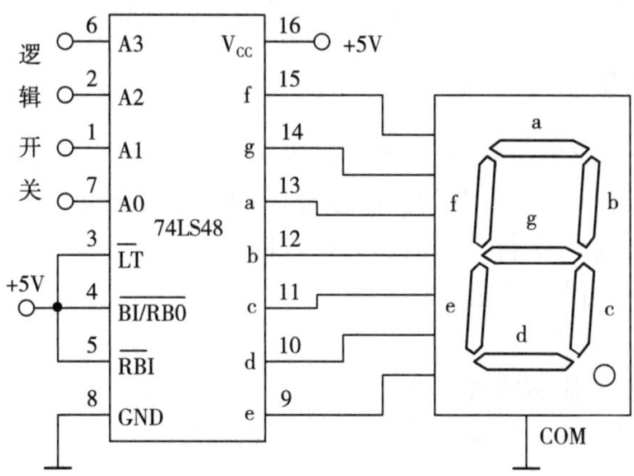

图 2-5-3　74LS48 与七段显示器的连接电路

2.5.4　预习要求

1. 阅读教材中有关译码器的内容。

2. 熟悉 74LS138、74LS48 等集成电路的逻辑功能，查找它们的管脚图。

3. 理解组合逻辑电路的实现方法，写出用 74LS138 实现一位全加器的逻辑表达式，画出电路图。

4. 根据实验内容的要求，完成有关实验电路的设计，拟好实验步骤。

5. 写出预习报告，设计好记录表格。

2.5.5 实验内容

1. 74LS138 逻辑功能测试

将译码器使能端 S_1、$\overline{S}_2$、$\overline{S}_3$ 及地址端 $A_2A_1A_0$ 分别接至逻辑开关，八个输出端 $\overline{Y}_0 \sim \overline{Y}_7$ 依次连接至八个 LED 显示，如图 2-5-4 所示，按表 2-5-1 测试 74LS138 的逻辑功能。

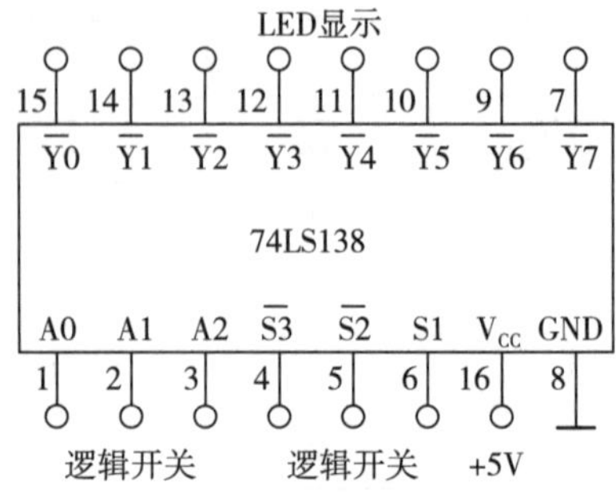

图 2-5-4 74LS138 逻辑功能测试电路

2. 用 74LS138 和 74LS20 构成 1 位二进制全加器

74LS20 的管脚图和逻辑符号如图 2-1-4 所示。

(1) 参见实验 2.2 中的实验内容 2.2.5，写出 1 位二进制全加器真值表。

(2) 写出和 S 及进位 CO 的逻辑表达式。

(3) 画出用 74LS138 和 74LS20 构成 1 位二进制全加器的电路图。

(4) 搭建电路，验证结论的正确性。

3. BCD 码七段显示验证

实验电路如图 2-5-3 所示，其中 $A_3A_2A_1A_0$ 应输入 BCD 码，分别接至四只逻辑开关，按照表 2-5-2 输入数据的要求，观察七段显示器显示是否正确。

2.5.6 实验报告要求

1. 简述 74LS138 的逻辑功能，写出其逻辑表达式。
2. 简述用 74LS138 实现一位全加器的原理，写出逻辑表达式，画出电路图。
3. 画出 74LS48 与七段字符显示器的连接电路图。
4. 对实验结果进行分析、讨论。
5. 思考题：

(1) 用一片 74LS138 能够实现几变量的组合逻辑函数？

(2) 如何用两片 74LS138 构成 4 线－16 线译码器？

2.5.7 注意事项

74LS138 有三个控制端，只有当 $S_1=1$，$\overline{S}_2=\overline{S}_3=0$ 时，译码器才能正常工作；否则，译码器输出端全部是高电平。

2.6 锁存器和触发器

2.6.1 实验目的

1. 与非门组成的基本 RS 锁存器功能测试。
2. D 锁存器功能测试。

3. 集成 JK 触发器功能测试，并组成二进制计数器。
4. 集成 D 触发器功能测试，并组成三分频器。

2.6.2　实验设备与元器件

1. 74LS00 型 2 输入端四与非门 1 块
2. 74LS02 型 2 输入端四或非门 1 块
3. 74LS76 型双 JK 触发器 1 块
4. 74LS74 型双 D 触发器 1 块
5. 单次脉冲源、连续脉冲源各 1 只
6. 双踪示波器 1 台

2.6.3　实验原理

触发器具有两个稳定状态，即逻辑状态 1 和 0，在输入信号作用下，可以从一个稳定状态翻转到另一个稳定状态，它是一个具有记忆功能的存储器件，是构成各种时序逻辑电路的最基本逻辑单元。触发器按控制方式分为 RS、JK、D、T 和 T' 触发器，按照内部结构分类，分为基本、同步、主从和边沿触发器。

1. 基本 RS 触发器

图 2-6-1(a) 是由两个与非门构成的基本 RS 触发器，图中 $\overline{S}_D$ 和 $\overline{R}_D$ 是两个信号输入端，Q 和 $\overline{Q}$ 是两个互补的信号输出端，通常称 $\overline{S}_D$ 为置 1 端，$\overline{R}_D$ 为置 0 端。图 2-6-1(b) 是其逻辑符号。基本 RS 触发器具有置 0、置 1 和保持三种功能，工作时不需要时钟信号，其功能表如表 2-6-1 所示。

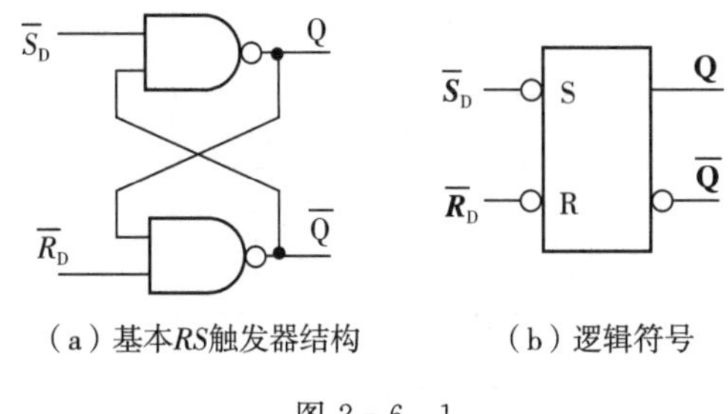

（a）基本RS触发器结构　　（b）逻辑符号

图 2-6-1

表 2-6-1　基本与非 RS 锁存器真值表

输入端		输出端	
$\overline{S}_D$	$\overline{R}_D$	Q^n	Q^{n+1}
0	0	不允许	
0	1	0	1
0	1	1	1
1	0	0	0
1	0	1	0
1	1	0	0
1	1	1	1

基本 RS 触发器也可以用两个或非门组成，此时输入为高电平触发有效。

2. *JK* 触发器

74LS76是双 JK 主从触发器，触发器的输出状态的变化发生在时钟脉冲下降沿。CLK 是时钟脉冲输入端，J 和 K 是两个信号输入端，Q 与 $\bar{Q}$ 为两个互补的输出端。$\bar{S}_D$ 是异步置 1 端，$\bar{R}_D$ 为异步置 0 端。其逻辑符号和引脚功能如图 2-6-2 所示，逻辑功能如表 2-6-2 所示。

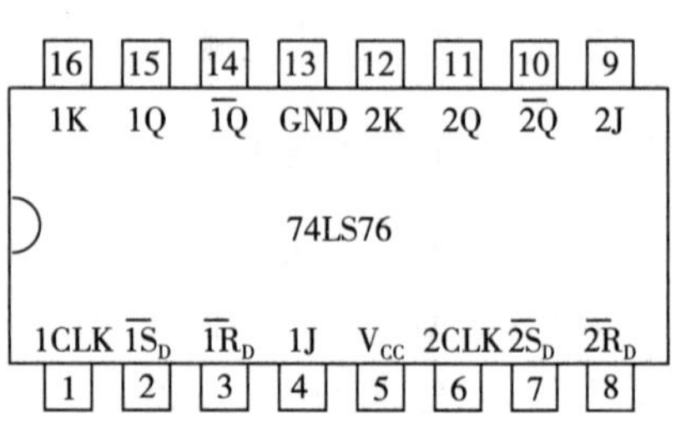

图 2-6-2 74LS76 管脚图

JK 触发器的状态方程为

$$Q^{n+1} = J\bar{Q}^n + \bar{K}Q^n$$

表 2-6-2 *JK* 触发器的真值表

输入端					输出端	
$\bar{S}_D$	$\bar{R}_D$	J	K	CLK	Q^n	Q^{n+1}
1	1	0	0	下降沿	0	0
1	1	0	0		1	1
1	1	0	1		0	0
1	1	0	1		1	0
1	1	1	0		0	1
1	1	1	0		1	1
1	1	1	1		0	1
1	1	1	1		1	0
0	1	×	×	×	0	1
0	1	×	×		1	1
1	0	×	×		0	0
1	0	×	×		1	0

3. *D* 触发器

集成 74LS74 是双 D 触发器，它是上升沿触发的边沿触发器，其逻辑符号和引脚排列如图 2-6-3 所示。D 触发器只有一个信号输入端，触发器的状态只取决于时钟上升沿到来时 D 端的输入信号。其状态方程为：$Q^{n+1}=D$。其逻辑功能参见表 2-6-3。

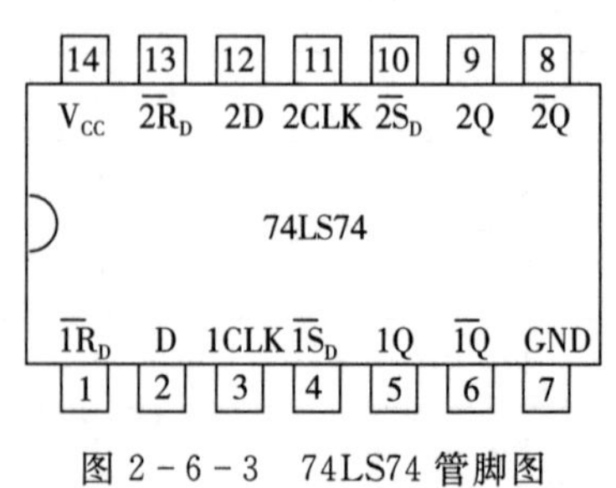

图 2-6-3 74LS74 管脚图

表 2-6-3　*D* 触发器的真值表

输入端				输出端	
$\overline{S}_D$	$\overline{R}_D$	D	CLK	Q^n	Q^{n+1}
1	1	0	上升沿	0	0
1	1	0		1	0
1	1	1		0	1
1	1	1		1	1
0	1	×	×	0	1
0	1	×		1	1
1	0	×		0	0
1	0	×		1	0

4. *JK* 触发器转换成 *D* 触发器

在 *JK* 触发器的 *J* 和 *K* 两个输入端连接反相器就构成 *D* 触发器，如图 2-6-4 所示。

2.6.4　预习要求

1. 阅读教材中有关触发器的内容，正确理解触发器的结构和逻辑功能。

2. 熟悉 74LS74、74LS76 等集成电路的外形和引脚定义，并且写出检查电路逻辑功能的方法。

3. 学习用触发器组成同步二进制计数器的方法。

4. 根据实验内容的要求，完成有关实验电路的设计，拟好实验步骤。

5. 写出预习报告，设计好记录表格。

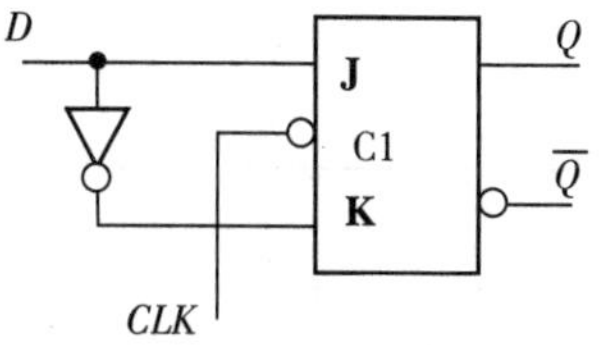

图 2-6-4　*JK* 触发器转换构成 *D* 触发器

2.6.5　实验内容

1. 用与非门组成的基本 *RS* 触发器功能测试

(1) 用 74LS00 构成基本 *RS* 触发器，如图 2-6-1 所示。将 $\overline{S}_D$ 和 $\overline{R}_D$ 端接逻辑开关，Q 和 $\overline{Q}$ 接 LED 显示。

(2) 按表 2-6-4 进行实验，将结果填入表内，并判断是否正确。

表 2-6-4　基本 *RS* 触发器测试数据表

输入		输出	
$\overline{S}_D$	$\overline{R}_D$	Q^n	Q^{n+1}
0	1	0	
		1	

（续表）

输入		输出	
$\overline{S}_D$	$\overline{R}_D$	Q^n	Q^{n+1}
1	1	0	
		1	
1	0	0	
		1	
0	0	不允许	

2. 基本 D 触发器功能测试

接线如图 2-6-5 所示，按表 2-6-5 实验，将结果填入表内，并判断是否正确。

图 2-6-5　D 触发器功能测试表

输入端	输出端	
D	Q^n	Q^{n+1}
0	0	
0	1	
1	0	
1	1	

3. 集成 JK 触发器功能测试

(1) 从 74LS76 中任选一个 JK 触发器进行实验，按图 2-6-6 接线，J 和 K 端接逻辑开关，Q 和 $\overline{Q}$ 端接 LED 显示，CLK 由实验箱的单次脉冲源或频率 1Hz 脉冲信号源提供。

(2) 按图 2-6-6 实验，将结果填入表内，并判断是否正确。

(3) 检验置位端 $\overline{S}_D$、复位端 $\overline{R}_D$ 功能，将结果填入表 2-6-6 中。

(4) 选择另一个 JK 触发器重复上述步骤，确认其功能的正确性。

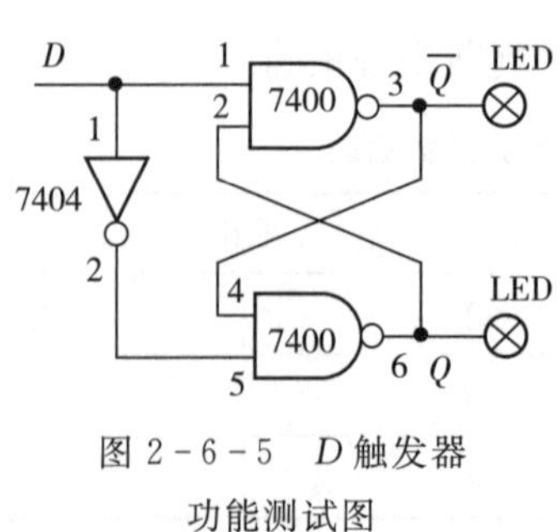

图 2-6-5　D 触发器功能测试图

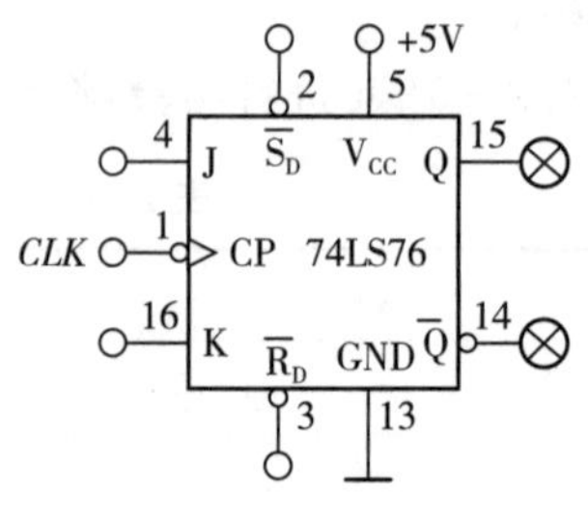

图 2-6-6　JK 触发器功能测试图

表2-6-6　JK触发器功能表

输入端					输出端	
$\overline{S}_D$	$\overline{R}_D$	J	K	CLK	Q^n	Q^{n+1}
1	1	0	0	下降沿	0	
1	1	0	0		1	
1	1	0	1		0	
1	1	0	1		1	
1	1	1	0		0	
1	1	1	0		1	
1	1	1	1		0	
1	1	1	1		1	
0	1	×	×	×	0	
0	1	×	×		1	
1	0	×	×		0	
1	0	×	×		1	

4. 用74LS76组成二进制加法计数器

(1) 接线如图2-6-7所示。时钟脉冲由实验箱的手动单次脉冲源提供，记录Q_1和Q_2的显示情况，并判断是否正确。

(2) 时钟脉冲由实验箱的自动脉冲信号源提供，频率范围波段开关拨至1Hz位置，记录Q_1和Q_2的显示情况，并判断是否正确。

(3) 时钟脉冲由实验箱的自动脉冲信号源提供，频率范围波段开关拨至1kHz位置，用双踪示波器观察CLK、Q_1和Q_2的波形，记录下来，判断时钟脉冲触发沿、计数状态等是否正确。

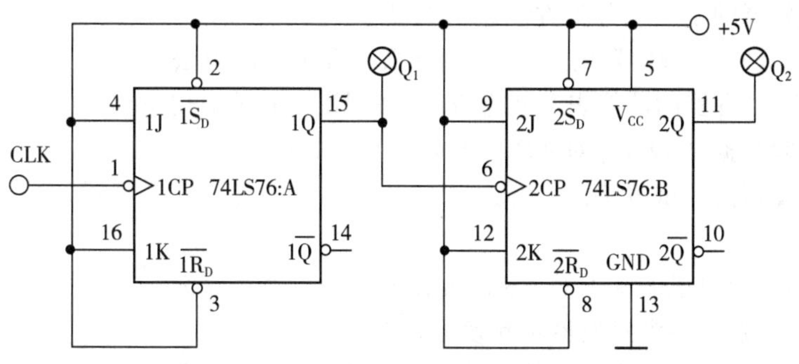

图2-6-7　二进制加法计数器

5. 集成D触发器功能测试

(1) 电路如图2-6-8所示，分析此电路的逻辑功能。

(2) 从74LS74中任选一个D触发器，按图2-6-8接线，在时钟脉冲端加1Hz的连续脉冲，观察Q端LED显示情况，判断是否正确。

(3) 用同样方法检查另一个 D 触发器，确认其功能的正确性。

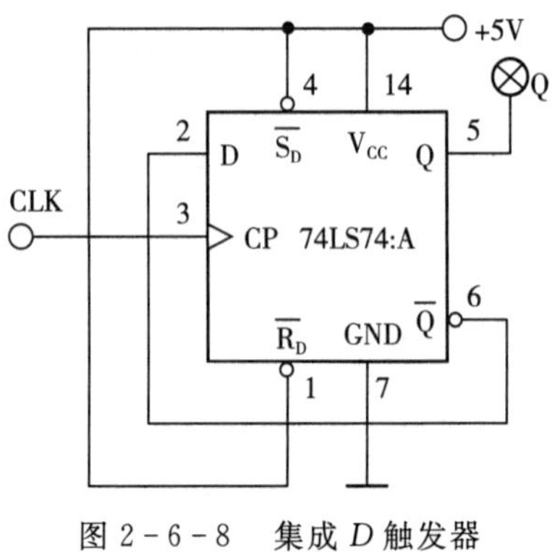

图 2-6-8 集成 D 触发器功能测试图

6. 同步三分频电路

(1) 电路如图 2-6-9 所示，分析此电路的逻辑功能。

(2) 时钟脉冲由实验箱的单次脉冲源提供，记录 Q_1 和 Q_2 的显示情况，判断是否正确。

(3) 时钟脉冲由实验箱的脉冲信号源提供，频率范围波段开关拨至 1kHz 位置，用双踪示波器观察 CLK 脉冲、Q_1 和 Q_2 的波形，记录下来，判断时钟脉冲触发沿、计数状态等是否正确。

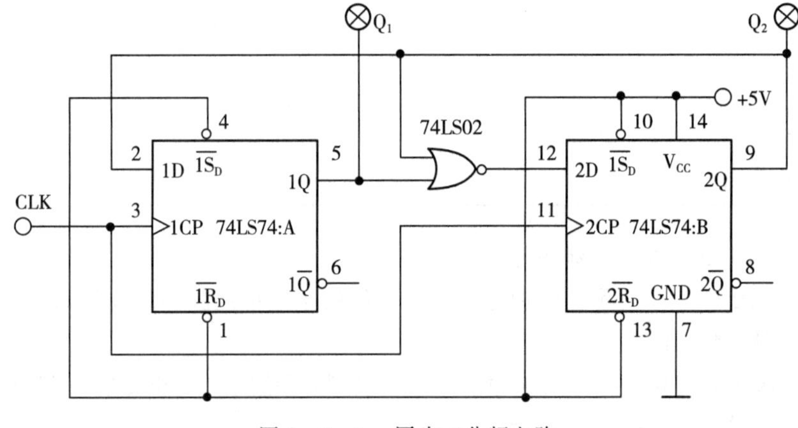

图 2-6-9 同步三分频电路

2.6.6 实验报告要求

1. 简述触发器的定义和分类方法。
2. 画出基本的 RS 触发器的电路图，说明置 1 和清 0 的方法。
3. 写出 JK 触发器的功能表和状态方程，举例说明有关应用电路。
4. 整理实验数据、图表，并对实验结果进行分析讨论。
5. 总结触发器的测试方法。
6. 思考题：

(1) 利用与非门组成的基本的 RS 触发器的约束条件是什么？

(2) 主从触发器与边沿触发器在触发方式上有何区别？

(3) 如何用示波器确定同步计数器的输出信号与时钟信号的分频关系？

2.6.7 注意事项

1. 基本 RS 触发器工作时不需要时钟信号。74LS74 双 D 边沿触发器是在时钟上升沿触发。74LS76 双 JK 主从触发器在时钟下降沿到来时，从触发器的状态发生变化。

2. 带有时钟控制的触发器正常工作时，直接置位 $\overline{S}_D$ 端和复位 $\overline{R}_D$ 端应接高电平。

2.7　中规模计数器

2.7.1　实验目的

1. 掌握测试集成计数器的方法。
2. 掌握用集成计数器组成时序逻辑电路的分析及设计方法。

2.7.2　实验设备与元器件

1. 74LS90 型异步二 — 五 — 十进制计数器 1 块
2. 74LS161 型同步 4 位二进制计数器 1 块
3. 74LS160 型同步十进制计数器 2 块
4. 74LS20 型 4 输入端二与非门 1 块
5. 74LS04 型六反相器 1 块
6. 单次脉冲源、连续脉冲源各 1 只
7. 双踪示波器 1 台

2.7.3　实验原理

计数器属于时序逻辑电路，在数字系统中用于计数、定时和分频等功能部件。按照计数器中的各个触发器的时钟信号来分，计数器可分为同步计数器和异步计数器；根据计数数制的不同，分为二进制计数器、十进制计数器和任意进制计数器。根据计数值的增减趋势，计数器又可分为加法、减法和可逆计数器。

1. 异步二 — 五 — 十进制计数器

74LS90 是以时钟下降沿触发的异步二 — 五 — 十进制计数器，其管脚图如图 2-7-1 所示，逻辑功能表如表 2-7-1 所示。

管脚	功能	功能	管脚
1	$\overline{CLK1}$	$\overline{CLK0}$	14
2	R_{01}	NC	13
3	R_{02}	Q0	12
4	NC	Q3	11
5	V_{CC}	GND	10
6	S_{91}	Q1	9
7	S_{92}	Q2	8

74LS90

图 2-7-1　74LS90 管脚图

表 2-7-1　74LS90 逻辑功能表

置位 / 复位输入端				输出端			
R_{01}	R_{02}	S_{91}	S_{92}	Q_3	Q_2	Q_1	Q_0
H	H	L	×	L	L	L	L
H	H	×	L	L	L	L	L
×	×	H	H	H	L	L	H
×	L	×	L	计数			
L	×	L	×	计数			
L	×	×	L	计数			
×	L	L	×	计数			

74LS90的使用方法：

(1)CLK_0 作为时钟脉冲输入端，Q_0 作为计数输出端，构成二进制计数器；

(2)CLK_1 作为时钟脉冲输入端，$Q_3Q_2Q_1$ 作为计数输出端，构成五进制计数器；

(3) 把 Q_0 与 CLK_1 相连接，CLK_0 作为时钟脉冲输入端，$Q_3Q_2Q_1Q_0$ 作为计数输出端，构成十进制计数器。

2. 同步十六进制计数器

74LS161是同步十六进制计数器，其管脚图如图2-7-2所示，逻辑功能如表2-7-2所示。

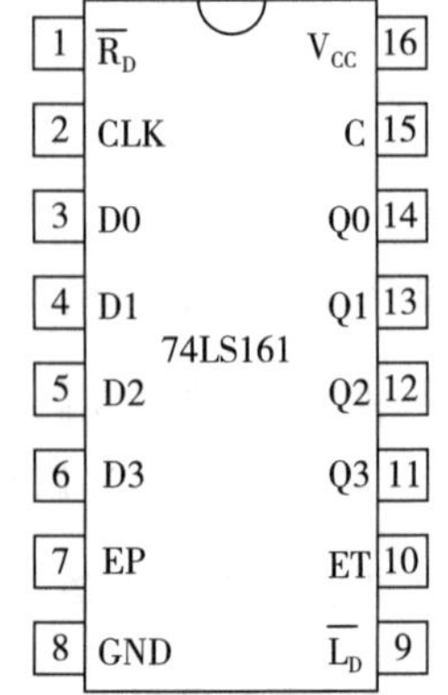

图2-7-2 74LS161管脚图

表2-7-2 74LS161逻辑功能表

输入端									输出端				
$\overline{R}_D$	$\overline{L}_D$	EP	ET	CLK	D_3	D_2	D_1	D_0	Q_3^{n+1}	Q_2^{n+1}	Q_1^{n+1}	Q_0^{n+1}	C
0	×	×	×	×	×	×	×	×	0	0	0	0	0
1	0	×	×	上升沿	×	×	×	×	D_3	D_2	D_1	D_0	1*
1	1	1	1	上升沿	×	×	×	×	计数				1*
1	1	0	1	X	×	×	×	×	Q_3^n	Q_2^n	Q_1^n	Q_0^n	1*
1	1	×	0	X	×	×	×	×	Q_3^n	Q_2^n	Q_1^n	Q_0^n	0

1*：只有当 $Q_3^nQ_2^nQ_1^nQ_0^n=1111$ 时，$C=1$，其余，$C=0$。

2.7.4 预习要求

1. 阅读教材中有关计数器的相关内容，理解同步计数器和异步计数器的组成和工作原理。
2. 掌握用中规模计数器构成N进制计数器的方法。
3. 熟悉74LS90和74LS161的引脚定义和逻辑功能。
4. 根据实验内容的要求，完成有关实验电路的设计，拟好实验步骤。
5. 写出预习报告，设计好记录表格。

2.7.5 实验内容

1. 74LS90功能测试

(1) 复位、置数功能测试。根据74LS90的逻辑功能表，自己设计电路，分别将74LS90复位成 $Q_3Q_2Q_1Q_0=0000$ 和置数成 $Q_3Q_2Q_1Q_0=1001$。

(2) 选择合适的 CLK 脉冲端和输出端，使74LS90成为二进制、五进制和十进制计数器。

2. 十倍分频方波信号产生电路

(1) 电路如图 2-7-3 所示，把 CLK_0 与 Q_3 相连时，CLK_1 作为时钟脉冲输入端，$Q_0Q_3Q_2Q_1$ 作为计数输出端，构成十进制计数器。分析其逻辑功能，画出状态转换图。

(2) 按图 2-7-3 接线，CLK1 接时钟脉冲源，$Q_0Q_3Q_2Q_1$ 接 LED 显示，验证其计数状态是否正确。用示波器观察输入时钟脉冲 CLK1 和 Q_0 的波形，测出两者的频率关系。

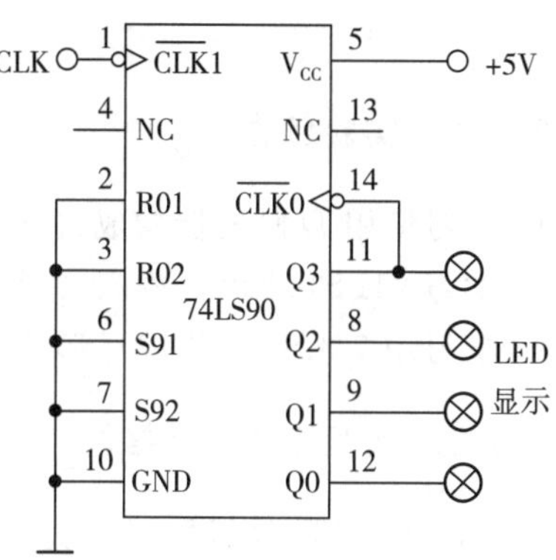

图 2-7-3　十倍分频方波信号产生电路

3. 74LS90 七进制计数器实验

(1) 利用 R_{01}，R_{02} 或 S_{91}，S_{92} 端将 74LS90 设计成一个七进制计数器，画出接线图和状态转换图。

(2) 按设计图接线，验证计数状态是否正确。

4. 74LS161 功能测试

(1) 复位功能测试。根据 74LS161 的逻辑功能表，自己设计电路，将 74LS161 复位成 $Q_3Q_2Q_1Q_0=0000$。

(2) 置数功能测试。根据 74LS161 的逻辑功能表，自己设计电路，分别将 74LS161 置数成 $Q_3Q_2Q_1Q_0=0000$ 和 $Q_3Q_2Q_1Q_0=0111$。

(3) 自己接线，使 74LS161 走过一个计数周期，观察计数状态是否正确，进位输出端何时输出高电平。

5. 74LS161 七进制计数器实验

(1) 利用 $\bar{R}_D$ 或 $\bar{L}_D$ 端将 74LS161 设计成一个七进制计数器，画出接线图和状态转换图。

(2) 按设计图接线，验证计数状态是否正确。

6. 用 74LS160 设计六十进制计数器

(1) 利用 $\bar{R}_D$ 或 $\bar{L}_D$ 端将面片 74LS160 设计成六十进制计数器，画出电路图和状态转换图。

(2) 按设计图接线，验证计数状态是否正确。

2.7.6　实验报告要求

1. 列出 74LS90 的逻辑功能表，简述用 74LS90 实现二进制、五进制和十进制的方法。
2. 简述用 74LS161 实现七进制计数器的方法，画出电路图。
3. 整理实验数据、图表，并对实验结果进行分析讨论。
4. 总结 N 进制计数器的实现方法。
5. 思考题：

(1) 用 74LS161 的 $\bar{L}_D$ 端置 0 和 $\bar{R}_D$ 端置 0 构成的计数器有何不同？

(2) 如果要设计一个九进制计数器，用 74LS90 如何实现？用 74LS161 如何实现？

2.7.7　注意事项

1. 74LS161 的时钟信号是上升沿触发的，74LS90 是在时钟信号下降沿触发。
2. 74LS90 的清 0 端和置 9 端是高电平有效，74LS161 的 $\bar{R}_D$ 端和 $\bar{L}_D$ 端是低电平有效。

2.8 寄存器和移位寄存器

2.8.1 实验目的

1. 学习使用 D 触发器构成寄存器和移位寄存器。
2. 学习 74LS194 串行输入、并行输入、串行输出和并行输出的工作模式。
3. 学习用 74LS194 构成环形计数器。

2.8.2 实验设备与元器件

1. 74LS74 型双 D 触发器 2 块
2. 74LS194 型移位寄存器 1 块
3. 74LS10 型 3 输入端三与非门 1 块
4. 74LS04 型六反相器 1 块

2.8.3 实验原理

寄存器用于寄存一组二进制数据，由触发器组成。用 4 个 D 触发器组成的 4 位并行输入的寄存器如图 2-8-1 所示。触发器清 0 后给数据输入端 $D_0D_1D_2D_3$ 输入数据，在 CLK 端加单脉冲，使输入数据保存到 4 个 D 触发器。

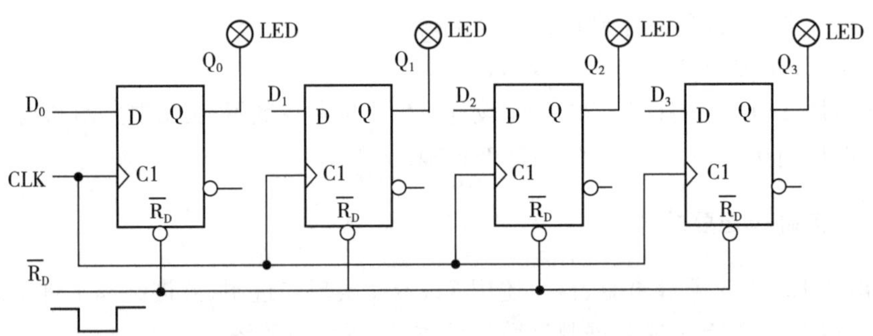

图 2-8-1 用 D 触发器组成的寄存器

移位寄存器除了具有存储数据的功能外，还具有移位功能，在时钟脉冲的作用下可实现存储数据的并行输入、并行输出、左移和右移。用 D 触发器构成的单向移位寄存器电路如图 2-8-2 所示。在触发器清 0 后把数据 1011 串行输入到 D_0 端，经过 4 个 CLK 脉冲后，数据从 $Q_0Q_1Q_2Q_3$ 并行输出，从 Q_3 串行输出。

集成 74LS194 是由时钟控制的移位寄存器，它能实现数据的并行输入、并行输出、串行输入、串行输出、左移和右移、串并转换等功能。

74LS194 管脚图如图 2-8-3 所示，逻辑功能表如表 2-8-1 所示。

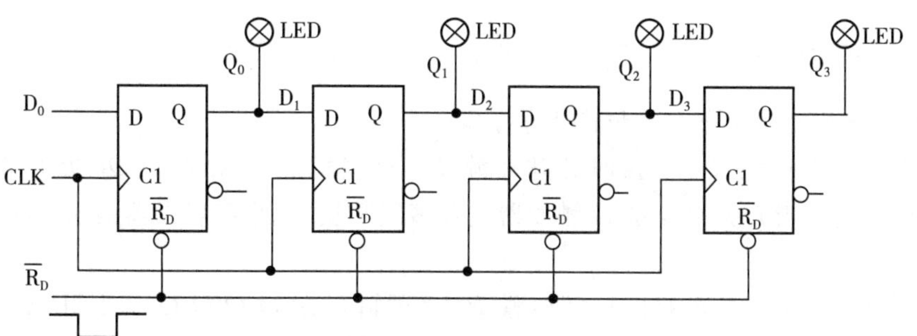

图 2-8-2　用 D 触发器构成的移位寄存器

表 2-8-1　74LS194 逻辑功能表

复位端	模式控制		串行输入		移位脉冲	并行输入				输出				功能
$\overline{R}_D$	S_1	S_0	DIR	DIL	CLK	D_0	D_1	D_2	D_3	Q_0	Q_1	Q_2	Q_3	
1	0	0	×	×	上升沿	×	×	×	×	Q_0^n	Q_1^n	Q_2^n	Q_3^n	保持
	1	1	×	×	上升沿	D_0	D_1	D_2	D_3	D_0	D_1	D_2	D_3	并行输入
	0	1	1	×	上升沿	×	×	×	×	1	Q_0^n	Q_1^n	Q_2^n	右移
	0	1	0	×	上升沿	×	×	×	×	0	Q_0^n	Q_1^n	Q_2^n	右移
	1	0	×	1	上升沿	Q_1	Q_2	Q_3	1	Q_1^n	Q_2^n	Q_3^n	1	左移
	1	0	×	0	上升沿	Q_1	Q_2	Q_3	0	Q_1^n	Q_2^n	Q_3^n	0	左移
0	×	×	×	×	×	×	×	×	×	0	0	0	0	复位

74LS10 管脚图如图 2-8-4 所示。

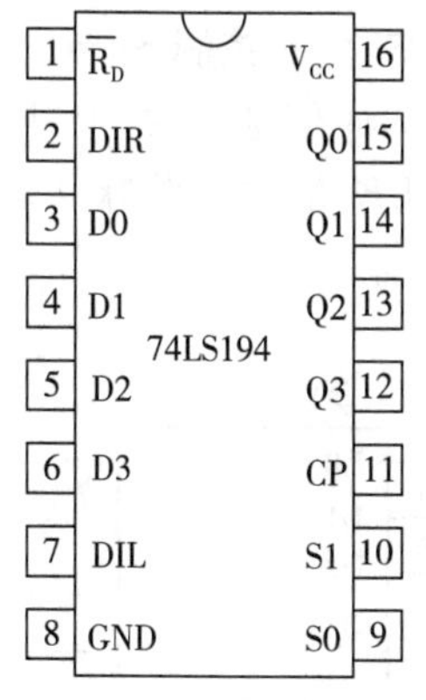

图 2-8-3　74LS194 管脚图

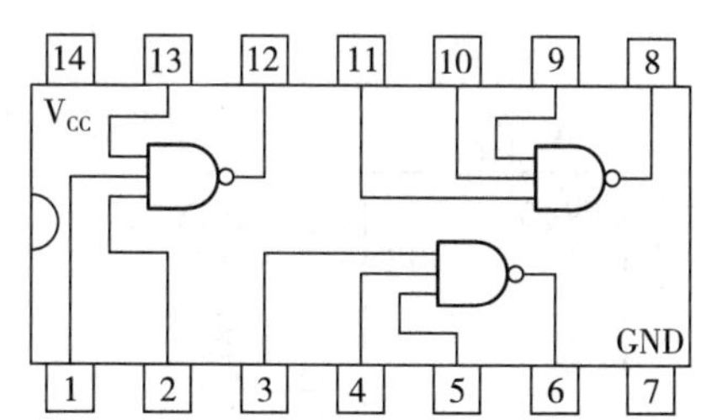

图 2-8-4　74LS10 管脚图

2.8.4　预习要求

1. 阅读教材中有关寄存器和移位寄存器的内容，理解移位寄存器的工作原理。
2. 查找 74LS194 的引脚定义和逻辑功能。
3. 根据实验内容设计电路，画出实验表格，写出预习报告。

2.8.5 实验内容

1. 用 D 触发器构成寄存器和移位寄存器

按图 2-8-1 接线，CLK 接时钟脉冲源，$\overline{R}_D$ 接逻辑开关，$Q_0Q_1Q_2Q_3$ 接 LED 显示，在 $D_0D_1D_2D_3$ 端用逻辑开关给 4 位 D 触发器送存多组数据，观察各触发器的输出状态，并记录实验结果。

按图 2-8-2 接线，CLK 接时钟脉冲源，$\overline{R}_D$ 接逻辑开关，$Q_0Q_1Q_2Q_3$ 接 LED 显示，在 D_0 端用逻辑开关把数据 1011 依次串行送入 D_0，观察各触发器的输出状态。数据从 $Q_0Q_1Q_2Q_3$ 并行输出时需要经过几个 CLK 脉冲？数据从 Q_3 串行输出时需要经过几个 CLK 脉冲？观察并记录实验结果。

2. 74LS194 功能测试

(1) 右移模式功能测试

按图 2-8-5 接线，并行输入端 $D_0D_1D_2D_3$ 为任意状态，模式控制端 $S_1=0$、$S_0=1$，接通电源，先将右移串行输入端 DIR 输入 1，在 CLK 端加时钟脉冲信号 4 次（上升沿有效），观察 LED 移位情况。再将右移串行输入端（DIR）输入 0，在 CLK 端加时钟脉冲信号 4 次，观察 LED 移位情况。

(2) 并行写入功能测试

在图 2-8-5 中，模式控制端 S_1 输入 1、S_0 输入 1，串行输入端为任意状态，令并行输入端为 $D_0D_1D_2D_3=1010$，在 CLK 端加时钟脉冲信号，观察并行输出端 $Q_0Q_1Q_2Q_3$ 的显示情况。再令 $D_0D_1D_2D_3=1100$，在 CLK 端加时钟脉冲，观察并行输出端 $Q_0Q_1Q_2Q_3$ 的显示情况。这就是 74LS194 的并行输入 / 并行输出工作模式。

(3) 左移工作模式

按图 2-8-6 接线，并行输入端 $D_0D_1D_2D_3$ 为任意状态，模式控制 $S_1=1$、$S_0=0$，接通电源，先将左移串行输入端（DIL）输入 1，在 CLK 端加时钟脉冲信号 4 次（上升沿有效），观察 LED 移位情况。再将左移串行输入端（DIL）输入 0，在 CLK 端加时钟脉冲信号 4 次，观察 LED 移位情况。

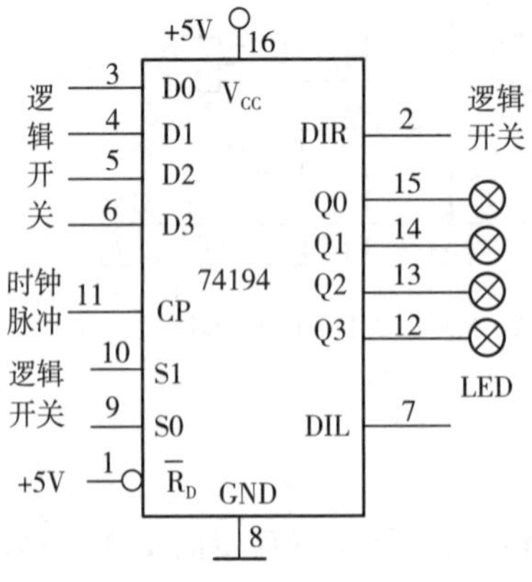

图 2-8-5　右移工作模式

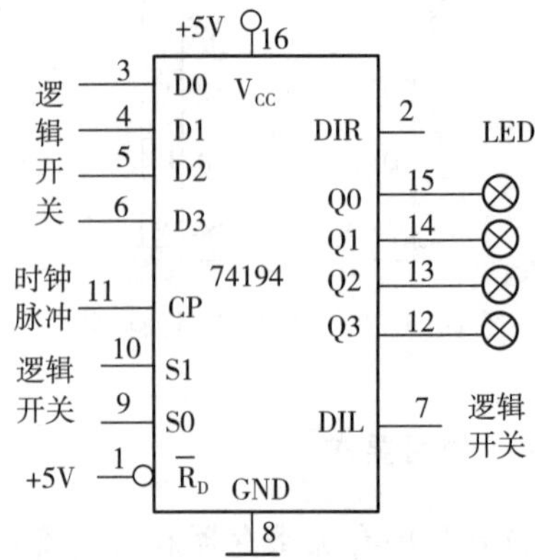

图 2-8-6　左移工作模式

3. 环形计数器

(1) 按图 2－8－7 接线，在右移工作方式下，此电路是什么逻辑功能？写出状态转换图。

(2) 将 74LS194 预置为 $Q_0Q_1Q_2Q_3=1000$，在右移工作方式下，模式控制 $S_1=0$、$S_0=1$，接通电源，在 CLK 端加时钟脉冲信号，观察 LED 移位情况。

(3) 自启动检验。在右移工作模式下，分别用下列状态预置 74LS194：$Q_0Q_1Q_2Q_3=$ 1100，1101，0000，1111，1010，记录状态转换图，分析能否自启动。

4. 能自启动的环形计数器

按图 2－8－8 接线，在并行输入端 $D_0D_1D_2D_3$ 为任意状态，右移工作方式下、模式控制 $S_1=0$、$S_0=1$，接通电源，在 CLK 端加时钟脉冲信号（上升沿有效），观察 LED 移位况，画出完整的状态转换图。

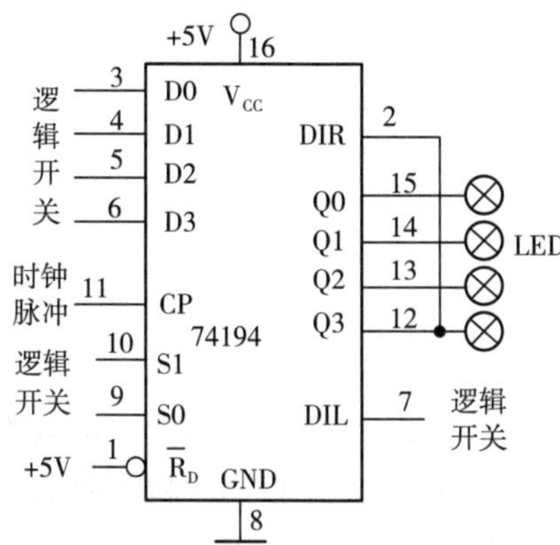

图 2－8－7　环形计数器

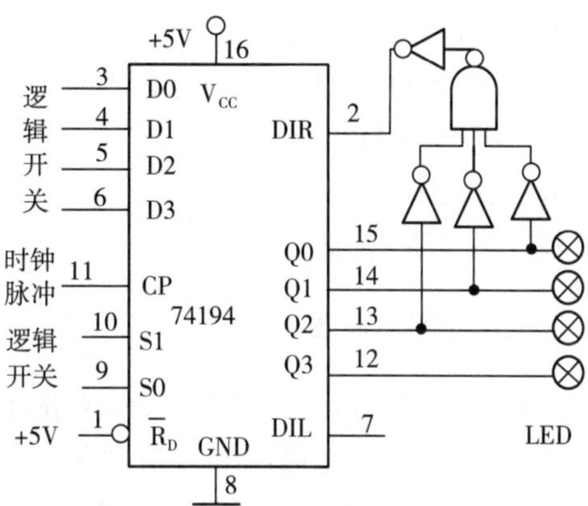

图 2－8－8　能自启动的环形计数器

2.8.6　实验报告要求

1. 简述寄存器和移位寄存器的工作原理。
2. 列出 74LS194 的逻辑功能表，简要说明它的工作方法。
3. 画出 4 位环形计数器的状态转换图及波形图。
4. 整理实验数据、图表，并对实验结果进行分析讨论。
5. 思考题：

(1) 移位寄存器在输入数据之前必须先清 0，否则会出现什么现象？

(2) 使寄存器清零，能否采用右移或左移的方法？能否使用并行送数法？如果可行，如何进行操作？

2.8.7　注意事项

1. 在给寄存器送存数据时，必须先把数据加到寄存器的输入端，再加时钟信号。
2. 在分析移位寄存器电路时，要考虑信号在电路传输过程中的时间延迟。

2.9 555 定时器及其应用

2.9.1 实验目的

1. 熟悉 555 定时器的工作原理。
2. 掌握用 555 定时器构成施密特触发器、单稳态电路和多谐振荡器。

2.9.2 实验设备与元器件

1. 555 定时器 1 块
2. 2kΩ、10kΩ、100kΩ 电阻各 1 只，100kΩ 可调电阻 1 只
3. 0.01μF、0.1μF、100μF 电容各 1 只
4. 单次脉冲源、连续脉冲源各 1 只
5. 信号发生器 1 台
6. 双踪示波器 1 台
7. 数字万用电表 1 只

2.9.3 实验原理

集成 555 定时器是一种数字、模拟混合型的中规模集成电路，外加电阻和电容可以构成施密特触发器、单稳态电路和多谐振荡器等，广泛应用于时间延时、波形整形和脉冲信号产生等电路。电路类型有双极型和 CMOS 型两大类。双极型产品型号最后的三位数码是 555 或 556，CMOS 产品型号最后四位数码都是 7555 或 7556，二者的逻辑功能和引脚排列完全相同，易于互换。555 和 7555 是单定时器，556 和 7556 是双定时器。双极型的电源电压 $V_{cc}=+5\sim+15$V，输出的最大电流可达 200mA，CMOS 型的电源电压为 $+3\sim+18$V。555 定时器管脚图和内部电路图如图 2-9-1 所示。

1. 555 电路的工作原理

555 定时器内部含有两个模拟电压比较器，一个基本 RS 触发器，一个泄放三极管 T。5 端是外接控制电压输入端，不外接控制电压 V_{CO} 时，三只 5kΩ 的电阻器对电源电压 V_{CC} 分压，使得比较器 C_1 的同相输入端参考电平为 $+\frac{2}{3}V_{CC}$，比较器 C_2 的反相输入端的参考电平为 $+\frac{1}{3}V_{CC}$。C_1 与 C_2 的输出控制基本 RS 触发器、三极管 T 和输出电压 V_O。当输入电压 V_{I1} 超过参考电平 $+\frac{2}{3}V_{CC}$ 时，触发器复位，555 的输出端 3 脚输出低电平，同时三极管导通；当输入电压 V_{I2} 低于 $+\frac{1}{3}V_{CC}$ 时，触发器置位，555 的 3 脚输出高电平，同时三极管截止。$\bar{R}_D$ 是复位端，当 $\bar{R}_D=0$，555 的 3 脚输出低电平。正常使用时 $\bar{R}_D$ 端接电源 Vcc。

当 5 端外接控制电压 V_{CO} 时，改变了比较器的参考电平，使比较器 C_1 的同相输入端参考

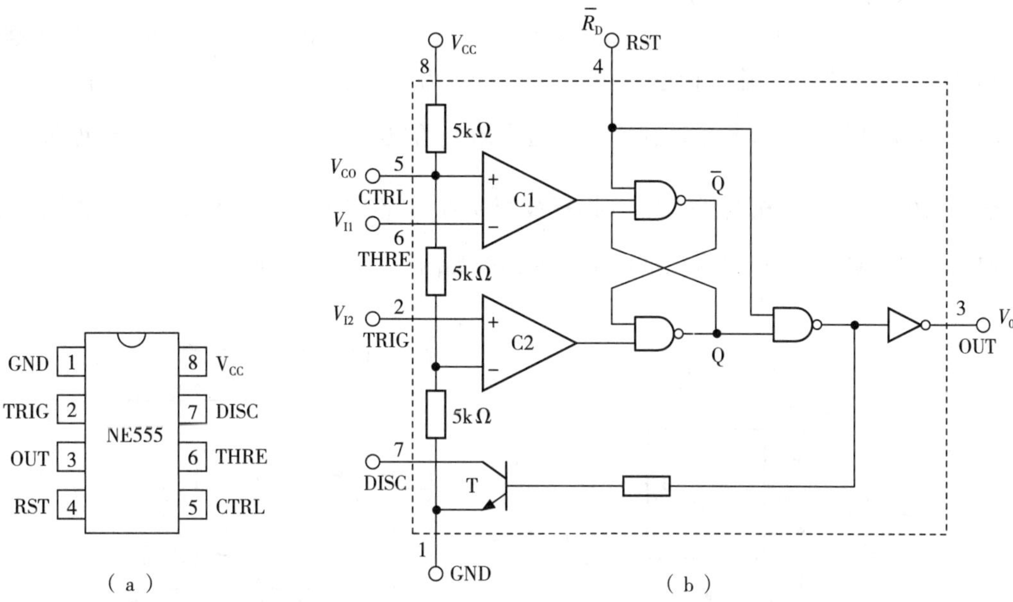

图 2-9-1　555 定时器管脚图(a) 和内部电路结构图(b)

电平为V_{CO}，比较器 C_2 的反相输入端的参考电平为$\frac{1}{2}V_{CO}$。在不接外加电压时，通常 5 端接一个 0.01μf 的滤波电容到地，以消除外来的高频干扰信号，确保参考电平的稳定。

2. 555 定时器构成施密特触发器

电路如图 2-9-2 所示，只要将脚 2、6 连在一起作为信号输入端，3 端作为输出端，即得到施密特触发器。当$V_I=0$时，V_O 输出高电平；当V_I 上升到$\frac{2}{3}V_{CC}$ 时，V_O 从高电平翻转为低电平；当V_I 从高电平下降到$\frac{1}{3}V_{CC}$ 时，V_O 从低电平翻转为高电平。电路的电压传输特性曲线如图 2-9-3 所示。

$$回差电压:\Delta V_T = V_{T+} - V_{T-} = \frac{1}{3}V_{CC}$$

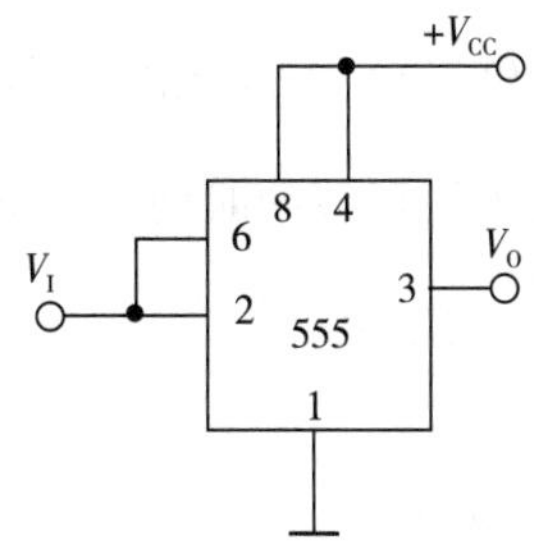

图 2-9-2　施密特触发器

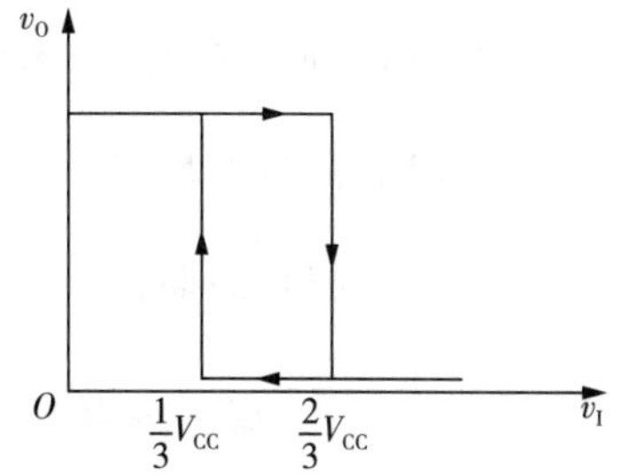

图 2-9-3　施密特触发器的电压传输特性图

3. 555 定时器构成单稳态触发器

图 2-9-4(a) 是由 555 定时器和外接 R、C 构成的单稳态触发器。稳态时，V_I 输入高电平，内部三极管导通，V_O 输出低电平，电容上的电压为 0。当加入负的窄脉冲触发信号 V_I(幅值小于 $\frac{1}{3}V_{CC}$) 时，三极管截止，电源 V_{CC} 通过电阻 R 给电容 C 充电，此时电路处于暂态过程，V_O 输出高电平。当 V_C 充电到 $\frac{2}{3}V_{CC}$ 时，三极管导通，电容 C 上的电荷很快放电，此时电路恢复到稳态，输出 V_O 从高电平返回低电平。波形图如图 2-9-4(b) 所示。

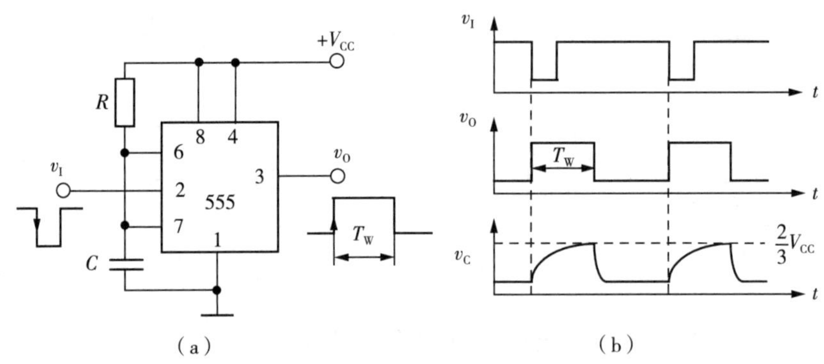

图 2-9-4　555 构成单稳态触发器及电压波形图

暂稳态的持续时间 T_w 取决于外接元件 R、C 的大小，$T_w = 1.1RC$。

4. 555 定时器构成多谐振荡器

由于矩形波中含有丰富的高次谐波分量，所以把矩形波发生器又称为多谐振荡器。电路工作时不需要外加输入信号，在输出端产生矩形波信号输出。

用 555 定时器构成的多谐振荡器如图 2-9-5(a) 所示，555 定时器的脚 2 和脚 6 直接相连构成施密特触发器，再外接电阻 R_1、R_2 和电容 C 构成多谐振荡器。电路的工作原理是：电路接通电源时，三极管 T 处于截止状态，电源 V_{CC} 通过 R_1、R_2 向电容 C 充电，此时 V_O 输出高电平。当电容 C 上的电压 V_C 超过 $\frac{2}{3}V_{CC}$ 时，三极管 T 处于导通状态，电容 C 通过 R_2 放电，此时 V_O 输出低电平。当电容 C 上的电压 V_C 低于 $\frac{1}{3}V_{CC}$ 时，三极管 T 处于截止状态，电源 V_{CC} 通过 R_1、R_2 又向电容 C 充电。如此循环，电容电压 V_C 在 $\frac{1}{3}V_{CC}$ 和 $\frac{2}{3}V_{CC}$ 之间充电和放电，使电路产生振荡。输出电压 V_O 的波形如图 2-9-5(b) 所示。输出矩形波的时间参数如下。

$$振荡周期：T = T_1 + T_2 = 0.7(R_1 + 2R_2)C$$

$$振荡频率：f = \frac{1}{T} = \frac{1}{0.7(R_1 + 2R_2)}$$

$$占空比：q = \frac{T_1}{T} = \frac{R_1 + R_2}{R_1 + 2R_2}$$

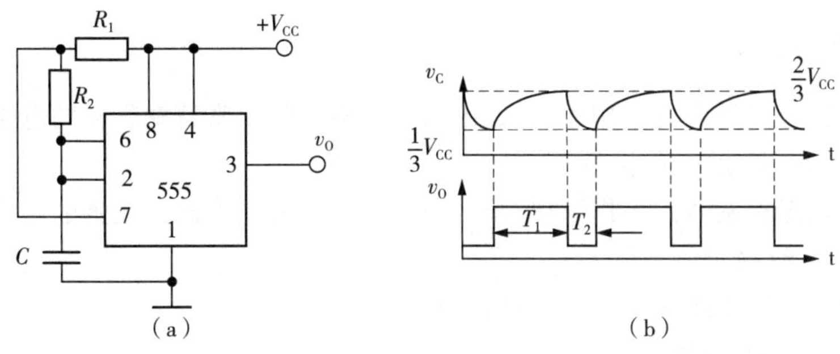

图 2-9-5　555 构成多谐振荡器(a)和电压波形图(b)

2.9.4　预习要求

1. 理解施密特触发器、单稳态触发器和多谐振荡器等概念。
2. 阅读教材中有关 555 定时器的内容，理解它的工作原理及其应用电路。
3. 根据实验内容设计电路，拟定实验中所需的数据和表格。
4. 写出实验方法和实验步骤。

2.9.5　实验内容

1. 555 定时器构成施密特触发器

按图 2-9-2 接线，输入电压 V_I 由 100kΩ 的可调电阻对电源 V_{CC} 分压取得，用万用表分别测量输入电压 V_I 和输出电压 V_O 的值，测出两个转换电平 V_{T+} 和 V_{T-}，算出回差电压 ΔV_T，绘制电压传输特性曲线。

2. 用 555 定时器构成单稳态延时触发器

按图 2-9-4(a) 接线，取 $R=100\text{k}\Omega$，C 取 $100\mu\text{F}$，输出接 LED 显示，通过电压表观察电容 C 的电压。接通电源后，LED 显示应不亮，电容 C 的电压为 0。在管脚 2 加负的单脉冲，观察电容 C 的充放电情况，通过 LED 显示器观察单稳延时情况，用秒表粗测延时时间，并与理论值相比较。改变电阻、电容的值，多测几次。

3. 555 定时器构成多谐振荡器

按图 2-9-5(a) 接线，令 $R_1=2\text{k}\Omega$，$R_2=10\text{k}\Omega$，$C=0.01\mu\text{F}$。接通电源，用双踪示波器同时观察管脚 2 和管脚 3 的波形，测量振荡周期 T 和输出高电平时间 T_1，填入表 2-9-1 中，并画出波形图，与估算值相比较。再将 R_1 和 R_2 相对调，重复上述步骤。

表 2-9-1　多谐振荡器数据表

元件参数			估　算　值				测　量　值			
R_1	R_2	C	T	T_1	$q=\frac{T_t}{T}$	波形	T	T_1	$q=\frac{T_1}{T}$	波形
2kΩ	10kΩ	0.01μF								
10kΩ	2kΩ	0.01μF								

2.9.6 实验报告要求

1. 简述施密特触发器的工作原理，画出用555构成的施密特触发器的电路图，画出电路的电压传输特性曲线，指出有关参数。

2. 简述单稳态触发器的工作原理，画出用555构成的单稳态触发器的电路图，画出电路的波形，指出有关参数。

3. 绘出详细的实验线路图，定量绘出观测到的波形。

4. 分析、总结实验结果。

5. 思考题：

(1) 用555构成单稳态触发器，如果V_{CO}外接电压，暂稳态持续时间T_W是否发生改变？

(2) 用555构成多谐振荡器，如果需要得到占空比$q=0.5$的方波，电路应如何连接？

2.9.7 注意事项

1. 为了提高参考电平的稳定性，应在5脚接一小电容用于消除电源纹波。

2. 用555构成单稳态触发器时，负的触发脉冲宽度应该小于暂稳态持续时间T_W，否则电路不能正常工作。

2.10 CMOS门电路及集成施密特触发器

2.10.1 实验目的

1. 了解CMOS集成电路的参数以及测试方法。
2. 学习施密特触发器的特性和应用。

2.10.2 实验设备与元器件

1. 4001型CMOS 2输入端四或非门1块
2. 40106型六施密特触发器1块
3. 10kΩ电位器1只
4. 47kΩ、10kΩ、2kΩ电阻各1只
5. 0.1μF电容1只
6. 直流电压表和万用电表各1只
7. 信号发生器1台
8. 双踪示波器1台

2.10.3 实验原理

CMOS集成电路由NMOS和PMOS组成，它具有功耗低、电源电压范围宽、抗干扰能力强、输入电阻高、扇出能力强等优点，因此得到了广泛的应用。通用的CMOS集成电路分

为 4000 和 74HC 两大类，两者的主要区别是：74HC 系列的集成电路属于高速型的，其传输延迟时间 $t_{pd}=10ns$，电源电压范围是 2 ～ 6 伏；4000 系列的集成电路传输延迟时间 $t_{pd}=60ns$，电源电压范围是 3 ～ 18 伏。

1. CMOS 门电路的主要参数

CMOS 非门的电压传输特性如图 2-10-1 所示。其输出高电平超过 $0.9V_{DD}$，输出低电平小于 $0.1V_{DD}$，阈值电压 $V_{TH}=0.5V_{DD}$，输入端躁声容限超过 $0.3V_{DD}$，CMOS 电路的扇出系数大，一般取 10 ～ 20。

尽管 CMOS 与 TTL 电路内部结构不同，但它们的逻辑功能完全一样。本实验将对或非门 4001 进行测试，其管脚图如图 2-10-2 所示。

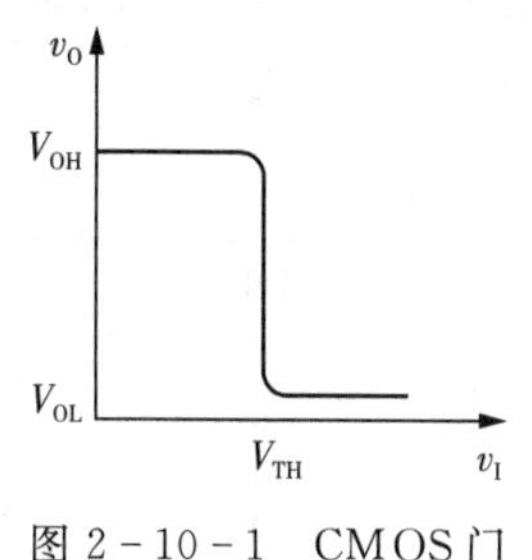

图 2-10-1　CMOS 门电路电压传输特性

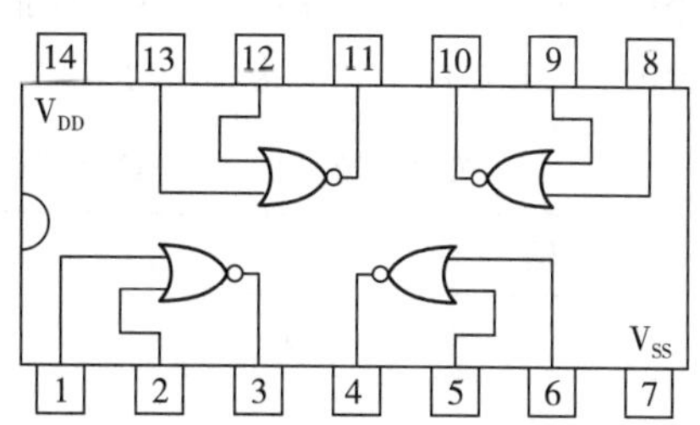

图 2-10-2　4001 或非门管脚图

2. CMOS 门电路的使用方法

(1) V_{DD} 接电源正极，V_{SS} 接地，不得接反。

(2) 由于 CMOS 门电路有很高的输入阻抗，外来的干扰信号容易在一些悬空的输入端上感应出很高的电压，以至损坏器件，所以 CMOS 门输入端不能悬空。对闲置的输入端可按逻辑要求通过一个大电阻接电源端或地，在工作频率不高的电路中，也可将输入端并联使用。

(3) 输出端不允许直接与 V_{DD} 或 V_{SS} 连接，否则将损坏器件。

(4) 安装电路或插拔器件时，均应切断电源，严禁带电操作。

3. 集成六施密特触发器 40106 的逻辑功能和应用

图 2-10-3 集成六施密特触发器 40106 逻辑符号及引脚功能，它可以用于波形的整形、构成单稳态触发器和多谐振荡器，也可以作为反向器使用。其电压传输特性如图 2-10-4 所示。从手册中查到：当电源电压 $V_{DD}=10V$ 时，$V_{T+}=5.9V$，$V_{T-}=3.9V$。

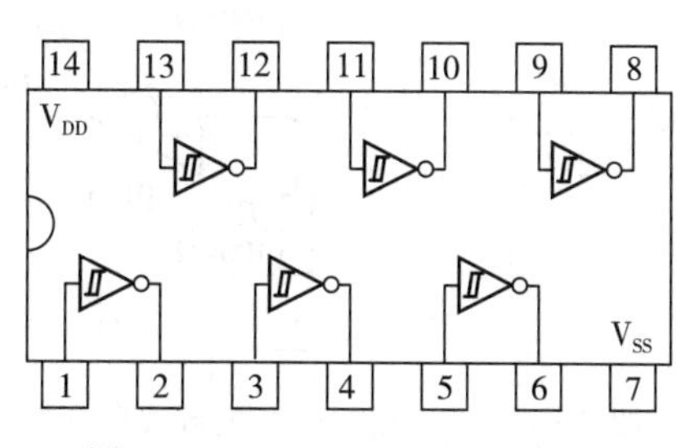

图 2-10-3　40106 功能管脚图

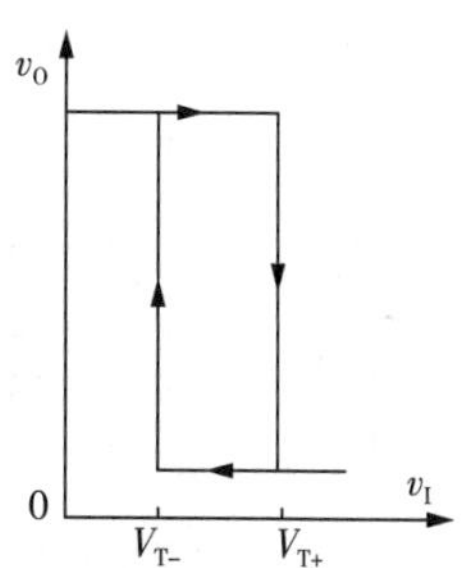

图 2-10-4　40106 的电压传输特性

2.10.4 预习要求

1. 阅读教材中有关CMOS门电路的内容，理解常用CMOS门电路的电路结构和工作原理。

2. 查找4001和40106的引脚定义和逻辑功能。

3. 根据实验内容设计电路，写出预习报告。

2.10.5 实验内容

1. 4001或非门功能测试

任意选择图2-10-2中一个或非门进行实验，输入端接逻辑开关，输出端接电压表。将实验结果填入表2-10-1中，并判断功能是否正确，写出逻辑表达式。

表2-10-1 4001或非门输入、输出关系数据表

输入		输出 Y	
A	B	电位(V)	逻辑状态
L	L		
L	H		
H	L		
H	H		

2. 测定4001阈值电压V_{TH}

接线如图2-10-5所示，电源电压$V_{DD}=5V$，调节电位器$R(10k\Omega)$，可使V_I得到$0\sim5V$的输入电压。当$V_I=0$时，$V_O=V_{OH}$，缓慢增加V_I值，直到V_O由高电平变成低电平时(LED由亮变暗)停止增加输入电压，记录这点的V_I值，即阈值电压V_{TH}。

改变电源电压V_{DD}，使其分别为10V、15V，测量电压传输特性和阈值电压V_{TH}。

3. 用施密特触发器40106进行波形变换

接线如图2-10-6所示，V_I为1kHz正弦波信号(由信号发生器提供)，用双踪示波器观察V_I、V_O的波形，说明波形变换原理。

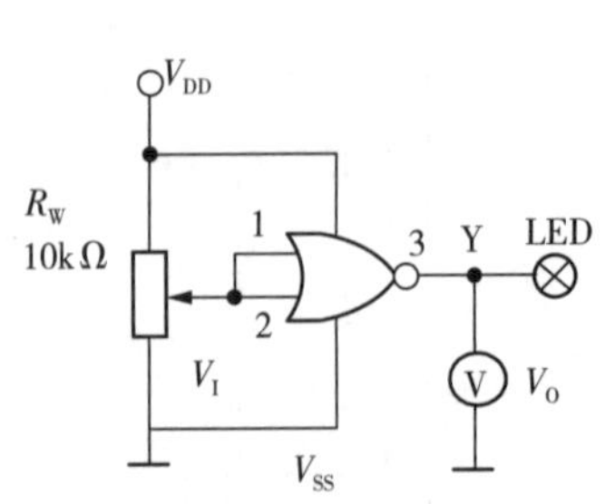

图2-10-5 4001电压传输特性和阈值电压V_{TH}测量电路

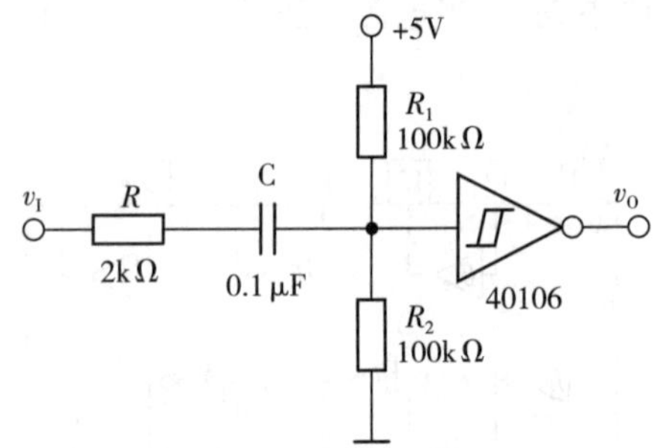

图2-10-6 用40106进行波形变换

4. 用施密特触发器构成多谐振荡器

接线如图 2-10-7 所示，分析振荡原理，计算振荡周期。用双踪示波器观察输出波形和电容电压波形，振荡周期是否与理论值相符合？

注：振荡周期估算公式为 $T = RC\ln(\frac{V_{DD} - V_{T-}}{V_{DD} - V_{T+}} \times \frac{V_{T+}}{V_{T-}})$

2.10.6　实验报告要求

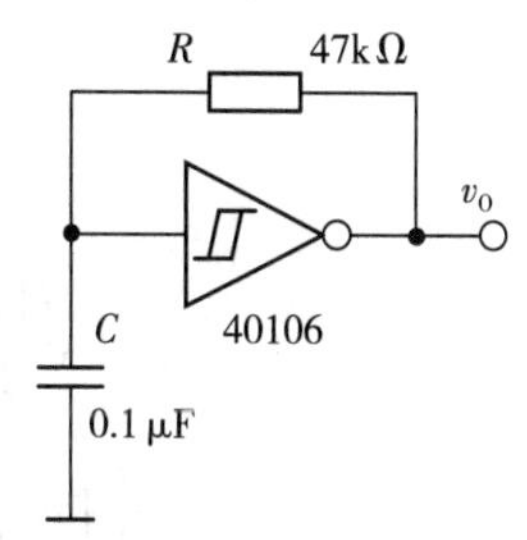

图 2-10-7　用施密特触发器构成多谐振荡器

1. 简要说明 CMOS 门电路的主要参数和测量方法。
2. 画出用施密特触发器构成多谐振荡器的电路图，简述其工作原理。
3. 整理实验数据、图表，并对实验结果进行分析讨论。
4. 总结 CMOS 电路的使用方法。
5. 思考题：

(1) 为什么 CMOS 与非门的输入端不能悬空？

(2) 当 CMOS 门电路的输入端通过电阻接地时，不论电阻值大小，为什么总是相当于输入低电平？

2.10.7　注意事项

1. 由于 CMOS 门电路和 TTL 门电路参数和电源电压不同，在电路中一般不能混用。
2. 在 CMOS 和 TTL 门电路之间，应采用接口电路进行电平转换。

2.11　集成数模转换器(DAC)

2.11.1　实验目的

1. 了解 8 位数模转换器 DAC0832 的功能。
2. 学习测试数模转换器的方法。

2.11.2　实验设备与元器件

1. DAC0832 型 8 位 D/A 转换器 1 块
2. 74LS191 型同步可逆计数器 2 块
3. LM358 型运算放大器 1 块
4. 万用表 1 只
5. 双踪示波器 1 台

2.11.3　实验原理

数 / 模转换器(简称 D/A 转换器) 用来将数字量转换成模拟量。其输入为 n 位二进制数，输出为模拟量(电压量或电流量)，输出的模拟量与输入的数字量成正比例关系。

实现 D/A 转换的电路形式很多。常用的有倒 T 型电阻网络和权电流型网络。4 位倒 T 型电阻网络 D/A 转换器如图 2-11-1 所示。电路由电阻网络和运算放大器组成，电阻网络由 R 和 $2R$ 两种电阻组成。运算放大器 A 是求和放大器，作用是把电流量 I_O 转换为电压量 V_O 输出。$S_3S_2S_1S_0$ 是模拟开关，由输入的数字量 $d_3d_2d_1d_0$ 控制。

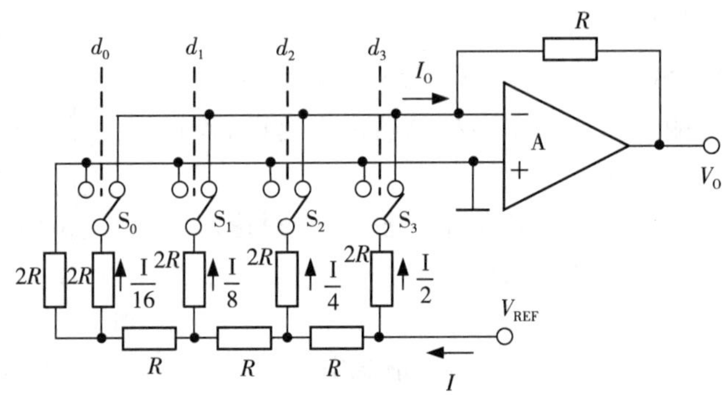

图 2-11-1　倒 T 型电阻网络 D/A 转换器原理图

电路的输出电流 I_O 与输入的数字量 $d_3d_2d_1d_0$ 的关系式是

$$I_o = d_3 \times \frac{I}{2} + d_2 \times \frac{I}{4} + d_1 \times \frac{I}{8} + d_0 \times \frac{I}{16}$$

$$= \frac{V_{REF}}{2^4 R}(d_3 \times 2^3 + d_2 \times 2^2 + d_1 \times 2^1 + d_0 \times 2^0)$$

电路的输出电压V_O 与输入的数字量 $d_3d_2d_1d_0$ 的关系式是

$$V_o = -\frac{V_{REF}}{2^4}(d_3 \times 2^3 + d_2 \times 2^2 + d_1 \times 2^1 + d_0 \times 2^0)$$

$d_3d_2d_1d_0$ 的取值范围是：0000 ～ 1111。

输出电压V_O 的范围是：$0 \sim -\frac{2^4 - 1}{2^4} V_{REF}$。

对于 8 位的 D/A 转换器，输出电压的计算公式可以写成

$$V_o = -\frac{V_{REF}}{2^8}(d_7 \times 2^7 + d_6 \times 2^6 + \cdots + d_1 \times 2^1 + d_0 \times 2^0) = -\frac{V_{REF}}{2^8} D$$

本实验采用的D/A转换器是DAC0832，其内部结构图如图 2-11-2 所示，由一个八位输入寄存器、一个八位 DAC 寄存器和一个八位 D/A 转换器三大部分组成，D/A 转换器采用了倒 T 型 R－2R 电阻网络。由于DAC0832 有两个可以分别控制的数据寄存器，可根据需要接成不同的工作方式。DAC0832 内部无运算放大器，是电流输出，使用时须外接运算放大器。芯片中已设置了 R_{fb}，只要将 9 脚接到运算放大器的输出端即可。若运算放大器增益不

够，还须外加反馈电阻。

管脚图如图 2-11-3 所示，DAC0832 各引脚的名称和功能如下：

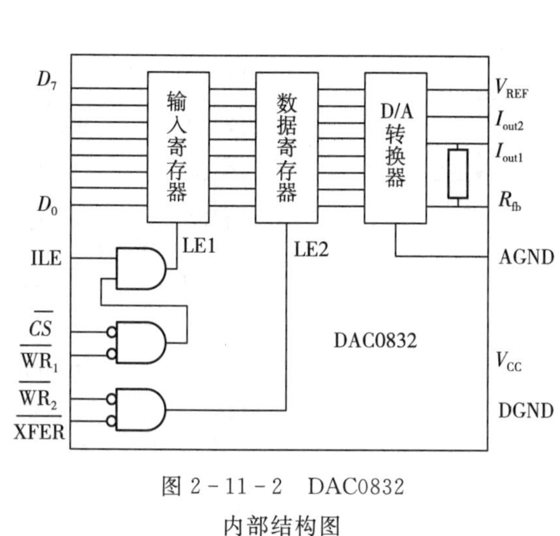

图 2-11-2　DAC0832 内部结构图

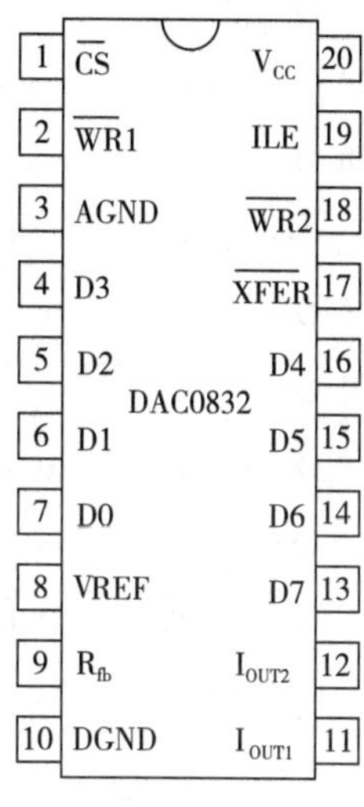

图 2-11-3　DAC0832 管脚图

ILE：输入锁存允许信号，输入高电平有效。

$\overline{CS}$：片选信号，输入低电平有效。

$\overline{WR_1}$：输入数据选通信号，输入低电平有效。

$\overline{WR_2}$：数据传送选通信号，输入低电平有效。

$\overline{XFER}$：数据传送选通信号，输入低电平有效。

$D_7 \sim D_0$：八位输入数据信号。

V_{REF}：参考电压输入。一般此端外接一个精确、稳定的电压基准源。V_{REF} 可在 $-10V$ 至 $+10V$ 范围内选择。

R_{fb}：反馈电阻(内已含一个反馈电阻) 接线端。

I_{OUT1}：DAC 输出电流。此输出信号一般作为运算放大器的一个差分输入信号。当 DAC 寄存器中的各位为 1 时，电流最大；为全 0 时，电流为 0。

I_{OUT2}：DAC 输出电流 2。它作为运算放大器的另一个差分输入信号(一般接地)。I_{OUT1} 和 I_{OUT2} 满足如下关系：

$I_{OUT1} + I_{OUT2} =$ 常数

V_{CC}：电源输入端($+5 \sim 15V$)。

$DGND$：数字地。

$AGND$：模拟地。

从 DAC0832 的内部控制逻辑分析可知，当 ILE、$\overline{CS}$ 和 $\overline{WR_1}$ 同时有效时，LE_1 为高电平。此时，输入数据 $D_7 \sim D_0$ 进入输入寄存器。当 $\overline{WR_2}$ 和 $\overline{XFER}$ 同时有效时，LE_2 为高电平。在此期间，输入寄存器的数据进入 DAC 寄存器。八位 D/A 转换电路随时将 DAC 寄存器的数据转换为模拟信号($I_{OUT1} + I_{OUT2}$) 输出。

DAC0832D/A 转换器的功能测试电路图如图 2-11-4 所示。

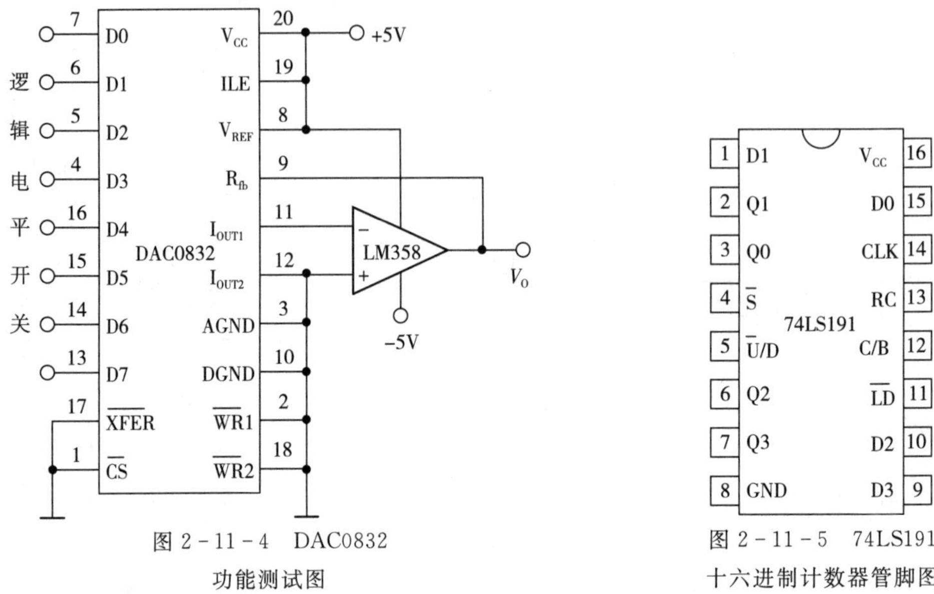

图 2-11-4　DAC0832 功能测试图

图 2-11-5　74LS191 十六进制计数器管脚图

74LS191 型同步可逆十六进制计数器管脚图如图 2-11-5 所示，逻辑功能见表2-11-1。

表 2-11-1　74LS191 逻辑功能表

$\overline{S}$	$\overline{LD}$	$\overline{U}/D$	CLK	D_3	D_2	D_1	D_0	Q_3^{n+1}	Q_2^{n+1}	Q_1^{n+1}	Q_0^{n+1}	RC	C/B
0	0	×	×	×	×	×	×	D_3	D_2	D_1	D_0	1*	2*
0	1	1	上升沿	×	×	×	×	减法计数				1*	2*
0	1	0	上升沿	×	×	×	×	加法计数				1*	2*
1	×	×	×	×	×	×	×	Q_3^n	Q_2^n	Q_1^n	Q_0^n	1*	2*

1*：加法计数至 15 时，RC 变成低电平；减法计数至 0 时，RC 变成低电平。

2*：加法计数至 15 时，C/B 变成高电平；减法计数至 0 时，C/B 变成高电平。

2.11.4　预习要求

1. 阅读教材中有关 D/A 转换器的内容，理解 D/A 转换器的工作原理和参数。
2. 查找 DAC0832 的引脚定义和逻辑功能。
3. 根据实验内容设计电路，写出预习报告。

2.11.5　实验内容

1. DAC0832 功能测试

接线如图 2-11-4 所示，$D_7 \sim D_0$ 接逻辑开关，用万用表测量V_o电压值。根据表 2-11-2 中提供的数据，实际测量V_o的值，填入表中，并与理论值比较，看有无差别，说明为什么？

表 2-11-2　DAC0832 输入、输出数据表

数字量输入								模拟量输出V_0	
D_7	D_6	D_5	D_4	D_3	D_2	D_1	D_0	理论值	测量值
1	1	1	1	1	1	1	1		
0	0	0	0	0	0	0	0		
0	0	0	0	0	0	0	1		
0	0	0	0	0	0	1	0		
0	0	0	0	0	1	0	0		
0	0	0	0	1	0	0	0		
0	0	0	1	0	0	0	0		
0	0	1	0	0	0	0	0		
0	1	0	0	0	0	0	0		
1	0	0	0	0	0	0	0		

2. 观察 DAC 的阶梯波输出

(1) 按图 2-11-6 搭建电路，先将 2 片 74LS191 接成 8 位加 / 减计数器，用 LED 检验其计数状态的正确性。

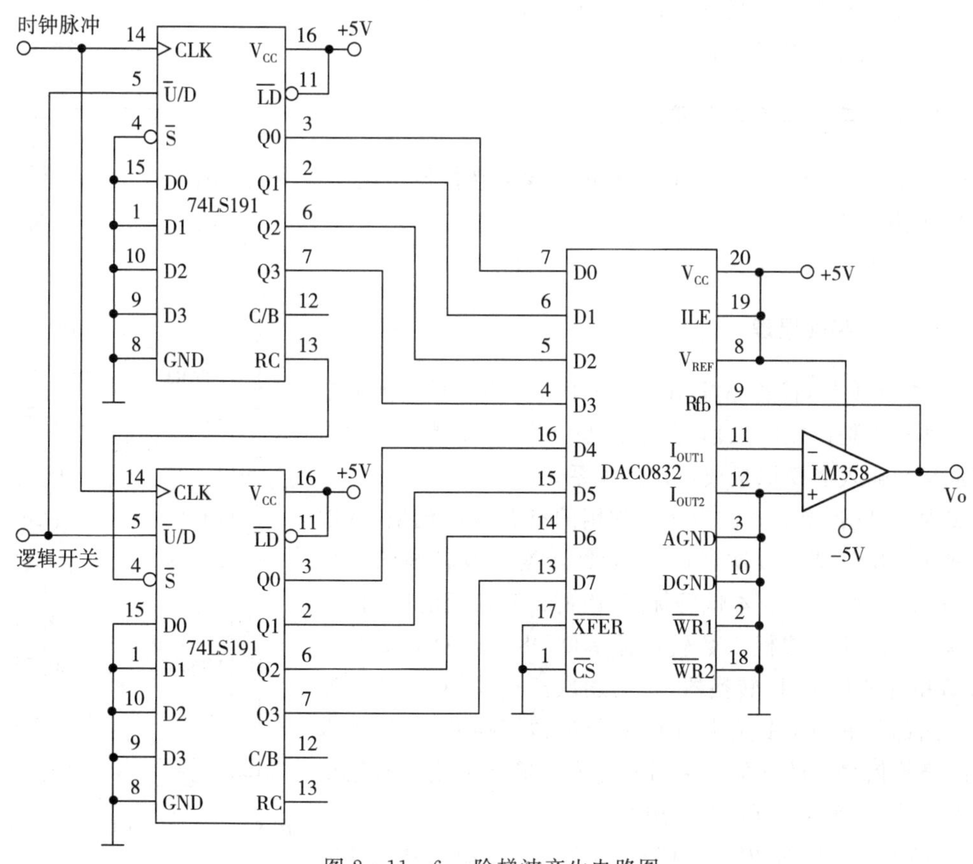

图 2-11-6　阶梯波产生电路图

(2)8位加/减计数器CLK接1kHz脉冲，输出接DAC0832的数字量输入端，用示波器观察运算放大器的输出电压波形，并变换计数方向(加或减)，观察波形变化。

2.11.6 实验报告要求

1. 简述D/A转换器的工作原理。
2. 根据表2-12-2中提供的数据，计算模拟量的理论值。
3. 整理实验数据、图表，并对实验结果进行分析讨论。
4. 思考题：

(1)D/A转换器的分辨率是什么？DAC0832的分辨率是多少？

(2)D/A转换器的输出误差由哪些主要因素引起？

(3) 在图2-11-6所示电路中，如果CLK接1kHz的脉冲信号，$\bar{U}/D$端如何改为自动控制。

2.12 逐次渐进型模数转换器(ADC)

2.12.1 实验目的

1. 了解逐次渐进型模数转换器ADC0809的功能。
2. 学习测试模数转换器的方法。

2.12.2 实验设备与元器件

1. ADC0809型8位8路逐次渐进型模数转换器1块
2. 电阻若干
3. 数字万用电表1只

2.12.3 实验原理

模/数转换器(简称A/D转换器)用来将模拟量转换成数字量。其输入是模拟电压信号，输出是n位二进制数。输出的数字量与输入的模拟量成正比例关系。

实现A/D转换的方法很多。常用的有并联比较型、逐次渐进型和双积分型。逐次渐进型A/D转换器有较高的转换精度、工作速度中等、成本低等优点，因此得到广泛的应用。

本实验选用集成模/数转换器ADC0809。ADC0809是CMOS单片8位A/D转换器，采用逐次渐进型A/D转换原理。其内部带有具有锁存控制的8位模拟转换开关，用于选通8路模拟信号中的任何一路信号输入。输出采用三态输出缓冲寄存器，电平与TTL电平相兼容。

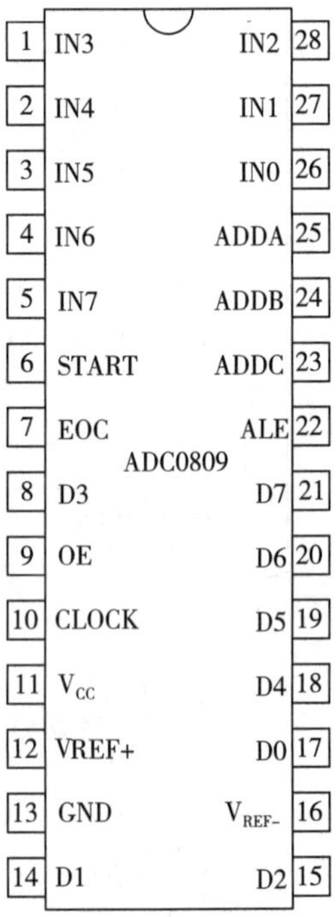

引脚	名称	名称	引脚
1	IN3	IN2	28
2	IN4	IN1	27
3	IN5	IN0	26
4	IN6	ADDA	25
5	IN7	ADDB	24
6	START	ADDC	23
7	EOC	ALE	22
8	D3	D7	21
9	OE	D6	20
10	CLOCK	D5	19
11	V_{CC}	D4	18
12	VREF+	D0	17
13	GND	V_{REF-}	16
14	D1	D2	15

ADC0809

图2-12-1 ADC0809管脚图

ADC0809引脚图如图2-12-1所示。各引脚的功能说明如下：

1. $IN_0 \sim IN_7$：为 8 路模拟信号输入端。

2. $ADDC$，$ADDB$，$ADDA$：地址输入端，控制 8 路模拟开关，选通 8 路模拟信号中的一路进行 A/D 转换。地址译码与模拟输入通道的选通关系参见表 2-13-1。

表 2-12-1　地址与模拟信号通道对应关系

$ADDC$	$ADDB$	$ADDA$	被选模拟通道
0	0	0	IN_0
0	0	1	IN_1
0	1	0	IN_2
0	1	1	IN_3
1	0	0	IN_4
1	0	1	IN_5
1	1	0	IN_6
1	1	1	IN_7

3. ALE：地址锁存允许信号输入端。上升沿有效，锁存地址码到地址寄存器中。

4. $START$：启动 A/D 转换信号输入端，当上升沿到达时，内部逐次逼近寄存器复位，在下降沿到达后，开始 A/D 转换过程。

5. EOC：A/D 转换结束输出信号，高电平有效。

6. OE：输出允许信号，高电平有效。

7. $CLOCK$：时钟信号输入端，时钟的频率决定 A/D 转换的速度，外接时钟频率范围是 10 ～ 1280kHz。一次 A/D 转换的时间是 64 个时钟周期。当时钟脉冲频率是 640kHz 时，A/D 转换时间是 100μs。

8. V_{cc}：电源电压，接 +5V 直流电压源。

9. $V_{REF(+)}$、$V_{REF(-)}$：基准电压输入端。它们决定输入模拟电压的最大值和最小值。通常 $V_{REF(+)}$ 接 +5V 电源，$V_{REF(-)}$ 接地。

10. $D_0 \sim D_7$：8 位数据输出端。OE 高电平时，输出数据有效。

图 2-12-2 是 ADC0809 的工作时序图。输出数字量 D 与输入模拟电压 V_I 的关系式是：

$$D = \frac{V_I}{V_{REF}} \times 2^8$$

其中，$V_{REF} = V_{REF(+)} - V_{REF(-)} = 5V$。

输出数字量的最低位所表示的输入电压值为 $\frac{5V}{2^8} = 19.53mV$。

2.12.4　预习要求

1. 阅读教材中有关 A/D 转换器的内容，理解 A/D 转换器的工作原理。
2. 查找 ADC0809 的引脚定义和逻辑功能。
3. 根据实验内容设计电路，写出预习报告。

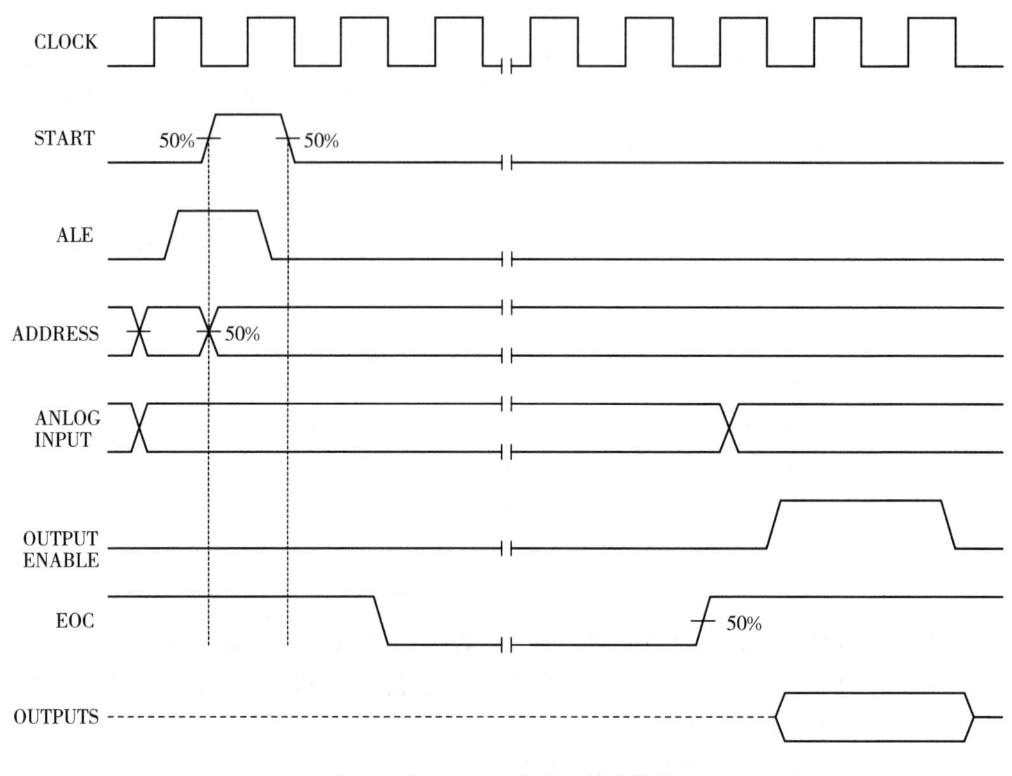

图 2-12-2 ADC0809 的时序图

2.12.5 实验内容

接线如图 2-12-3 所示，调节电阻 R，使 8 路模拟输入电压为表 2-12-2 中的数值，$CLOCK$ 接频率为 1kHz 的时钟脉冲，转换结果接 LED 显示，$ADDC$，$ADDB$，$ADDA$ 接逻辑开关，测量各路模拟信号转换结果，填入表 2-12-2 中，并分析产生误差的原因。

表 2-12-2 模数转换实验数据表

地址			通道	模拟量	数字量								
$ADDC$	$ADDB$	$ADDA$	IN	V_I(V)	D_7	D_6	D_5	D_4	D_3	D_2	D_1	D_0	十进制
0	0	0	IN_0	4.5									
0	0	1	IN_1	4.0									
0	1	0	IN_2	3.5									
0	1	1	IN_3	3.0									
1	0	0	IN_4	2.5									
1	0	1	IN_5	2.0									
1	1	0	IN_6	1.5									
1	1	1	IN_7	1.0									

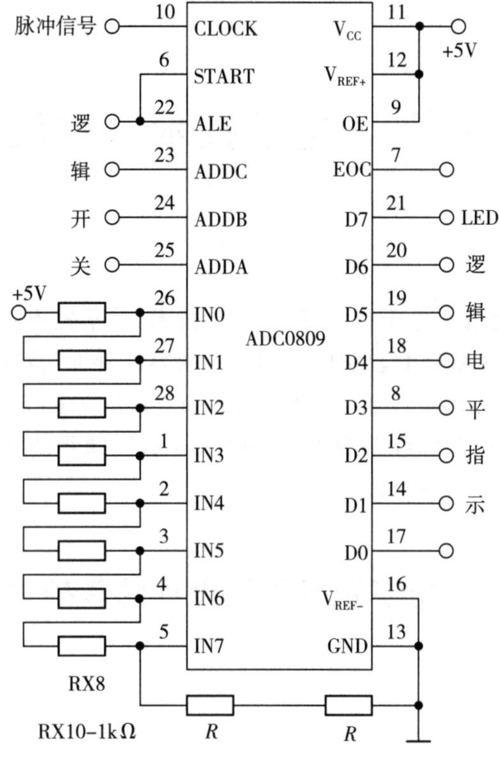

图 2-12-3　模/数转换实验图

2.12.6　实验报告要求

1. 简要说明逐次渐进型 A/D 转换器的工作原理。
2. 根据表 2-12-2 提供的参数，计算数字量的理论值
3. 整理实验数据、图表，并对实验结果进行分析讨论。
4. 思考题：

(1)ADC0809 的分辨率是多少？说明测量分辨率的方法。

(2) 当输入模拟电压高于 5V 时，数字量输出如何？

2.12.7　注意事项

1. 在 A/D 转换过程中，输入的模拟电压量应保持不变。
2. EOC 由低变高表示 A/D 转换结束。此时，OE 端输入高电平，$D_0 \sim D_7$ 输出数据才有效。

第3章　电子技术课程设计

电子技术课程设计是模拟电子技术、数字电子技术、电子技术系列实验之后的一门重要教学实践课程，是电子技术基础的教学内容和实验内容的延伸，旨在培养学生的电子电路设计能力、实际动手能力和工程实践能力、分析问题和解决问题能力以及创新能力，建立系统和工程的概念，建立生产观念和经济观念。同时可为后续课程的学习、毕业设计、毕业后从事生产和科研工作打下一定的基础。

3.1　电子技术课程设计的基础知识

3.1.1　课程设计的目的

电子技术课程设计是电子技术系列课程中一个重要实践环节，通过让学生自己设计并制作一个具体的电子装置，初步建立电子产品的设计能力，其主要目的为：

(1) 由基础理论上升到实践

学生在学习了模拟电子技术和数字电子技术课程之后，通过电子技术课程设计课程，综合运用所学的理论知识，通过设计、仿真、制作、调试等环节，完成一个具有实际应用意义的电子装置，通过亲自实践，了解电子电路装置的选题、设计、调试、定型的初步过程。

(2) 实践能力的培养

从教材中的电路符号、元器件模型学会对应各种各样的实际器件；从电路参数的计算上升到实际器件的选择和使用；不能仅仅停留在理论设计上，更是要安装、调试，运用实验来检验。

(3) 建立系统概念

从电子元器件到单元电路，再组成功能模块，最后形成电子系统，同时要考虑各功能模块电路之间参数匹配关系、功能的配合关系，从而建立起系统的概念。

(4) 建立工程概念

把基础课程中熟悉的定性分析、定量计算逐步和工程估算、实验调整等手段结合起来，从而提高电子装置的设计效率。

(5) 建立生产观念和经济观念

对于电子产品的设计，不但要考虑电路功能和指标的实现上，还要考虑重量、体积、操作便利性的约束、以及元器件货源、价格等现实条件和经济指标。

3.1.2 电子技术课程设计的要求

电子技术课程设计就是根据课题任务的具体要求，以模拟电子技术、数字电子技术为理论基础，由学生独立完成方案设计、模拟仿真、硬件组装、实际调试和撰写总结报告等一系列任务，具有较强的综合性，可以大大提高学生运用所学理论知识解决实际问题的能力。具体要求为：

(1) 掌握模拟电子电路和数字电子电路的一般设计方法，具备初步的电路设计能力。

(2) 学会借助各种信息资源进行文献检索、资料查阅。

(3) 熟悉电子元器件的参数计算。

(4) 熟悉常用电子元器件的特性并能够合理选用。

(5) 初步掌握电子电路的计算机辅助设计、熟悉电子电路仿真。

(6) 初步掌握普通电子电路的组装、调试等基本技能。

(7) 进一步熟悉电子仪器的正确使用方法，掌握电路指标的测试方法。

(8) 具备运用所学的理论知识独立分析问题和解决问题的能力。

(9) 学会撰写课程设计总结报告。

(10) 培养严谨、认真的科学态度和踏实细致的工作作风。

3.1.3 电子系统的设计方法

所谓电子系统，是指由若干相互连接、相互作用的基本电路组成的具有特定功能的电路整体。电子系统的设计方法有自上向下、自下向上以及自上向下与自下向上相结合的设计方法，如图 3-1-1。

(1) 自上向下的设计方法

自上向下方法的特点是将系统按“系统、子系统、功能模块、单元电路、元器件、版图”这样的过程来设计，如图 3-1-1 中左边箭头所示。自下向上的方法则相反，按“元器件(版图)、单元电路、功能模块、子系统、系统”这样的过程来设计。

自上向下法是从系统级设计开始，首先根据设计课题中对系统的指标要求，将系统的功能全面、准确地描述出来，然后根据该系统应具备的各项功能将系统划分为若干个适当规模的、能够实现某一功能且相对独立的子系统，全面、准确地描述它们的功能(即输入、输出关系)及相互之间的联系。这项任务完成之后就设计或选用一些部件去组成实现这些既定功能的子系统。最后进行元器件级的设计，即选用适当的元器件去实现前面所设计的各个部件。

自上向下的设计方法是一种概念驱动的设计方法，它在整个设计过程中尽量运用概念去描述和分析设计对象，而不过早地考虑设计的具体电路、元器件和工艺，以便抓住主要矛盾，避免纠缠具体细节。

(2) 自下向上的设计方法

自下向上的方法与其相反，它是根据要实现的系统的各个功能的要求，先从可用的元器件中选出合用的，设计成一个个部件，当一个部件不能直接实现系统的某个功能时，就须由多个部件组成子系统去实现该功能，然后再将子系统按其连接关系分别连接，最后将子系统

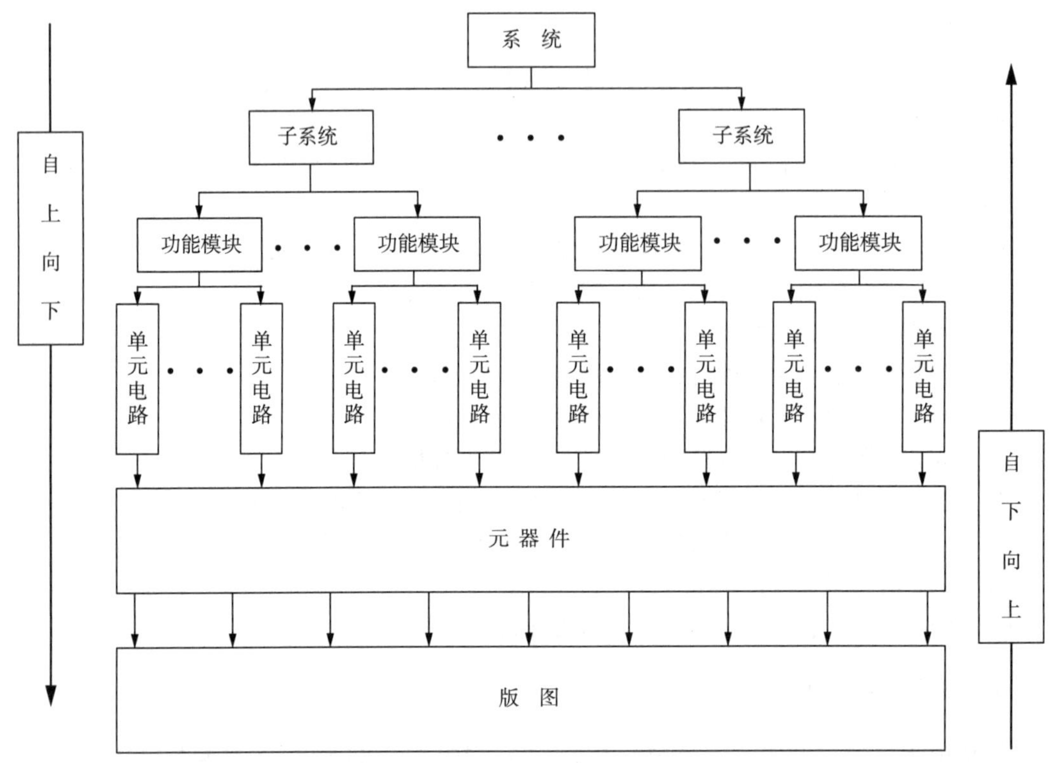

图 3-1-1　设计过程示意图

组成在一起，直至系统所要求的全部功能都能实现为止。它是一种组合式的设计方法。

显然，由于在设计过程中，部件设计在先，设计人员的思想将受限于这些所设计出的或选用的现成部件，便不容易实现系统化的、清晰易懂以及可靠性高、可维护性好的设计。但自下向上法也并非完全无用武之地，它在系统的组装和测试过程中却是行之有效的。

自上向下法的要领在于整个设计在概念上的演化从顶层到底层应当逐步由概括到展开，由粗略到精细。只有当整个设计在概念上得到验证与优化后，才能考虑“采用什么电路、元器件和工艺去实现该设计”这类具体问题。

此外，设计人员在运用该方法时还必须遵循下列原则，方能得到一个系统化的、清晰易懂的以及可靠性高、可维护性好的设计：

① 正确性和完备性原则

该方法要求在每一级的设计完成后，都必须对设计的正确性和完备性进行反复的仔细检查，即检查指标所要求的各项功能是否都实现了，且留有必要的余地，最后还要对设计进行适当的优化。

② 模块化、结构化原则

每个子系统、部件或子部件应设计成在功能上相对独立的模块，即每个模块均有明确的可独立完成的功能，而且对整个模块内部进行修改时不应影响其他的模块。子系统之间、部件之间或者子部件之间的联系形式应当与结构化程序设计中模块间的联系形式相仿。

③ 问题不下放原则

在某一级的设计中如果遇到问题时，必须将其解决了才能进行下一级的设计，切不可把上一级的问题留到下一级去解决。

综上所述，进行一项大型、复杂系统设计的过程，实际上是一个在自上向下的过程中还包括了由底层回到上层进行修改的多次反复的过程，如图 3-1-2 所示。

3.1.4　电子技术课程设计原则及步骤

(1) 设计原则

对于电子电路系统的设计要遵循如下基本原则：

① 满足系统功能和性能的要求。这是电子电路系统设计时必须满足的基本条件。

② 电路简单，成本低，体积小。

③ 可靠性高。

④ 系统的集成度高。

⑤ 调试简单方便。

⑥ 生产工艺简单。

⑦ 操作简单、方便。操作简便是现代电子电路系统的重要特征。

⑧ 耗电少。

⑨ 性能价格比高。

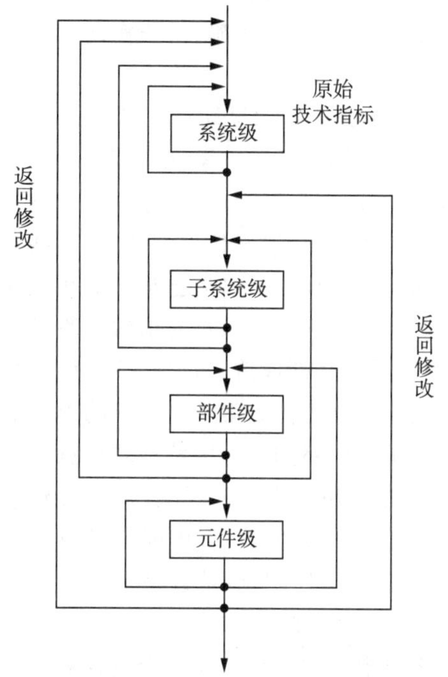

图 3-1-2　自上向下的设计方法

通常希望所设计的电子电路装置能同时符合上述各项要求，但往往很难同时兼顾，这时就要考虑设计方案需要解决的主要问题是什么。例如，对于用交流电网供电的电子设备，如果电路总的功耗不大，那么功耗的大小不是主要矛盾，而对于手机、笔记本电脑这类移动式电子设备，功耗的大小则是必须要解决的关键问题之一。

(2) 总体方案的设计与选择

总体方案是根据课题所提出的任务、要求和性能指标，用具有一定功能的若干单元电路组成一个整体，来实现各项功能，满足题目提出的要求和性能指标。

方案选择就是按照系统总的要求，把电路划分成若干个功能块，得出能表示单元功能的整机原理框图。按照系统性能指标要求，规划出各单元功能电路所要完成的任务，确定输出与输入的关系，确定单元电路的结构。

由于符合要求的总体方案往往不止一个，应当针对系统提出的任务、要求和条件，进行仔细分析和研究，找到问题的关键，确定设计方案；还应广开思路，利用所学的理论知识，查阅相关资料，提出尽可能多的设计方案来进行比较，并仔细比较每个方案的优缺点和可行性，争取方案设计合理、可靠、经济、功能齐全、技术先进。

在选择过程中，常常采用框图来表示各种方案的基本原理。框图没必要画得太详细，应能正确反映系统完成的任务和各组成部分的功能，清楚表示出系统的基本组成和相互关系。

方案选择必须注意下面两个问题：

① 要有全局观点，抓住主要矛盾。

② 在方案选择时，不仅要考虑方案是否可行，还要考虑怎样保证性能可靠，考虑如何降低成本，降低功耗，减小体积等许多实际的问题。

最终，根据原理正确、易于实现、且实验室有条件实现的原则确定设计方案，画出总体设计功能框图。

(3) 单元电路的设计与选择

根据已选定总体方案，确定对各单元电路的设计要求，必要时应详细拟定主要单元电路的性能指标，然后进行单元电路结构形式的设计，同时应注意各单元电路的相互配合以及各部分的输入信号、输出信号和控制信号的关系。

单元电路设计可以从已掌握的知识和了解的各种电路中选择一个合适的电路。如确实找不到性能指标完全满足要求的电路时，也可选用与设计要求比较接近的电路，调整电路参数，大胆进行创新或改进，但必须要保证整体性能要求。

由于符合总体方案功能要求的单元电路不止一个，因此也要进行分析比较，择优选择。

在单元电路的设计中特别要注意单元电路之间的连接关系。

① 电气特性方面的匹配：阻抗匹配、线性范围匹配、高低电平匹配、负载能力匹配。

② 信号耦合方式：直接耦合、阻容耦合、变压器耦合、光电耦合。

③ 信号时序配合：是数字系统设计时必须弄清的问题。

(4) 元器件选择

电子电路的设计需要选择最合适的元器件，并把它们最优地组合在一起。由于元器件的品种规格繁多，性能、价格和体积各异，选择什么样的元器件合适，需要进行分析比较。

元器件的选择首先要考虑满足单元电路对元器件性能指标的要求，其次要考虑价格、货源和元器件体积方面的要求。

元器件的选择包括阻容元件的选择，分立元件的选择，集成电路的选择。

阻容元件的选择：电阻和电容种类很多，正确选择电阻和电容是很重要的。不同的电路对电阻和电容性能要求也不同，有些电路对电容的漏电要求很严，还有些电路对电阻、电容的性能和容量要求很高。例如滤波电路中常用大容量铝电解电容，为滤掉高频通常还需并联小容量瓷片电容。设计时要根据电路的要求选择性能和参数合适的阻容元件，并要注意功耗、容量、频率和耐压范围是否满足要求。

分立元件的选择：分立元件包括二极管、晶体三极管、场效应管、光电二极管、光电三极管、晶闸管等。根据其用途分别进行选择。选择的器件种类不同，注意事项也不同。

集成电路的选择：由于集成电路可以实现很多单元电路甚至整机电路的功能，所以选用集成电路来设计单元电路和总体电路既方便又灵活，它不仅可以使系统体积缩小，而且性能可靠，便于调试及运用，在设计电路时颇受欢迎。集成电路有模拟集成电路和数字集成电路。国内外已生产出大量集成电路，其器件的型号、原理、功能、特征可查阅有关手册。选择的集成电路不仅要在功能和特性上实现设计方案，而且要满足功耗、电压、速度、价格等多方面的要求。

显然，对于电子元器件的选择来说，我们应该优先选用集成电路。

(5) 参数计算

电路元件参数的计算方法已在模拟电子技术和数字电子技术课程中学习过了。通常，题目只给出总体电路的性能指标，并未给出单元电路的性能指标，我们需要把总体电路的性能指标进行分解，定出对单元电路的指标要求，然后进行参数计算。例如放大电路中各电阻阻值、放大倍数，直流稳压电源中二极管、滤波电容等参数。只有很好地理解电路的工作原理，正确使用计算公式，计算的参数才能满足设计要求。

一般来说，计算参数应注意以下几点：

① 各元器件的工作电压、电流、频率和功耗等应在允许的范围内，并留有适当的裕量。

② 对于环境温度、交流电网电压等工作条件，计算参数时应按最不利的情况考虑。

③ 涉及元器件的极限参数必须留有足够的裕量，一般应大于额定值的 1.5 倍。

④ 电阻值尽可能选在 1MΩ 范围内，最大一般不应超过 10MΩ，其数值应在常用电阻标称值系列之内，并根据具体情况正确选择电阻的品种。

⑤ 非电解电容尽可能在 100pF ～ 0.1μF 范围内选择，其数值应在常用电容器标称值系列之内，并根据具体情况正确选择电容的品种。

⑥ 在保证电路性能的前提下，尽可能设法降低成本，减少元器件品种，减少元器件的功耗和体积，便于安装和调试。

⑦ 有些参数很难用公式计算确定，需要设计者具备一定的实际经验。如确实无法确定，个别参数可根据仿真结果来确定。

(6) 总电路图的绘制与仿真

完成单元电路设计及其相互连接关系确定之后，可绘制出总体电路图，即电路原理图。总电路图是电路仿真、电路安装和调试的主要依据，也是进行生产、维修时不可或缺的重要文件资料。

绘制总电路图时要注意以下几点：

① 布局合理、排列均匀、图面清晰、美观协调、便于看图。

② 注意信号的流向，一般从输入端或信号源画起，由左至右或由上至下按信号流向依次画出各单元电路。

③ 图标符号要标准，图中应加适当标注；电路图中的中、大规模集成电路一般用方框表示，在方框中标出它的型号，在方框的边线两侧标出每根线的功能名称和管脚号，其余元器件应当标准化。

④ 连线应为直线，尽量减少交叉和折弯，连线通常画成水平线或竖线，横平竖直，一般不画斜线，互相连通的交叉线应在交叉处用圆点标出；公共电源线、地线、时钟线等可用规定的符号标注。如电源 $+V_{CC}$，$+5V$，时钟 CP 等。

⑤ 尽量把总电路图画在同一张图样上，如果电路比较复杂，一张图样画不下，应把主电路画在一张图样上，而把一些比较独立或次要的部分画在另一张或几张图样上，并用符号清楚地标记电路之间的连接关系。

随着计算机技术的快速发展，各种电子设计自动化软件不断推出，我们可以对设计的电路进行仿真、调试和修改。这样可以提高设计效率、快速完善设计方案、缩短开发周期。

采用计算机仿真技术具有以下优势：

① 对电路中依据经验来确定的元器件参数，用电路仿真的方法很容易确定，而且电路的参数容易调整。

② 由于设计的电路中可能存在错误，或者在搭接电路时出错，可能会损坏元器件，从而造成经济损失。而电路仿真中即使电路存在错误，也不会产生经济损失。

③ 电路仿真不受工作场地、仪器设备、元器件品种、数量的限制。

因此，总电路图绘制好后，可以在计算机上用 Multisim 软件进行电路仿真和虚拟调试，并通过调试进行参数调整或改进设计，直至达到指标要求；应首先对各单元电路、功能模块进行仿真和调试，再进行整体电路联调。

仿真时应注意：由于仿真软件元件库中的元件有限，有的中、大规模集成电路元件库中没有，仿真时可将该部分用相应的信号或其他电路代替。

3.1.5　电子电路的制作和组装

电子电路理论设计完成之后，就要进行电路的制作和组装，电子电路的制作和组装技术在电子工程技术中十分重要。它不仅影响美观，也影响电子电路的性能，还会影响调试和维护的效率，必须予以重视。

电子电路的组装方式通常有：焊接方式和搭接方式。焊接方式就是在印制电路板或覆铜板上焊接电子元器件；搭接方式则是在面包板上插接电子元器件和连线。焊接方式由于电子元器件已经焊死，调试、修改不方便，电子元器件重复利用率较低，但元器件连接可靠；而搭接方式调试、修改方便，电子元器件可重复使用，但元器件连接可靠性较低。对于学生课程设计来说，更多的是采用搭接方式。

采用搭接方式电子电路组装时，需要用到面包板，这里对常用面包板进行介绍。

(1) 常用的两种面包板结构

图 3-1-3(a) 和(b) 为两种面包板正面结构图。面包板是一个有许多小方孔的塑料板，每个小方孔内装有供插接元器件引脚或导线的金属簧片。因此，电路元器件和连线可以插入小孔中，组成任何要求的电路。

下面先介绍图 3-1-3(a) 面包板结构。板中间有一条无孔的槽，槽的两边各有 65×5 个插孔，竖向每边 5 个孔为一组，且 5 个孔中的金属簧片是连通的，因此，槽的两边有 65 组插孔。所有插孔之间的中心距离与集成块引脚间的中心距离(2.54 mm) 相等。双列直插式集成块安装在无孔的槽上，其引脚插于槽两边的插孔中，如图 3-1-3(c) 所示，由于每个引脚只占一个孔，因此，一组插孔中 4 个孔可作为该引脚与其他元器件连接的引出端，使接线十分方便。此外，面包板最外面各有一条 11×5 的小插孔(如图中 X 和 Y 标记)，每 5 个孔是相通的。各组之间是否相通，各厂家产品不同，使用前要用万用表量一量。此两条插孔一般可用作公共信号线、地线和电源线的插接孔。图中四角上的圆孔为面包板安装孔。

图 3-1-3(b) 所示的面包板和图 3-1-3(a) 的不同之处仅在于最外边的插孔。前者为两条 11×5 的插孔，且每一条的孔是相通的，而后者为一条 11×5 的插孔，且只有 5 个一组的

孔是相通的。因此，前者每一条插孔作公共信号线、地线和电源线时，提供的插孔比较多，使用起来比较方便。另外，这种面包板的背面贴有一层泡沫塑料，用于防止静电。

一块面包板的面积是有限的，当电路规模比较大时，可用多块面包板拼起来使用。

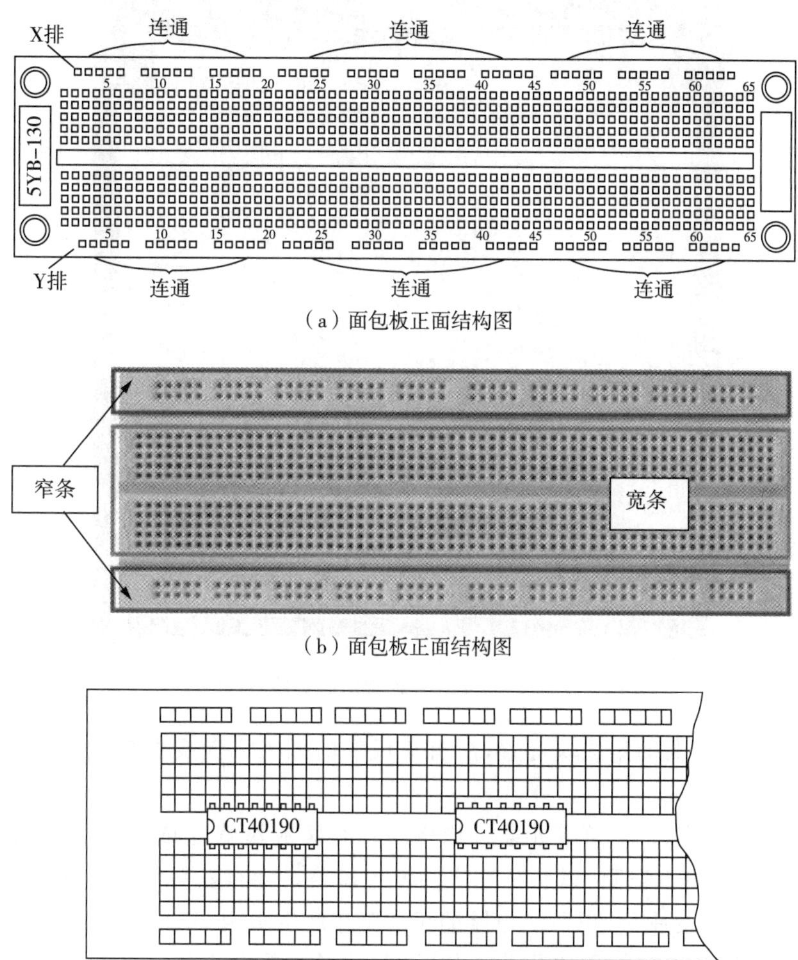

（a）面包板正面结构图

（b）面包板正面结构图

（c）双列直插式集成块插入面包板的示意图

图 3－1－3

如图 3－1－3(c) 所示，集成块只能插在面包板中间槽的两边，因此，集成块每个管脚在面包板上还有四个插孔可以连接其他元器件；如果四个插孔不够用，可以通过“过桥”的方式，连线至附近没有使用的一组插孔，这样又可以扩展四个插孔，以此类推。

一种常用的实验板如图 3－1－4 所示，该实验板将多个面包板拼接在一块基板上，可满足复杂电路的实验需求。图中V_a、V_b、V_c 和“接地”端可连接三路电源和一路“地”至稳压电源，然后再通过插线将电源和“地”连接至面包板。

(2) 在面包板上插接元器件和导线应遵循的基本规则

① 按照电路图上的信号流向，根据各部分电路功能规划电路布局。各部分电路要疏密有致，便于调试。

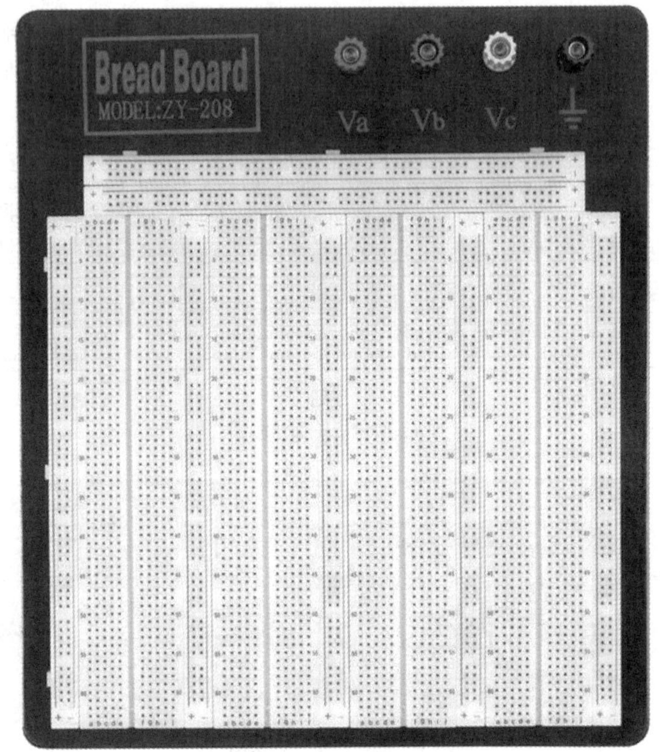

图 3-1-4　一种常用的实验板

② 首先布置主电路的集成块位置，所有集成块的插入方向要保持一致，切不可把集成块倒插。

③ 布置电阻、电容、二极管等元器件应围绕本级集成块就近布置，插接时电阻、二极管要紧贴面包板，不要留有空隙，以防相互之间发生短路。如有发热量较大的元器件，应注意与集成块之间有足够的距离，以防对电路的正常工作产生影响。

④ 导线直径应与面包板的插孔孔径相匹配，线径过粗会损坏插孔或插不进去，过细会与插孔接触不良。插接导线时，要用镊子夹住导线垂直插入或拔出插孔，不要用手插拔，以免把导线插弯。

⑤ 导线要紧贴面包板，为了检查线路和美观，导线应采用不同的颜色。通常，正电源线用红色，负电源线用蓝色，地线用黑色，信号线用黄色等。连线不允许跨接在集成块上，一般从集成块周围通过，并尽量做到横平竖直。

⑥ 连线布置要求强电流线与弱电缆线、高频线与低频线、数字信号线与模拟信号线分开走，并留有足够的距离。

⑦ 要合理布置地线，应避免各级电路的电流通过地线产生相互干扰，输出级与输入级不要共用一根地线，数字电路与模拟电路不共用一根地线。地线要尽可能短，而且要就近连接。各级电路的地线通常采用一点接地的方式，如图 3-1-5 所示。

⑧ 任一集成芯片或者模块都需要外接“电源”和“地”才能工作，切记集成块要就近连接

"电源"和"地",通常集成块的"电源"与"地"之间还要就近加入退耦电容。

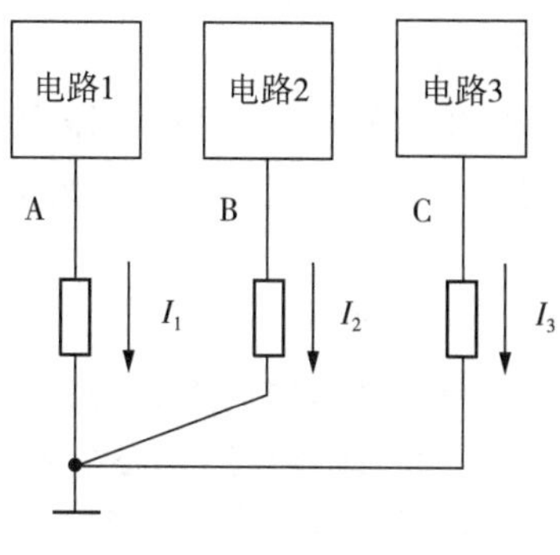

图 3-1-5　单点接地方式

3.1.6　电子电路的调试

电子电路安装好之后,还要进行全面、细致的电路调试,以检验我们所设计的电子电路是否可以满足设计题目的要求。一般来说,调试工作不会一帆风顺,只有不断发现问题,综合运用我们所学的知识解决问题,才能逐步完善我们的电路设计,直至满足设计要求。

(1) 调试方法

① 分块调试法

分块调试法就是把总体电路分成若干功能模块,对每个模块分别进行调试。

模块的调试顺序要按照信号流向,逐级往后面调试。

分块调试法有两种方式:一种是边安装边调试,即组装好一个模块就调试一个模块,然后逐级进行下去;另一种是总体电路一次组装完毕,再分块调试。

分块调试法的优点是:调试方便、问题范围小,可及时发现问题、解决问题,该方法适合在新设计的电路和课程设计中使用。

② 整体调试法

把整个电路组装完毕后,不进行分块调试,实行一次性总调。这种方法只适合于定型产品或不能分块的产品。

调试时应做好调试记录,准确记录电路各部分的测试数据和波形,以便分析、查找问题。

(2) 调试步骤

① 通电前检查

电路组装完毕后,在通电之前,必须仔细对照电路图,依次逐级检查电路接线是否正确。

特别要注意电源是否接错,电源与地是否有短路,电解电容的极性和二极管的方向是否接反,集成电路和晶体管的引脚是否接错等。

② 通电观察

调好所需的电源电压后,才能给电路加电。接通电源后,首先观察是否有冒烟、异常气味、放电的声光、元器件发烫等异常现象,如出现异常情况,应立即关断电源,待故障排除后方可重新上电。

③ 单元电路调试

在调试单元电路之前应明确该电路的调试要求,按调试要求测试性能指标和观察波形。调试顺序按信号流向进行,电路调试包括静态调试和动态调试。

静态调试就是先不加输入信号,测量此时电路相关节点的电位是否正常。对于模拟电路就是测量静态工作点是否符合设计要求;对于数字电路则是测量输入电路与输出电路的高、低电平值，分析逻辑关系是否正确。

动态调试就是加入输入信号，观察各电路输出信号是否符合要求。如果输入信号是周期性的变化信号，则要用示波器观察输出信号。对于模拟电路，主要观察输出波形的幅值、周期、相位、有无失真等。对于数字电路，主要观察输出波形的幅值、脉宽、相位、对应的逻辑关系等。

④ 整机联调

单元电路调试完成之后，就可以进行整机联调。整机联调时应观察各单元电路各级之间的信号关系，观察电路动态结果，检测电路的性能和参数，认真记录测试数据，分析测量的数据和波形是否符合设计要求，对发现的问题及时分析和解决。

(3) 电路故障的排除方法

所谓电路故障，就是电路在给定的输入信号作用下，不能产生正确的输出响应。在电子技术课程设计中，对于一个新组装的电路，出现各种各样的故障是在所难免的，关键是如何快速查找故障原因和故障部位，然后加以解决。

1) 调试过程中一些常见故障

① 集成块型号错误；

② 集成块引脚插反，集成块引脚连线插错；

③ 集成块个别引脚未插入面包板插孔或个别引脚已断裂；

④ 元器件引脚插错；

⑤ 集成块的电源端没有接电源，或者接地端没有接地；

⑥ 元器件已损坏或部分功能已丧失；

⑦ 电源线接反或电源线开路、短路；

⑧ 电解电容极性接反；

⑨ 二极管或稳压管极性接反；

⑩ 连线开路、短路或接错；

⑪ 元器件或接插件接触不良；

⑫ 元器件参数不正确。

如果一个电路经过长时间运行后出现故障，一般不必考虑接错、接反等人为故障，而应考虑是否是连线断路、短路、元器件或连线接触不良等原因，也可能元器件参数选择不合适或元器件在某种工况下出现损坏等。实际上，一个故障现象不一定对应单一故障原因，往往多个故障原因对应同一故障现象，这就需要我们在出现故障后，一定要耐心、细致地排查原因，做好数据记录，仔细分析、甄别故障原因，定位故障部位。

2) 常用的故障排除方法

对于不能简单、直观排查出的故障，可按照下述方法进行故障排查：

① 信号寻迹法：查找电路故障时，一般可以按信号流向逐级进行。在电路的输入端接入适当的信号，用示波器或万用表等仪器逐级检查电路中各关键点波形或参数，根据电路的工作原理分析电路的功能是否正常，如果有问题，应及时处理。

② 对分法：把有故障的电路分成两部分，先检查这两部分中哪一部分有故障，然后再对有故障的部分对分检测，一直到找出故障为止。

③ 分割测试法：对于一些有反馈的环形电路，如振荡器等电路，它们各级的工作情况互相有牵连，这时可采取分割环路的方法，将反馈环去掉，然后逐级检查，可更快地查出故障部分。

④ 电容旁路法：如遇电路发生自激振荡等故障，检测时可用一只容量较大的电容器并联到故障电路的输入或输出端，观察对故障现象的影响，据此分析故障的部位。在放大电路中，旁路电容失效或开路，使负反馈加强，输出量下降，此时用适当的电容并联在旁路电容两端，就可以看到输出幅值恢复正常，也就可以断定旁路电容的问题。这种检查可能要多处实验才有结果，这时要细心分析可能引起故障的原因。

⑤ 对比法：将有问题的电路与工作状态、参数相同的正常电路进行逐项对比。这样可以较快地从异常的参数中分析出故障。

⑥ 替代法：把已调试好的单元电路代替有故障或有疑问的相同的单元电路，这样可以很快判断故障部位。有时电路的故障不是很明显，如电路中电容器漏电、晶体管和集成电路性能下降等，这时用相同规格的优质元器件逐一替代，就可以具体地定位故障点，加快查找故障的速度，提高调试效率。

⑦ 静态测试法：故障部位找到后，要确定是哪一个或哪几个元器件有问题，最常用的就是静态测试法和动态测试法。静态测试就是电路不加输入信号时，用万用表测试晶体管和集成电路的各引脚电压是否正常等。通过这种测试可发现元器件的故障。

⑧ 动态测试法：当静态测试还不能发现故障时，可采用动态测试法。测试时在电路输入端加上适当的信号再测试元器件的工作情况，观察电路的工作状况，分析、判别故障原因。

总之，要能快速、准确查找出电路故障，是对我们电子技术基础知识及其应用能力的检验。我们首先要熟悉电路各部分工作原理、了解元器件的工作特性，熟练掌握仪器仪表的使用方法，还要学会通过测试数据、测试波形分析查找故障原因。只有通过不断的电子电路的调试训练，逐步积累实践经验，才能提升我们的动手能力，这也是课程设计要达成的目标之一。

3.1.7 撰写电子技术课程设计报告

电子技术课程设计报告是对课程设计工作的全面总结。通过撰写设计报告，可以训练学生撰写科学论文和科研总结报告的能力。它不仅能把设计、组装、调试的内容和经验进行全面总结，而且可以把实践内容上升至理论的高度。

设计报告应包括以下内容：

(1) 设计题目，主要指标和要求

(2) 内容摘要

(3) 方案选择及电路工作原理（设计方案、电路的结构框图、基本原理、设计方案的比较与选择）

(4) 单元电路设计、参数计算和元器件选择

(5) 完整的电路图（对完整的电路图进行说明，图中各元件要有具体的标号、型号、参数值）

(6) 仿真过程、结果及分析

(7) 安装、调试中遇到的问题、原因分析,解决的方法以及实验效果等

(8) 电路性能指标测试结果,是否满足设计要求(使用的主要仪器和仪表,测试的数据和波形,与计算结果比较分析)

(9) 列出元器件清单(名称、型号、数量、对应电路原理图的标号)

(10) 收获、体会和改进设计的建议

(11) 参考文献

课程设计报告应:书写规范、文字通顺、图纸清晰、数据完整、分析透彻、结论明确。

3.2 可调直流稳压电源的设计

本节以可调直流稳压电源为例,简述针对该题进行电子技术课程设计的步骤。

3.2.1 设计任务与要求

在科研、生产各个领域都需要性能稳定可靠的直流稳压电源,本课题需设计一个可调直流稳压电源,设计要求及技术指标如下:

(1) 输入电压交流 50Hz,220V ± 10%

(2) 输出电压为$V_o = 9 \sim 18V$

(3) 输出的最大负载电流为 $I_o = 1A$

(4) 电压稳定系数 $S_v \leqslant 0.5\%$

(5) 输出电阻 $R_o \leqslant 10\Omega$

(6) 输出纹波 $\Delta V_o \leqslant 3mV$

(7) 用三位半数码管显示输出电压

3.2.2 总体方案设计与选择

根据题目要求,要将交流市电变换产生 9 ~ 18V 的直流输出电压并用数码管显示,本设计拟定了两个总体设计方案。

方案一:框图如图 3-2-1 所示。市电通过工频变压器隔离降压后,经过整流滤波、可调式稳压后产生所需的直流输出,再送入 A/D 转换及显示电路进行三位半电压显示,各单元电路的作用如下。

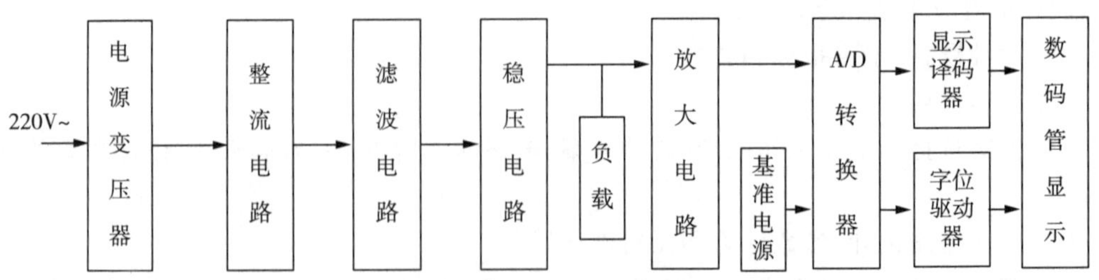

图 3-2-1　可调直流稳压电源方案一框图

（1）电源变压器：是降压变压器，它的作用是将220V的交流电压变换成整流滤波电路所需要的交流电压，同时变压器还具有电气隔离作用。

（2）整流电路：利用单向导电元件，将50Hz的正弦交流电变换成脉动的直流电。

（3）滤波电路：可以将整流电路输出电压中的交流成分大部分滤除，得到更加平滑的直流电压。

（4）稳压电路：稳压电路的功能是使输出的直流电压稳定，不随交流电网电压和负载的变化而变化。设计方案中采用可调式集成稳压器件，外围只需配置很少的元器件，就可实现输出电压可调与稳定。

（5）放大电路：由于直流输出电压最大为18V，但后面的A/D转换器输入电压不能超过2V，所以需要缩小10倍，即放大倍数为0.1。

（6）A/D转换器：将输入的模拟信号转换成数字信号。

（7）基准电源：提供精密电压，供A/D转换器做参考电压。

（8）显示译码器：将二 — 十进制（BCD）码转换成数码管七段信号。

（9）字位驱动器：分别驱动数码器的公共端，进行数码显示。

（10）数码管显示器：将译码器输出的七段信号进行数字显示。

方案二：框图如图3-2-2所示。220V市电经整流、滤波后产生约260V的高压直流电，加在高频变压器的原边绕组上，由脉宽调制器输出的脉宽调制信号控制功率开关管的导通与截止，在高频变压器原边绕组得到高频脉冲调制波。该信号经高频变压器原、副边耦合，在高频变压器副边绕组得到一个降压的高频脉冲调制波，经过低压整流滤波后，得到所需的直流输出电压，经采样电路采样反馈至脉宽调制电路，控制脉宽调制信号的占空比，从而达到自动稳定输出电压的目的。后面的可调稳压电路及输出电压显示电路与方案一相同。各单元电路的作用如下。

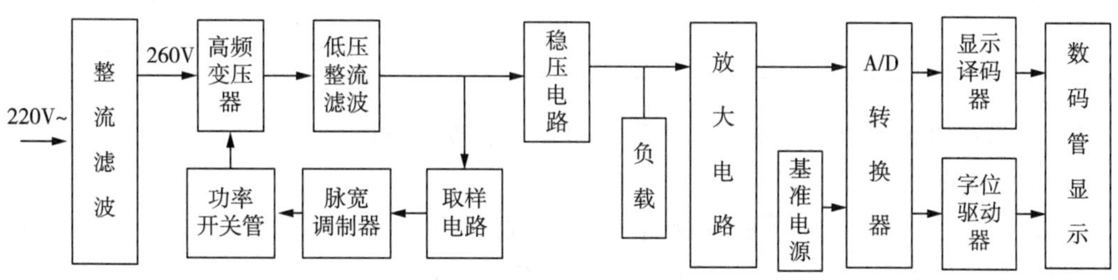

图3-2-2　可调直流稳压电源方案二框图

（1）整流滤波电路：是对交流市电直接整流、滤波，产生较为平滑的高压直流，这里整流、滤波器件均要承受较高的电压，所以要选择高压器件。

（2）高频变压器：将直流高压调制为高频的低压调制波，实现电压变化。由于是高频调制，高频变压器体积较小、重量较轻，但会产生高频干扰。

（3）功率开关管：实现高频变压器原边绕组开通和关断，通常采用场效应管或IGBT功率器件。

（4）脉宽调制器：实现对功率开关器件的通、断控制，通常为集成度较高的集成电路。如：SG3526、UC3844等芯片。

(5) 取样电路:对输出直流电压分压采样,采样电压送入脉宽调制器,实现对输出电压的反馈闭环控制。

(6) 低压整流滤波:对高频变压器副边绕组输出的低压调制波进行整流和滤波,从而得到直流输出电压。

(7) 后续电路单元与方案一相同。

比较方案一和方案二:方案一采用线性电源方案,优点是变压器副边之后的电路都是低电压,不会产生高频干扰,电磁兼容性能好。缺点是变压器体积较大。方案二采用开关电源方案,优点是:高频变压器体积较小,缺点是电路会产生高频干扰,电磁兼容性差,因此该电路输入端需要加EMI滤波器,特别是功率开关管、高频变压器原边相关的电路存在200多伏的高压,学生调试电路过程中有较大的安全风险。比较两种方案的优缺点,最终选择方案一。

3.2.3 单元电路设计、参数计算及器件选择

(1) 电源变压器的设计

电源变压器的作用是将来自电网的220V交流电压 v_1 变换为整流电路所需要的交流电压 v_2。电源变压器的效率为

$$\eta = \frac{P_2}{P_1}$$

其中,P_2 是变压器副边的功率,P_1 是变压器原边的功率。一般小型工频变压器的效率如表3-2-1所示。

表3-2-1 小型工频变压器的效率

副边功率 P_2	<10VA	$10\sim30$VA	$30\sim80$VA	$80\sim200$VA
效率 η	0.6	0.7	0.8	0.85

因此,当算出了副边功率 P_2 后,就可以根据上表算出原边功率 P_1。

① 确定变压器副边电压 V_2

本设计稳压电路采用常用的可调式三端稳压器LM317,它只需很少的外围元件,就能够连续输出可调的直流电压。由于LM317的输入电压与输出电压差的最小值 $(V_I - V_O)_{min} = 3V$,输入电压与输出电压差的最大值 $(V_I - V_O)_{max} = 40V$,故LM317的输入电压范围为

因为
$$V_I - V_{Omax} \geqslant (V_I - V_O)_{min}$$
$$V_I - V_{Omin} \leqslant (V_I - V_O)_{max}$$

所以
$$V_{Omax} + (V_I - V_O)_{min} \leqslant V_I \leqslant V_{Omin} + (V_I - V_O)_{max}$$

其中,$V_{Omax} = 18V$,$V_{Omin} = 9V$。

即
$$18V + 3V \leqslant V_I \leqslant 9V + 40V$$
$$21V \leqslant V_I \leqslant 49V$$

在滤波电路元器件参数取值合适的情况下，根据$V_I = (1.1 \sim 1.2) V_2$，可得变压器的副边电压：

$$V_2 = \frac{V_I}{1.15} = \frac{21}{1.15} = 18.3\text{V}$$

考虑到输入电压波动及整流电路二极管上存在压降，选取$V_2 = 20\text{V}$

② 确定变压器副边电流 I_2。

因副边电流 $I_2 = (1.5 \sim 2) I_O$，$I_{Omax} = 1\text{A}$，则 $I_2 = 1.5 * 1\text{A} = 1.5\text{A}$

因此，变压器副边输出功率 $P_2 \geqslant I_2 V_2 = 30\text{W}$

由于变压器的效率$\eta = 0.7$，所以变压器原边输入功率$P_1 \geqslant \frac{P_2}{\eta} = 42.85\text{W}$，为留有一定裕量，选用功率为 50W、变比为 220:20 的工频变压器。

(2) 整流电路设计

整流电路采用桥式整流，它利用二极管的单向导电特性，将 50Hz 的正弦交流电变换成脉动的直流电。整流电路如图 3-2-3 所示。

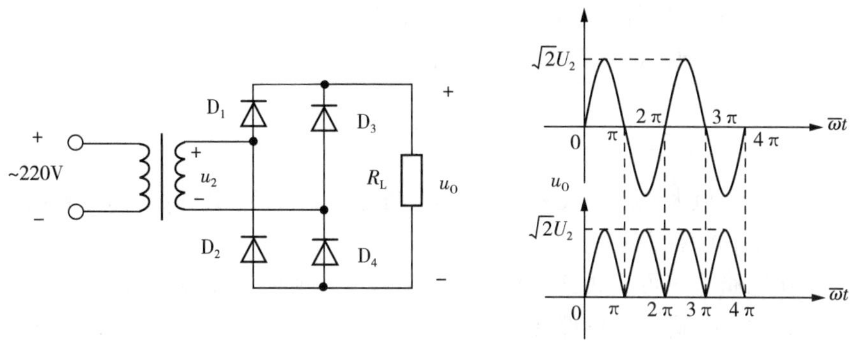

图 3-2-3　单相桥式整流电路及波形

在桥式整流电路中，每个二极管都只在半个周期内导电，所以流过每个二极管的平均电流等于输出电流平均值的一半，即 $I_D = I_O / 2$。

电路中的每只二极管承受的最大反向电压为$\sqrt{2} V_2$（V_2 是变压器副边电压有效值）。

考虑输入电压 ±10% 的波动 $V_D = 1.1\sqrt{2} V_2 = 30.8\text{V}$

$$I_D = I_O / 2 = 0.5\text{A}$$

可选择 1N4001 二极管，它的 $I_F = 1\text{A}$，$V_{RM} = 50\text{V}$，满足设计要求。

(3) 滤波电路设计

常用的滤波电路为电容滤波电路。在整流电路的输出端，即负载电阻 R_L 两端并联一个容量较大的电解电容 C，则构成了电容滤波电路，如图 3-2-4 所示。

为了得到平滑的负载电压，一般取

$$R_L C \geqslant (3 \sim 5) T/2$$

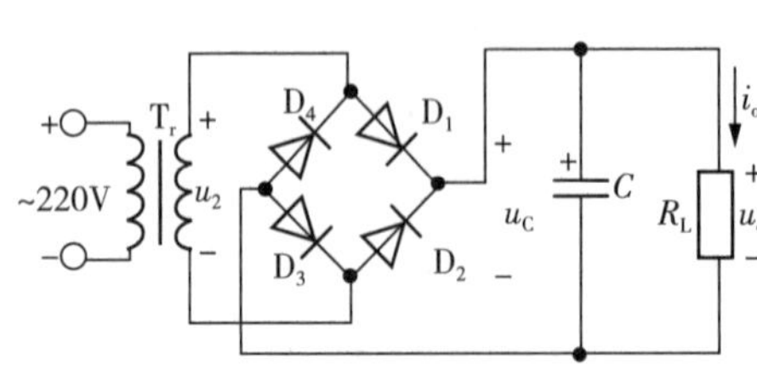

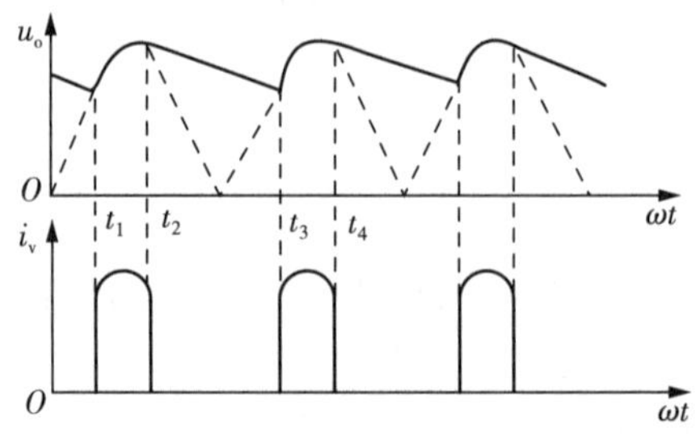

图 3-2-4 单相桥式整流电容滤波电路

其中,T 为交流电源电压的周期。

此时,对应的输出电压为$V_O \approx (1.1 \sim 1.2)\ V_2$,若 C 值一定,当 $R_L \to \infty$,即空载时有 $V_O = \sqrt{2}\ V_2 \approx 1.4\ V_2$。

要合理选择滤波电容,应确定电容的耐压和容值,考虑输入电压 ±10% 的波动,电容耐压 $V_c = 1.1 * 1.4 * V_2 = 30.8\text{V}$。

因为 LM317 有最小输入输出电压差要求,只要在输出 18V 能满足要求,其他输出电压值时均可满足,此时对应的负载电阻为:$R_L = V_O / I_O = 18\Omega$

取 $R_L C = 4 * T/2 = 0.04\text{s}$($T$ 为市电的周期),得

$$C = \frac{0.04\text{s}}{R_L} = 2222\mu\text{F}$$

由于滤波电容容值大一点滤波效果更好,最终电容选 50V,3300μF 的电解电容。

(4) 可调式稳压电路设计

可调式稳压电路采用可调式三端稳压器 LM317,它能够连续输出可调的直流电压。稳压精度高,输出波纹小,稳压器内部含有过流、过热、安全区保护等多种保护电路。它的使用非常简单,仅需一个电阻(R) 和一个可变电位器(R_P) 就可组成电压输出调节电路。输出电压为:$V_o = 1.25(1 + R_P/R)$。

LM317 特性如下:

① 输出电压 1.2V ~ 37V 连续可调。

② 输出负载电流 1.5A。

③ 输入与输出工作压差 $\Delta V = V_I - V_o$:3 ~ 40V

④ 典型线性调整率 0.01%。

⑤ 典型负载调整率 0.1%。

⑥ 80dB 纹波抑制比。

⑦ 输出短路保护。

⑧ 过流、过热保护。

⑨ 调整管安全工作区保护。

图 3-2-5 是三端可调输出集成稳压器的一般应用电路。电路中的 R_1、R_2 组成输出可调的电阻网络。为了保证空载情况下输出电压稳定,R_1 应小于 240Ω,一般选择 120 ~ 240Ω。电容器 C_1 用于抑制纹波电压,电容器 C_2 用于消震,缓冲冲击性负载,保证电路工作稳定。

D_1 为保护二极管，防止稳压器输入端短路时，电容 C_2 放电导致稳压器损坏。D_2 是为了防止调节端旁路电容器 C_3 放电时而损坏稳压器的保护二极管。旁路电容器 C_3 是为了抑制波纹电压而设置的。当 C_3 为 10μF 时，能提高纹波抑制比 15dB。

LM317 的 1，2 脚之间为 1.25V 电压基准。改变 R_2 阻值即可调整稳压电压值。为保证输出电压的精度和稳定性，要选择精度高的电阻，同时电阻要紧靠稳压器，防止输出电流在连线上产生误差电压。三端可调式稳压器的典型应用电路的输出电压为

$$V_{\mathrm{O}} \approx V_{\mathrm{REF}}\left(1+\frac{R_2}{R_1}\right)$$

其中，$V_{\mathrm{REF}}=1.25\mathrm{V}$。

图中 R_1 选取 200Ω，当输出电压为 9V，可得 $R_2=1240\Omega$，当输出电压为 18V，可得 $R_2=2680\Omega$。

因此，R_2 可选择一个 1.0kΩ 的电阻与一个 2kΩ 的电位器串联。这样电位器的阻值调至 240Ω 时，对应输出电压为 9V；电位器的阻值调至 1680Ω 时，对应输出电压为 18V。

（5）放大电路设计

由于直流输出电压为 9V ～ 18V，而后面的 A/D 转换器的基准电压一般为 2V，也就是 A/D 转换器的输入模拟电压为 2V 时，对应满量程输出，因此要设计一个放大倍数为 0.1 的放大电路，电路如图 3-2-6 所示。

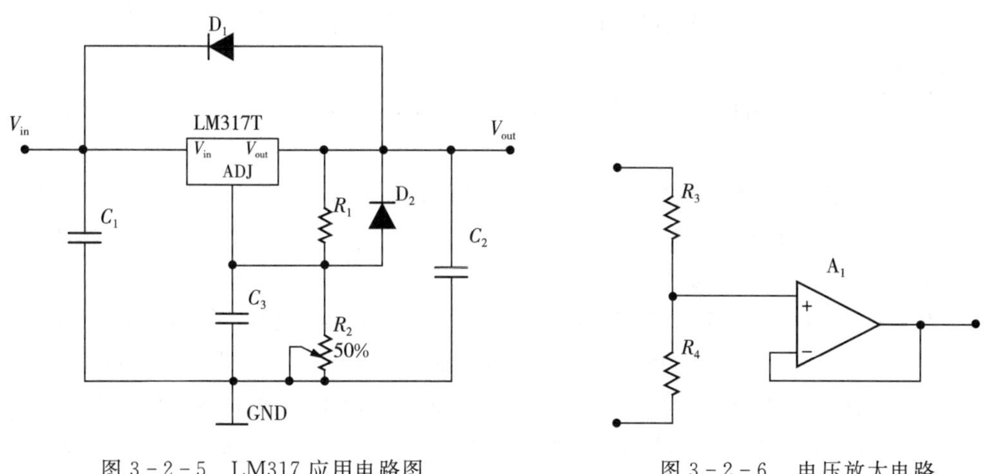

图 3-2-5　LM317 应用电路图

图 3-2-6　电压放大电路

图中 R_3 阻值为 27kΩ，R_4 为 3kΩ，则 $R_4/(R_3+R_4)=0.1$。

图中 A_1 连接成电压跟随器，它的输入电阻无穷大，输出电阻为 0，可实现前后级之间的阻抗变换，避免前级电阻调整时对后级检测精度产生影响。

（6）A/D 转换电路设计

A/D 转换器采用 MC14433 芯片，它是美国 Motorola 公司推出的单片 $3\frac{1}{2}$ 位 A/D 转换器，其中集成了双积分式 A/D 转换器所有的 CMOS 模拟电路和数字电路。具有外接元件少，输入阻抗高，功耗低，电源电压范围宽，精度高等特点，并且具有自动校零和自动极性转

换功能，只要外接少量的阻容器件即可构成一个完整的 A/D 转换器。

1）主要功能特性

① 精度：读数的 ±0.05% ±1 字

② 模拟电压输入量程：1.999V 和 199.9mV 两挡

③ 转换速率：2 — 25 次 /s

④ 输入阻抗：大于 1000MΩ

⑤ 功耗：8mW(±5V 电源电压时，典型值)

2）引脚功能简介

MC14433 引脚功能如图 3-2-7 所示：

① 端：V_{AG}，被测电压V_X 和基准电压V_{REF} 的参考地。

② 端：V_{REF}，外接基准电压(2V 或 200mV) 输入端。

③ 端：V_X，被测电压输入端。

④、⑤ 和 ⑥ 端：R_1(4 脚)、R_1/C_1(5 脚)、C_1(6 脚)，外接积分阻容元件端，$C_1=0.1\mu F$，$R_1=470k\Omega$；

⑦ 和 ⑧ 端：C_{01} 和 C_{02}，外接失调补偿电容端。外接失调补偿电容典型值取 0.1μF。

⑨ 端：*DU*，实时显示输出控制端。若与 *EOC*(14 脚) 端连接，则每次 A/D 转换均显示。

⑩ 端：*CLKI*(*CPI*)、⑪ 端：*CLKO*(*CPO*)，时钟振荡外接电阻端，典型值为 470kΩ。

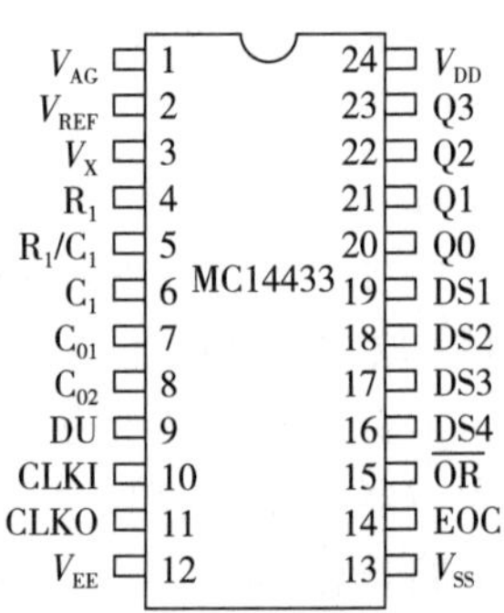

图 3-2-7 MC14433 引脚功能图

⑫ 端：V_{EE}，负电源端，是整个电路的电源最负端，主要作为模拟电路部分的负电源，接 −5V。

⑬ 端：V_{SS} 数字电路的负电源端，除 *CLK* 外所有输入端的低电平基准(通常与 1 脚连接)。

⑭ 端：*EOC*，转换周期结束标志输出端，每一个 A/D 转换周期结束，*EOC* 端输出一正脉冲，其脉冲宽度为时钟信号周期的 1/2。

⑮ 端：$\overline{OR}$，过量程标志输出端，当 $|V_X|>V_{REF}$ 时，$\overline{OR}$ 输出低电平，正常量程$\overline{OR}$ 为高电平。

⑯ ~ ⑲ 端：对应 $DS_4 \sim DS_1$，分别是多路调制选通脉冲信号个位、十位、百位和千位输出端，当 *DS* 端输出高电平时，表示此刻 $Q_0 \sim Q_3$ 输出的 *BCD* 代码是该对应位上的数据。

⑳ ~ ㉓ 端：对应 $Q_0 \sim Q_3$，*BCD* 码数据输出端，DS_2、DS_3、DS_4 选通脉冲期间，输出三位完整的十进制数，在 DS_1 选通脉冲期间，输出千位 0 或 1 及过量程、欠量程和被测电压极性标志信号。

㉔ 端：V_{DD}，整个电路的正电源端。

3）工作原理

三位半数字电压表通过位选信号 $DS_1 \sim DS_4$ 进行动态扫描显示，由 MC14433 电路的 A/D 转换结果采用 BCD 码多路调制方法输出，通过译码器译码，将转换结果以数字方式实现四位数字的数码管动态扫描显示。$DS_1 \sim DS_4$ 输出多路调制脉冲信号。*DS* 选通脉冲高电平，则表示对应的数位被选通，此时该数据在 $Q_0 \sim Q_3$ 端输出。每个 *DS* 选通脉冲高电平宽度为 18 个时钟脉冲周期。两个相邻选通脉冲之间间隔 2 个时钟脉冲周期。*DS* 和 *EOC* 的

时序关系是在 EOC 脉冲结束后，紧接着是 DS_1 输出正脉冲，之后依次为 DS_2、DS_3 和 DS_4。其中 DS_1 对应最高位，DS_4 则对应最低位。在对应 DS_2、DS_3 和 DS_4 选通期间，$Q_0 \sim Q_3$ 输出 BCD 码四位数据，即以 8421 码方式输出对应的数字 0～9。在 DS_1 选通期间，$Q_0 \sim Q_3$ 输出千位的半位数 0 或 1 及过量程、欠量程和极性标志信号。

(7) 基准电源 MC1403

A/D 转换需要外接标准电压源作基准电压。标准电压源的精度应当高于 A/D 转换器的精度。本设计采用 MC1403 集成精密稳压源作基准电压，MC1403 的输出电压为 2.5V，当输入电压在 4.5V～15V 范围内变化时，输出电压的变化不超过 3mV，一般只有 0.6mV 左右，输出最大电流为 10mA。MC1403 引脚功能图如图 3-2-8 所示。

(8) 达林顿管驱动器 MC1413

MC1413 管脚功能及内部结构如图 3-2-9 所示。MC1413 采用 NPN 达林顿复合晶体管的结构，因此有很高的电流增益和很高的输入阻抗，可直接接受 MOS 或 CMOS 集成电路的输出信号，并把电压信号转换成足够大的电流信号驱动各种负载。该电路内含有 7 个集电极开路反相器(也称 OC 门)。MC1413 采用 16 引脚的双列直插式封装，每一驱动器输出端均接有一释放电感负载能量的续流二极管。

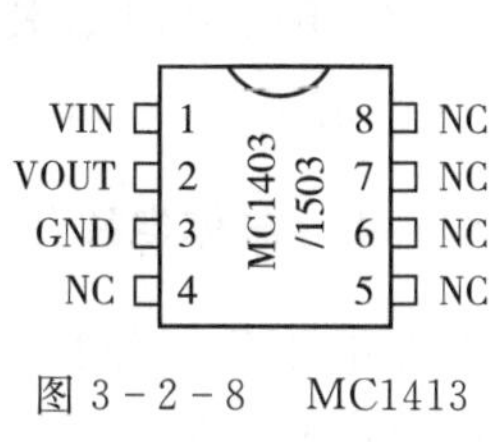

图 3-2-8　MC1413 引脚功能图

(9) 七段锁存－译码－驱动器 CD4511

CD4511 是专用于将二－十进制代码(BCD)转换成七段显示信号的专用标准译码器，它由 4 位锁存器，7 段译码电路和驱动器三部分组成。CD4511 引脚功能图如图 3-2-10 所示。

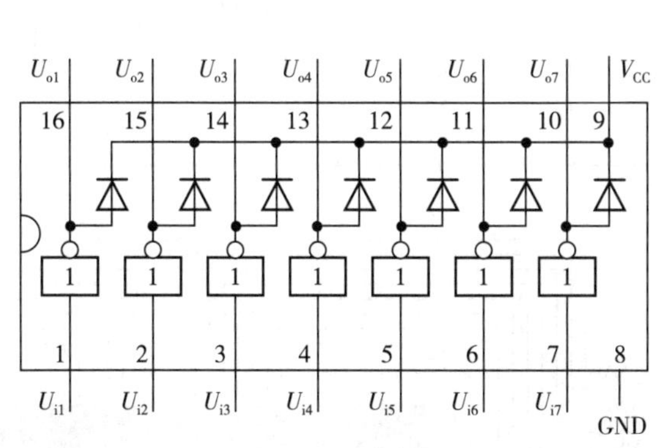

图 3-2-9　MC1413 管脚功能及内部结构

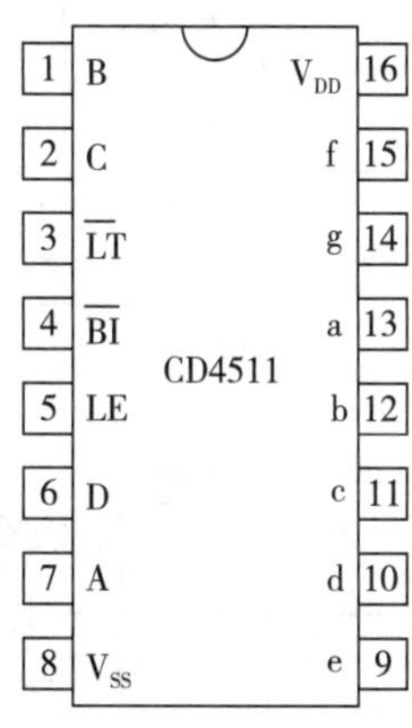

图 3-2-10　CD4511 管脚图

① A、B、C、D 为 8421BCD 码数据输入端。

② a、b、c、d、e、f、g 为译码数据输出端，输出为高电平有效。由于译码器内部设置了 NPN 管构成的射极输出器，使其输出驱动电流可达 20mA。

③ $\overline{LT}$：灯测试端。当 $\overline{LT}=0$ 时，七段译码器输出全 1，数码管各段全亮显示；当 $\overline{LT}=1$ 时，译码器输出状态由 $\overline{BI}$ 端控制。

④ $\overline{BI}$：消隐端。当 $\overline{BI}=0$ 时，控制译码器为全 0 输出，数码管各段熄灭。$\overline{BI}=1$ 时，译码

器正常输出，数码管正常显示。

上述两个控制端配合使用，可使译码器完成显示上的一些特殊功能。

⑤ LE：数据锁定控制端。当 $LE=1$ 时，锁存器处于锁存状态，四位锁存器封锁输入，此时它的输出为前一次 $LE=0$ 时输入的 BCD 码；当 $LE=0$ 时，锁存器处于选通状态，允许译码输出。

CD4511 电源电压 V_{DD} 的范围为 5V ～ 15V，它可与 NMOS 电路或 TTL 电路兼容工作。

（10）数码管

数码管采用一位共阴极数码管显示千位内容，采用三位共阴极数码管显示百位、十位、个位的内容。三位共阴极数码管的 a、b、c、d、e、f、g、D_p 端全部连在一起，三位位控端分别独立连出，使用时采用动态扫描方式。千位、百位、十位、个位数码管的位控端分别受控于 MC14433 的 DS_1 ～ DS_4 端。

3.2.4 总体电路图

总体电路图如图 3-2-11 所示，图中，从 MC14433 输出的 BCD 码经过 CD4511 译码后，经过限流电阻连接到三位共阴极数码管的 a、b、c、d、e、f、g 端。位选通信号 DS_2 ～ DS_4 位经

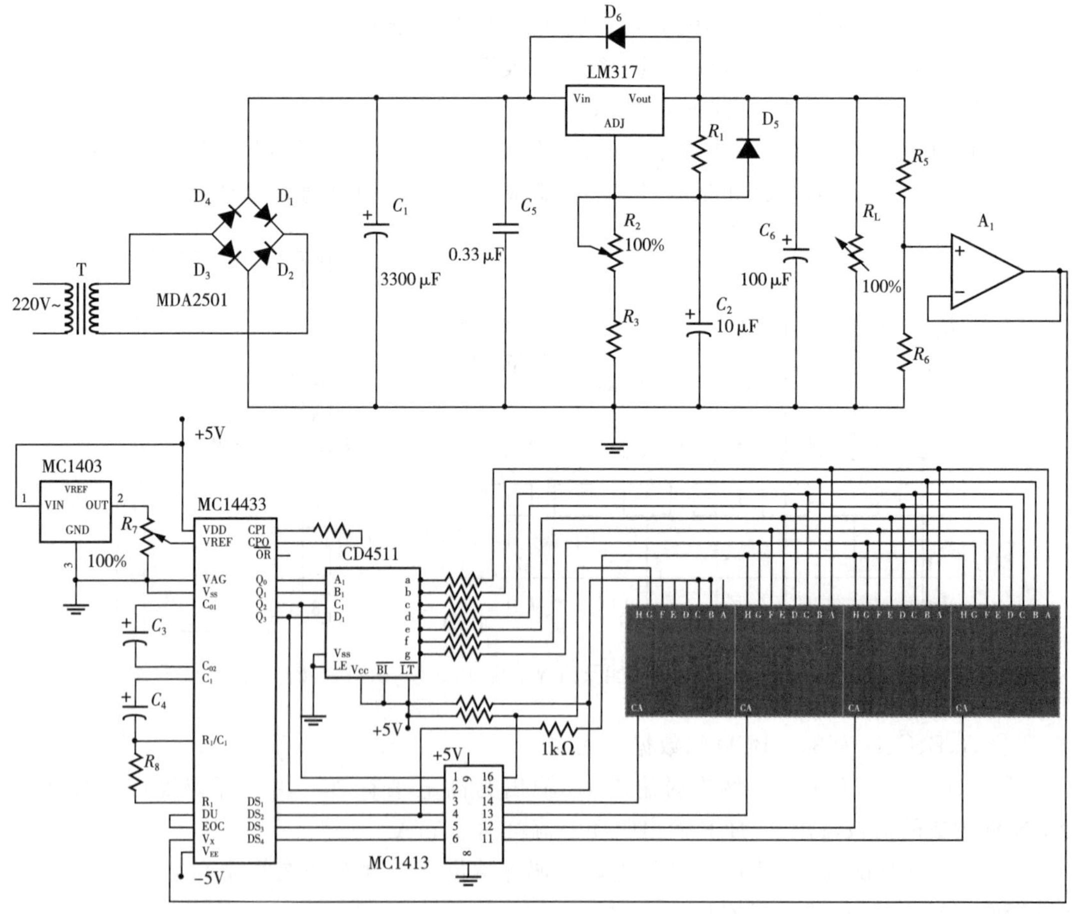

图 3-2-11 总体电路图

过 MC1413 分别接三位共阴极数码管的公共端；千位的显示采用一位共阴极数码管，由于 MC14433 在位选信号 DS_1 选通期间，$Q_3=0$ 代表千位数的数字显示为 1，$Q_3=1$ 代表千位数的数字显示为 0，而显示 1 只要点亮数码管的 b，c 段，因此将一位数码管的 b，c 段通过一个 1kΩ 的电阻连接至 +5V，MC14433 的 Q_3 连接至 MC1413 的一个输入端，其对应的输出端连至数码管的 b，c 段，同时 MC14433 的 DS_1 端通过 MC1413 连接至一位共阴极数码管的公共端，这样就可以实现千位的正确显示；负极性显示的原理是，MC14433 在位选信号 DS_1 选通期间，Q_2 表示被测电压的极性，Q_2 的电平为 1，表示极性为正，即 $U_X>0$，Q_2 的电平为 0，表示极性为负，即 $U_X<0$。而显示负号只要点亮数码管的 g 段，因此将一位数码管的 g 段通过一个 1 千欧的电阻连接至 +5V，MC14433 的 Q_2 连接至 MC1413 的一个输入端，其对应的输出端连至数码管的 g 段，同时 MC14433 的 DS_1 端已通过 MC1413 连接至一位数码管的公共端，这样实现了符号位的正确显示。小数点显示原理，根据题目要求，小数点要在百位显示出来，只需把 MC14433 的 DS_2 位通过一个 1kΩ 的电阻连接至三位数码管的 D_p 端即可。在 $DS_1\sim DS_4$ 位选通信号的控制下进行动态扫描显示，最终完成所需显示的内容。

3.2.5　电路仿真验证

（1）输出电压范围

当 $V_I=220V$，$R_2+R_3=1240\Omega$，$R_L=9\Omega$ 时，仿真结果如图 3 - 2 - 12 所示，输出电压 $V_O=9.082V$。

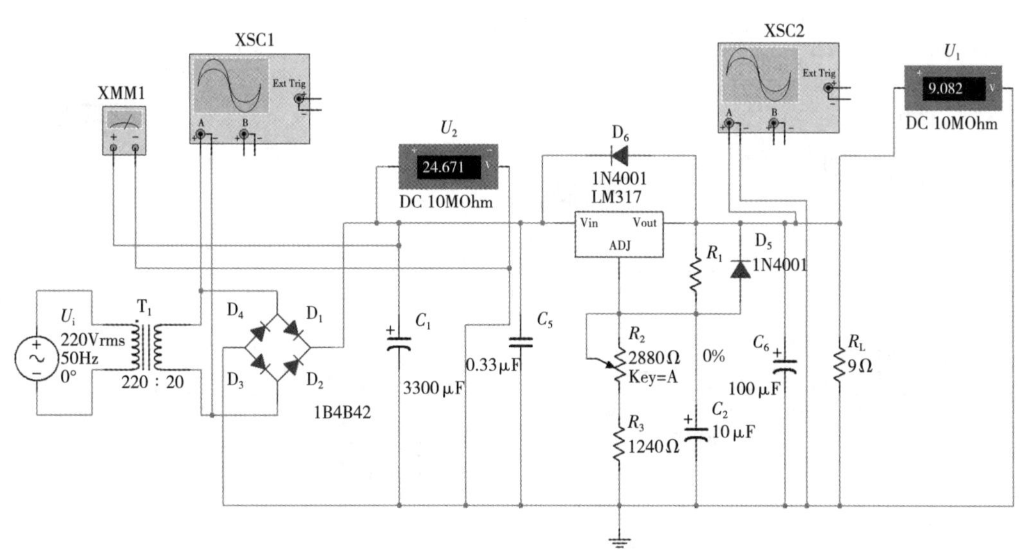

图 3 - 2 - 12　$V_O=9V$ 仿真结果

当 $V_I=220V$，$R_2+R_3=2680\Omega$，$R_L=18\Omega$ 时，仿真结果如图 3 - 2 - 13 所示，输出电压 $V_O=18.144V$。

由图 3 - 2 - 12 和图 3 - 2 - 13 可知，调节电位器 R_2 可满足 9V ~ 18V 输出可调的要求。

由于 LM317 输出电流可达 1.5A，因此，该电路可满足输出最大负载电流为 1A 的要求。

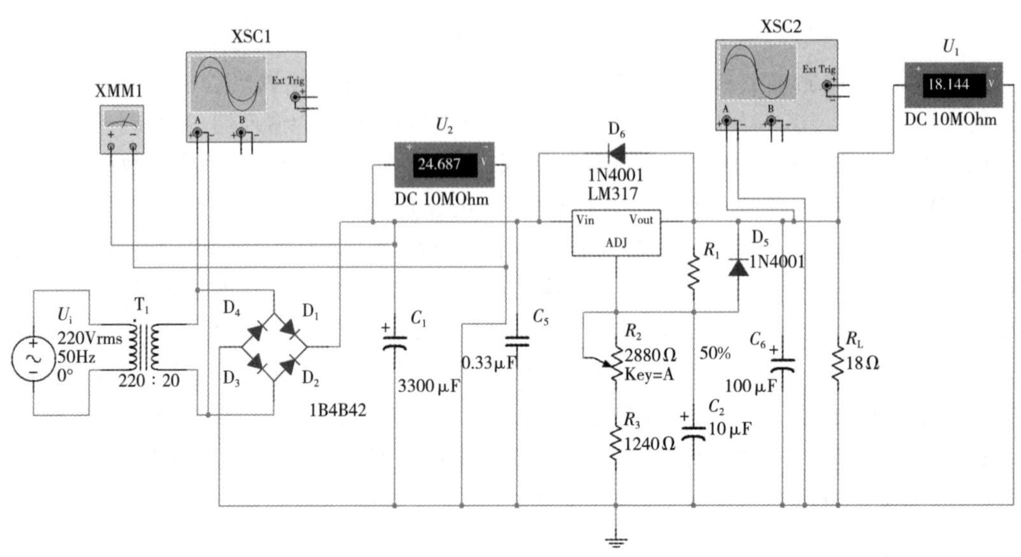

图 3-2-13 $V_O = 18V$ 仿真结果

(2) 电压稳定系数

当$V_I = 198V$，$R_2 + R_3 = 1960\Omega$，$R_L = 13.5\Omega$时，仿真结果如图 3-2-14 所示，输出电压$V_{O1} = 13.61V$。

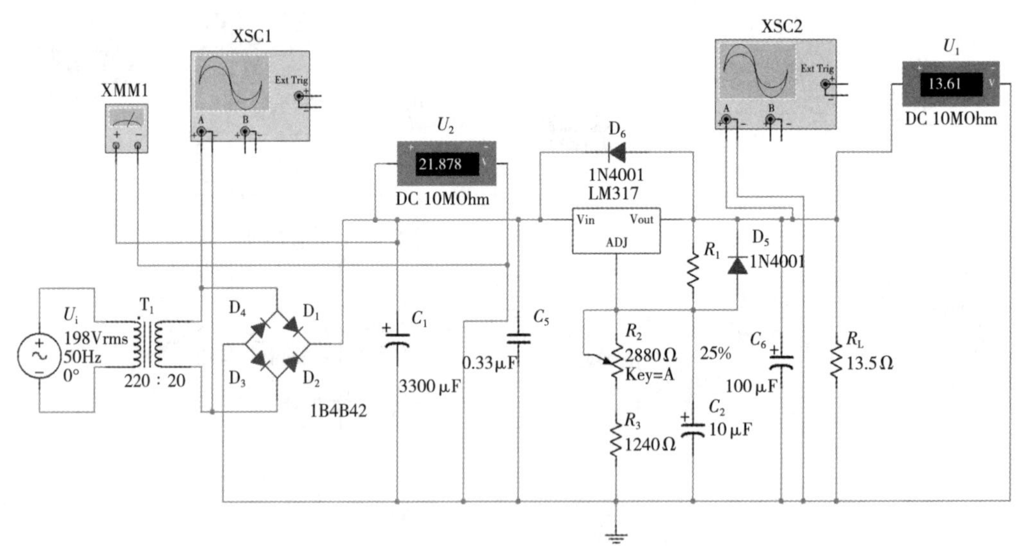

图 3-2-14 $V_I = 198V$ 仿真结果

当$V_I = 220V$，$R_2 + R_3 = 1960\Omega$，$R_L = 13.5\Omega$时，仿真结果如图 3-2-15 所示，输出电压$V_{O2} = 13.613V$。

当$V_I = 242V$，$R_2 + R_3 = 1960\Omega$，$R_L = 13.5\Omega$时，仿真结果如图 3-2-16 所示，输出电压$V_{O3} = 18.616V$。

稳压系数：

$$S_V=\frac{\Delta V_o/V_o}{\Delta V_I/V_I}=\frac{220}{242-198}\cdot\frac{V_{o3}-V_{o1}}{V_{o2}}=5\cdot\frac{V_{o3}-V_{o1}}{V_{o2}}$$

$$S_v=5\cdot\frac{13.616-13.61}{13.613}=0.0022$$

$S_V=0.0022\leqslant 0.5\%$，可满足电压稳定系数要求。

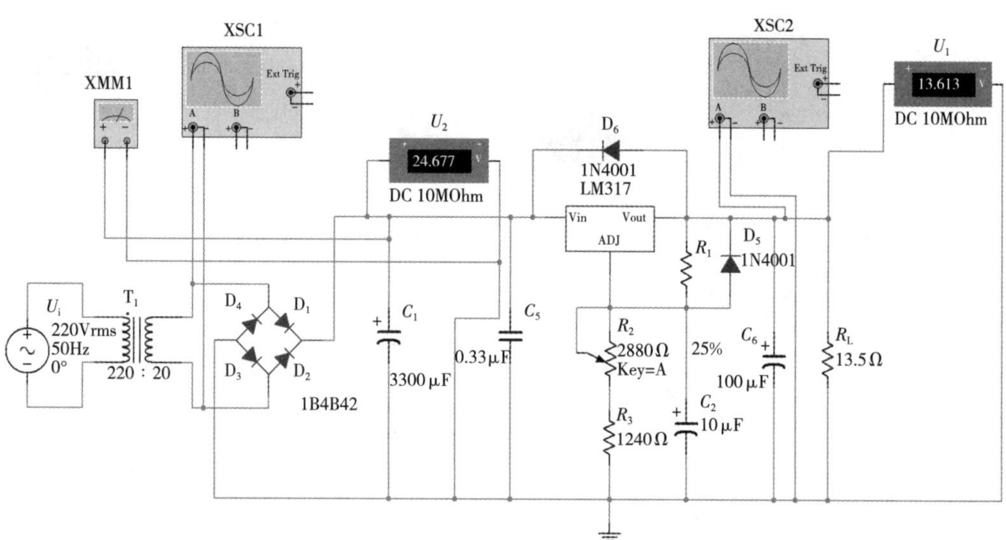

图 3-2-15　$V_I=220$V 仿真结果

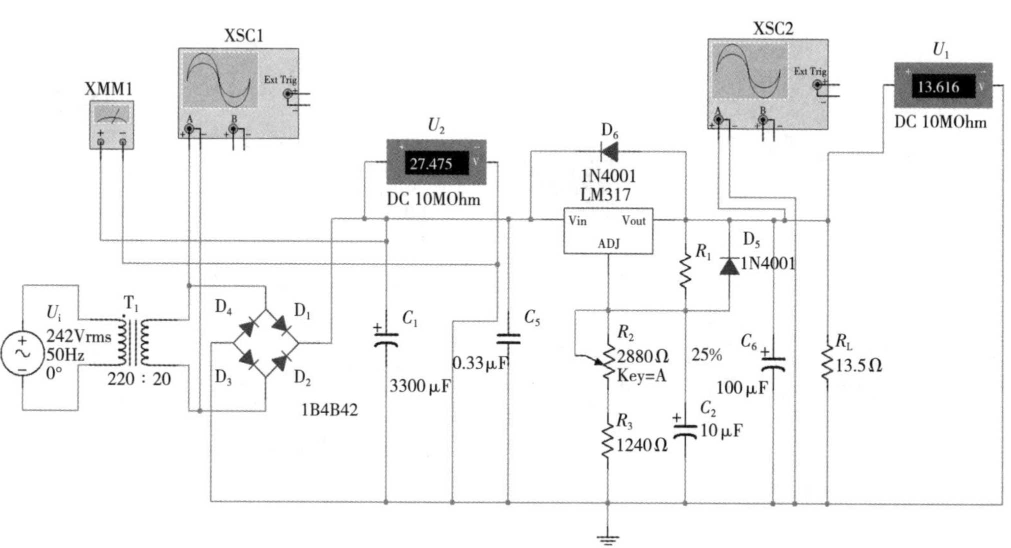

图 3-2-16　$V_I=242$V 仿真结果

（3）输出电阻

当$V_I=220$V，$R_2+R_3=2680\Omega$，$R_L=\infty$ 时，仿真结果如图 3-2-17 所示，输出电压 $V_{O4}=18.071$V。

当$V_I=220V$,$R_2+R_3=2680\Omega$,$R_L=18\Omega$,$I_{O2}=1A$时,仿真结果如图3-2-18所示,输出电压$V_{O5}=18.144V$。

输出电阻

$$R_o=\frac{\Delta V_o}{\Delta I_o}=\frac{V_{o5}-V_{o4}}{I_{o2}-0}=\frac{V_{o5}-V_{o4}}{V_{05}/R_L}=\frac{18.144-18.071}{18.144/18}=0.0724\Omega$$

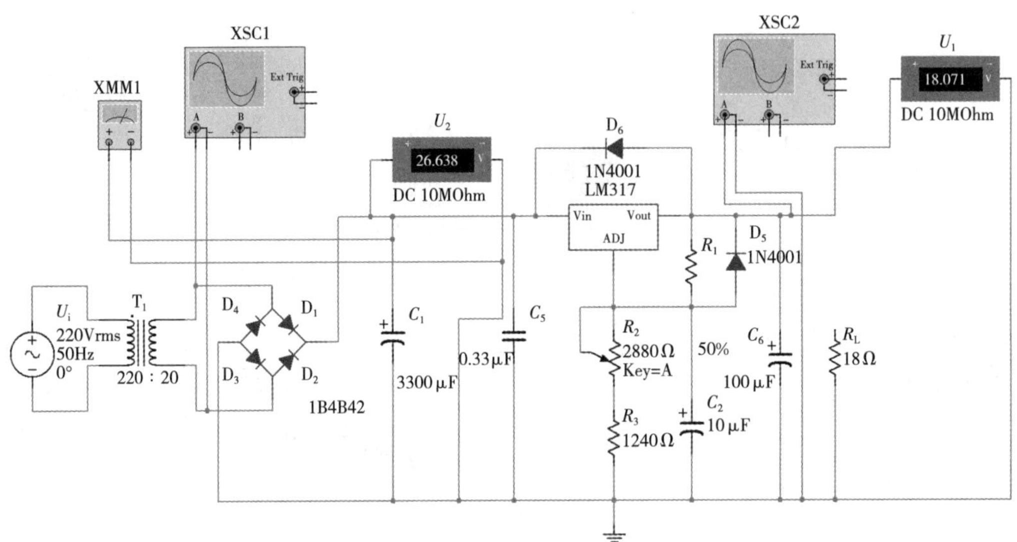

图3-2-17 $I_{O1}=0$仿真结果

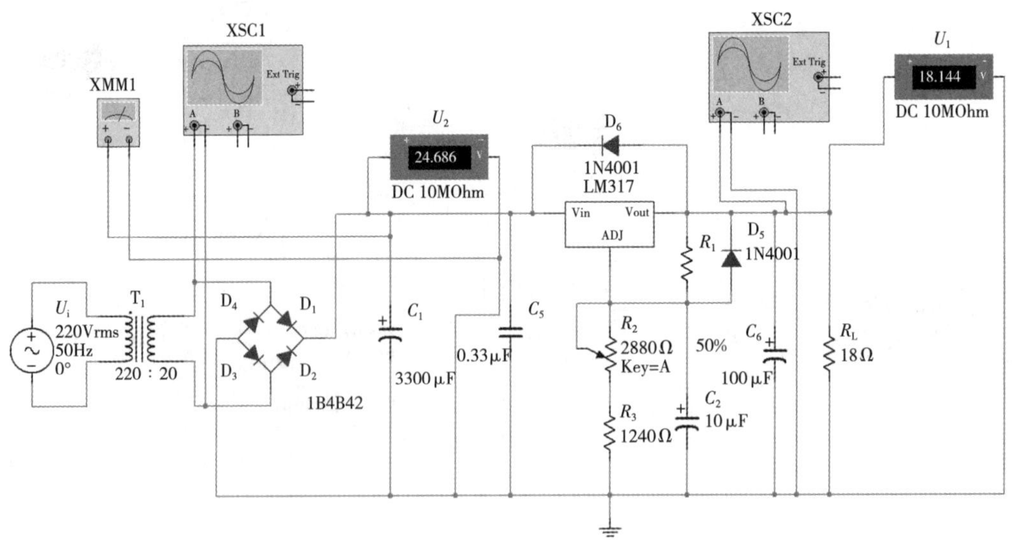

图3-2-18 $I_{O2}=1A$仿真结果

输出电阻$R_O=0.0724\Omega\leqslant10\Omega$,满足输出电阻指标要求。

(4) 纹波电压

当$V_I=220V$,$V_O=18V$,$R_L=18\Omega$时,仿真结果如图3-2-19所示。

由图中示波器得出：$\Delta V_o = 254.4\mu V$。

输出纹波电压 $\Delta V_o = 254.4\mu V \leqslant 3mV$，满足输出纹波电压指标要求。

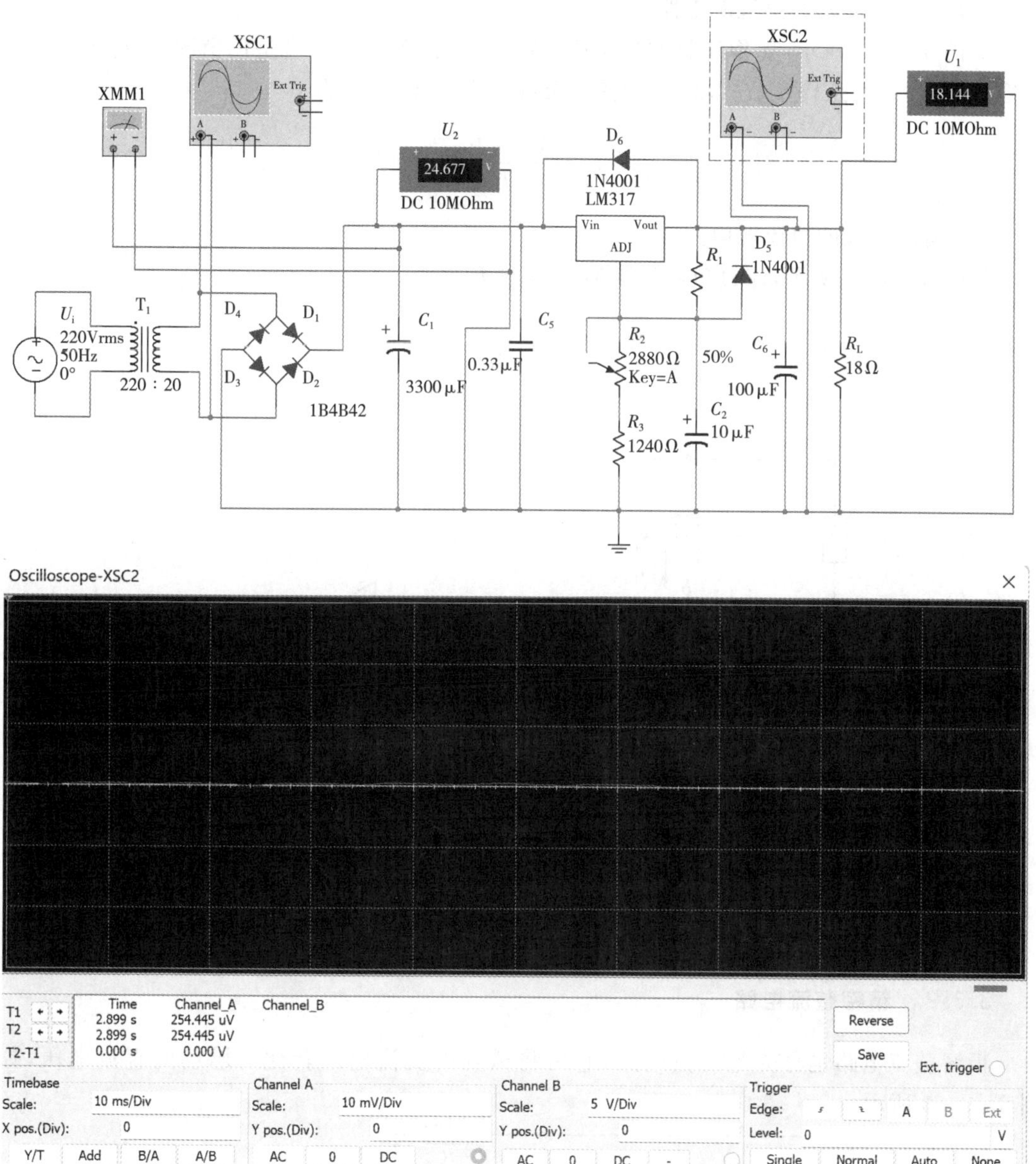

图 3-2-19　$V_O = 18V, R_L = 18\Omega$ 仿真结果

3.3　常用单元电路

本节介绍电子技术课程设计可能涉及的常用单元电路，包括：恒流源电路、精密整流电路、比较电路、继电器驱动电路、加/减计数电路、时钟产生电路、ICL8038应用电路、ICL7107应用电路。

3.3.1 恒流源电路

(1) 三极管构成的恒流源电路

如图 3－3－1 所示，如稳压管的稳压值为V_Z，在电路参数选择合适的情况下，稳压管可以击穿稳压，三极管工作于放大状态，则流过负载电阻R_L 的电流为

$$I_L = \frac{V_Z - V_{BE}}{R_2}$$

(2) 运放组成的恒流源电路

如图 3－3－2 所示，流过负载电阻R_L 的电流I_L 为

$$I_L = \frac{V_{REF}}{R}$$

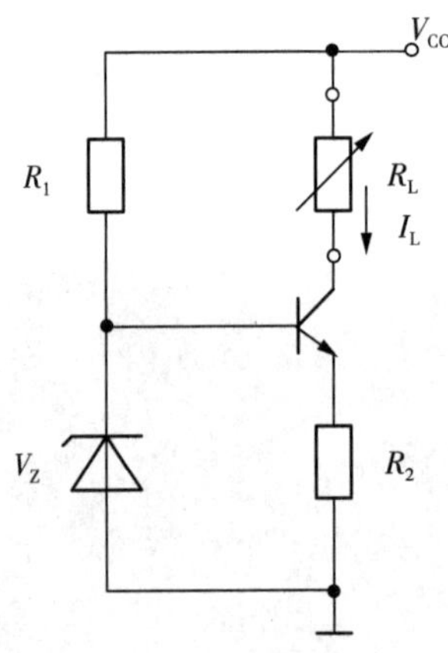

图 3－3－1 三极管构成的恒流源电路

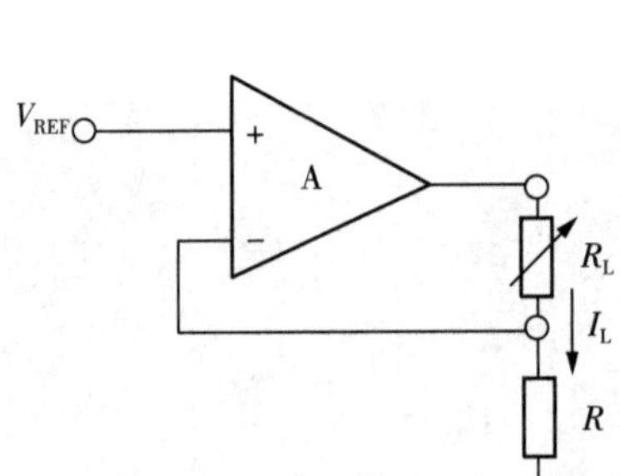

图 3－3－2 运放组成的恒流源电路

3.3.2 精密整流电路

精密整流电路也称为绝对值电路，它可将微弱的交流电压转化为脉动的直流电压，如图 3－3－3 所示。

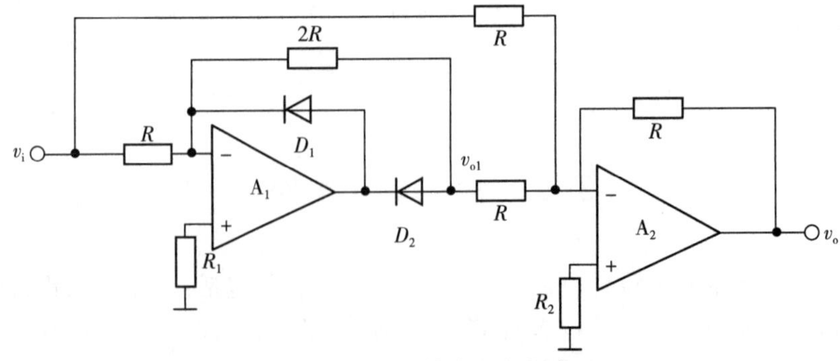

图 3－3－3 精密整流电路

图中R_1、R_2为平衡电阻，当$V_i>0$时，$V_{o1}=-2V_i$；当$V_i<0$时，$V_{o1}=0$。所以，输出电压$V_o=|V_i|$。

3.3.3　比较电路

(1) 反相滞回比较电路(见图 3-3-4)

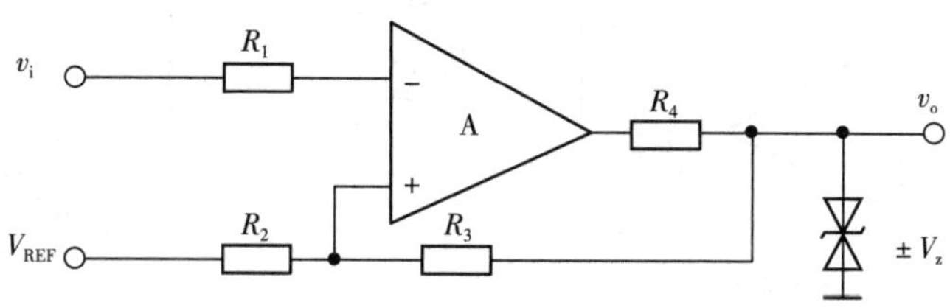

图 3-3-4　反相滞回比较电路

反相滞回比较电路的上限触发电平为

$$V_{T^+}=\frac{R_3}{R_2+R_3}V_{REF}+\frac{R_2}{R_2+R_3}V_z$$

下限触发电平为

$$V_{T^-}=\frac{R_3}{R_2+R_3}V_{REF}-\frac{R_2}{R_2+R_3}V_z$$

(2) 同相滞回比较电路(见图 3-3-5)

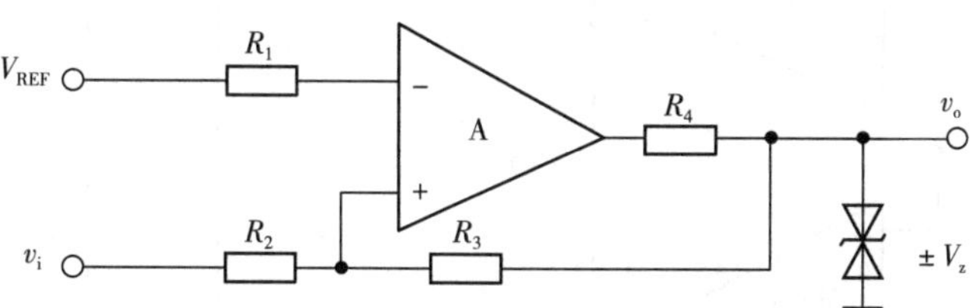

图 3-3-5　同相滞回比较电路

同相滞回比较电路的上限触发电平为

$$V_{T^+}=\frac{R_2+R_3}{R_3}V_{REF}+\frac{R_2}{R_3}V_z$$

下限触发电平为

$$V_{T^-}=\frac{R_2+R_3}{R_3}V_{REF}-\frac{R_2}{R_3}V_z$$

(3) 用运放实现的双限比较器(见图 3-3-6)

图 3-3-6(a) 中，R_1、D_Z 构成限幅电路，$V_{REF1}>V_{REF2}$。

图 3-3-6(b) 中，V_{oH} 为输出高电平，V_{oL} 为输出低电平。

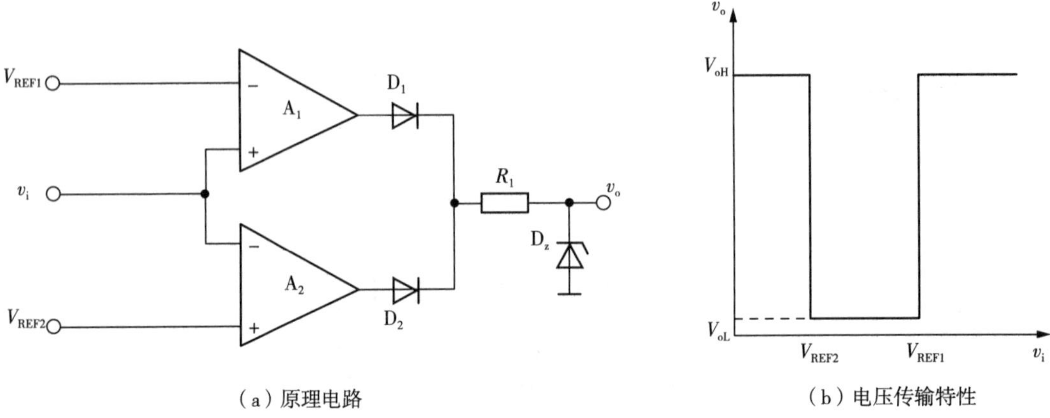

(a) 原理电路　　(b) 电压传输特性

图 3-3-6　运放构成的双限比较器

(4) 用比较器 LM339 实现的双限比较器(见图 3-3-7)

由于 LM339 为集电极开路输出方式,所以使用时可以将各比较器的输出端直接并联,并外接一个上拉电阻 R。

图 3-3-7(a) 中,$V_{REF2} > V_{REF1}$。

图 3-3-7(b) 中,V_{oH} 为输出高电平,V_{oL} 为输出低电平。

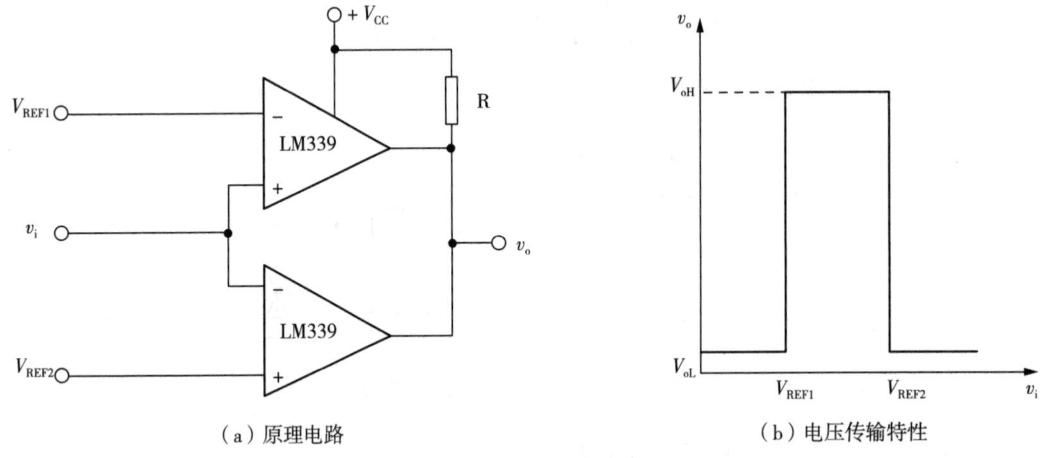

(a) 原理电路　　(b) 电压传输特性

图 3-3-7　LM339 构成的双限比较器

3.3.4　继电器驱动电路

继电器是一种电子控制器件,通常应用于自动控制电路中,它实际上是用较小的电流去控制较大电流的一种"自动开关",故在电路中起着自动调节、安全保护、转换电路等作用。

常用的电磁式继电器一般由铁芯、线圈、衔铁、触点簧片等组成的。只要在线圈两端加上一定的电压,线圈中就会流过一定的电流,从而产生电磁效应,衔铁就会在电磁力吸引的作用下克服返回弹簧的拉力吸向铁芯,从而带动衔铁的动触点与静触点(常开触点)吸合。当线圈断电后,电磁的吸力也随之消失,衔铁就会在弹簧的反作用下返回原来的位置,使动触点与原来的静触点(常闭触点)释放。

继电器线圈的额定工作电流通常为几十毫安,有些集成电路,例如NE555电路是可以直接驱动继电器工作的,而大多数集成电路的输出电流不能满足要求,需要加一级驱动电路方可驱动继电器。

1. 晶体管驱动电路

当晶体管用来驱动继电器时,推荐使用NPN三极管,常用的有9013晶体管、8050晶体管等。

如图3-3-8所示,电阻R_1主要起限流作用,降低晶体管T_1功耗;电阻R_2使晶体管T_1可靠截止;R_1和R_2的选取要保证:当IN输入高电平时,晶体管T_1饱和导通,继电器线圈通电,触点吸合;当IN输入低电平时,晶体管T_1截止,继电器线圈断电,触点断开。二极管D_1反向续流,当三极管由导通转向关断时为继电器线圈中的反电动势提供泄放通路,抑制浪涌,保护晶体管,一般选1N4148即可。

2. 集成电路ULN2003驱动电路

ULN2003是高耐压、大电流达林顿阵列,由七个硅NPN达林顿管组成。输入5V,TTL电平,输出可达500mA/50V,芯片内部集成了七路续流二极管,可用来驱动继电器等感性负载。如图3-3-9所示,1—7脚为信号输入端,10—16脚为输出端,9脚和8脚分别为芯片的电源和地。

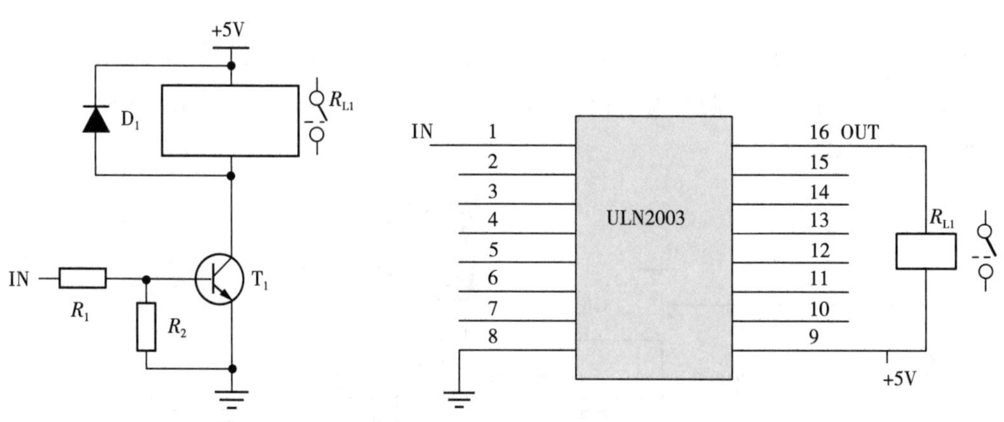

图3-3-8　晶体管驱动电路　　图3-3-9　ULN2003构成的驱动电路

当ULN2003输入端为高电平时,对应的输出口输出低电平,继电器线圈两端通电,继电器触点吸合;当ULN2003输入端为低电平时,对应的输出口呈高阻态,继电器线圈两端断电,继电器触点断开。

3.3.5　用两片74LS190构成60进制加/减计数器

如图3-3-10所示,S_1是运行/暂停开关,当S_1合上时,计数器运行,当S_1断开时,计数器暂停;S_2是加/减计数控制开关,当S_2合上时,按60进制加法计数,当S_2断开时,计数器按60进制减法计数。

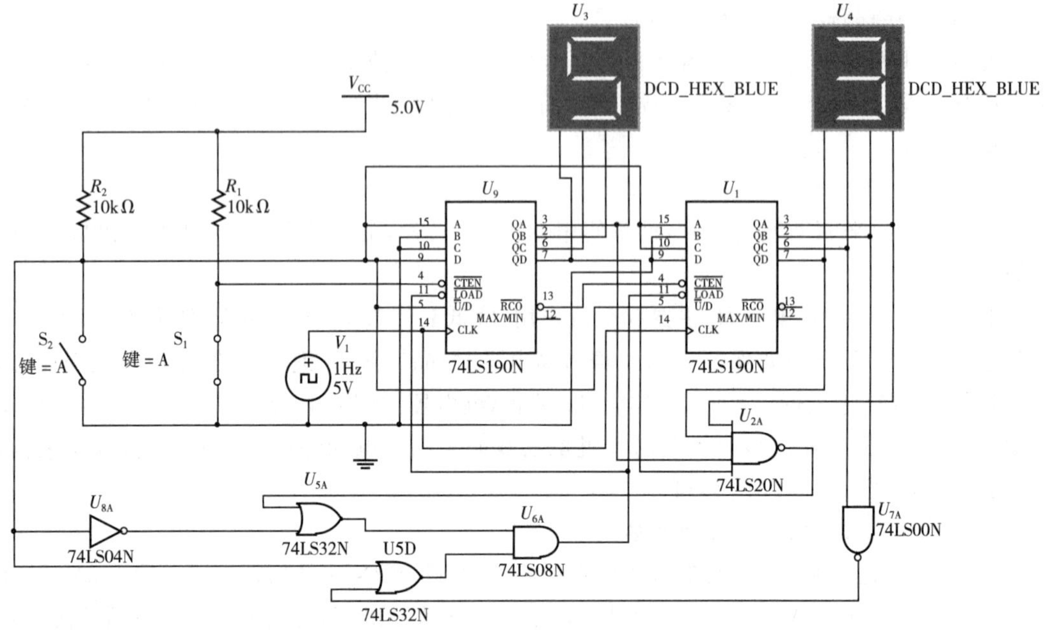

图 3-3-10　74LS190 构成 60 进制加/减计数器

3.3.6　用两片 74LS192 构成 60 进制加/减计数器

如图 3-3-11 所示，S_1 是运行/复位开关，当 S_1 合上时，计数器运行，当 S_1 断开时，计数器复位；S_2 是加/减计数控制开关，当 S_2 合上时，计数器按 60 进制加法计数，当 S_2 断开时，计数器按 60 进制减法计数。

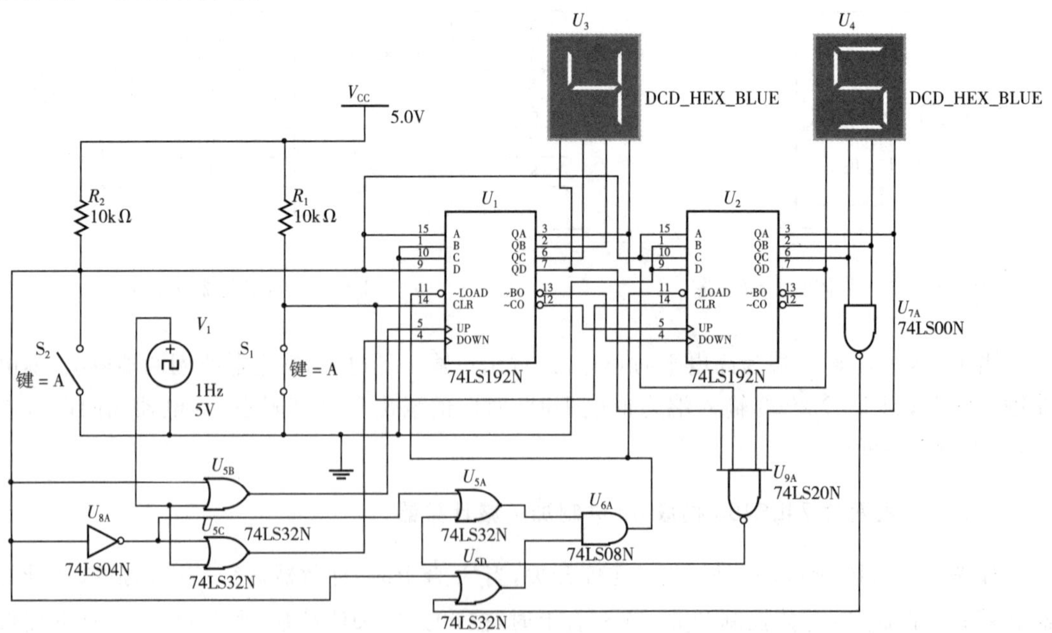

图 3-3-11　74LS192 构成 60 进制加/减计数器

3.3.7 1Hz 频率时钟产生电路

如图3-3-12所示，CC4060为14级二进制串行计数器，其内部所含的门电路与外部石英晶体、电阻、电容构成振荡频率为32768Hz的振荡器，经计数器作14分频后在Q_{14}端得到2Hz的脉冲；后级74LS74接成二分频电路，因此在74LS74输出端Q有1Hz的时钟脉冲输出。

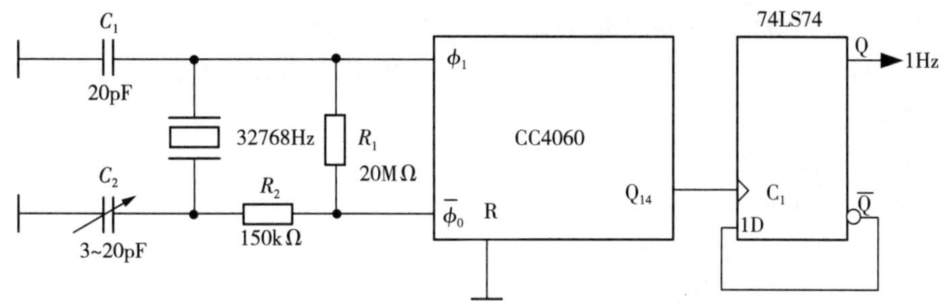

图3-3-12 1Hz 频率时钟产生电路

3.3.8 ICL8038 的应用

ICL8038是一种具有多种波形输出的精密振荡集成电路，只需调整个别的外部元器件就能产生从0.001Hz～300kHz高精度、低失真的正弦波、三角波、矩形波等输出信号。输出波形的频率和占空比还可以由电容或电阻来调节。另外由于该芯片具有调频信号输入端，所以可以用来对低频信号进行频率调制。

(1)ICL8038 的特点

① 具有正弦波、三角波和方波等多种函数信号输出；

② 具有在发生温度变化时产生低的频率漂移，最大不超过50ppm/℃；

③ 正弦波输出具有低于1%的失真度；

④ 三角波输出具有0.1%高线性度；

⑤ 具有0.001Hz～300kHz的频率输出范围；

⑥ 占空比在2%～98%之间任意可调；

⑦ 高的电平输出范围，从TTL电平至28V；

⑧ 易于使用，只需要很少的外部元件。

(2)ICL8038 的引脚功能(见图3-3-13)

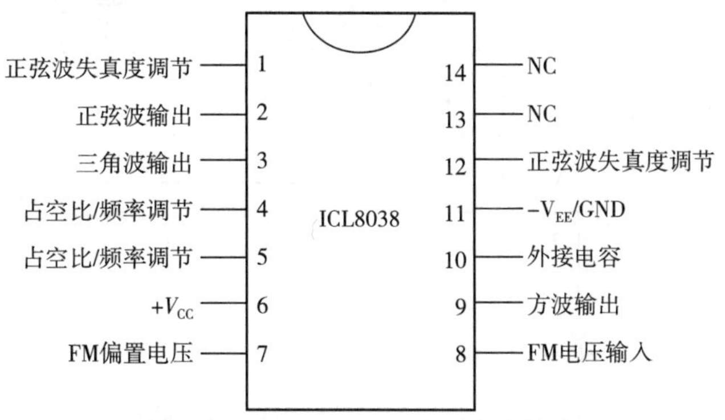

图3-3-13 ICL8038 的引脚功能图

① 引脚 1 和 12:正弦波失真度调节端;

② 引脚 2:正弦波输出端;

③ 引脚 3:三角波输出端;

④ 引脚 4 和 5:占空比和频率调节端

⑤ 引脚 6:正电源输入端;

⑥ 引脚 7:调频偏置电压输出端,可输出一个与电源电压成比例的偏置信号;

⑦ 引脚 8:调频电压控制输入端,当该端输入随时间变化的电压信号时,可在输出端得到相应的调频信号;

⑧ 引脚 9:方波输出端;

⑨ 引脚 10:定时电容接入端;

⑩ 引脚 11:负电源输入端,使用单电源时,该端接地。

(3)ICL8038 内部原理框图及工作原理

如图 3-3-14 所示,ICL8038 由恒流源 I_1、I_2,电压比较器 A 和 B、触发器、电压跟随器、缓冲器、正弦波变换电路组成。电压比较器 A、B 的门限电压分别为 $2/3\ V_R$ 和 $1/3\ V_R$($V_R = U_{CC} + U_{EE}$),电流源 I_1 和 I_2 的大小可通过外接电阻调节,且 I_2 必须大于 I_1。振荡电容 C 由外部接入,由两个恒流源对外接电容 C 进行充电和放电,恒流源 I_2 的工作状态由触发器控制,而恒流源 I_1 始终打开。当触发器的输出端为低电平时,它控制开关 S 使电流源 I_2 断开。而电流源 I_1 则向外接电容 C 充电,使电容两端电压 V_C 随时间线性上升,当 V_C 上升到 $2/3\ V_R$ 时,比较器 A 输出发生跳变,使触发器输出端由低电平变为高电平,控制开关 S 使电流源 I_2 接通。由于 $I_2 > I_1$,因此电容 C 开始放电,电容两端电压 V_C 随时间线性下降。当 V_C 下降到 $1/3\ V_R$ 时,比较器 B 输出发生跳变,使触发器输出端又从高电平变为低电平,电流源 I_2 再次断开,电流源 I_1 开始对电容 C 充电,电容两端电压 V_C 又随时间线性上升,如此周而复始,完成振荡过程。

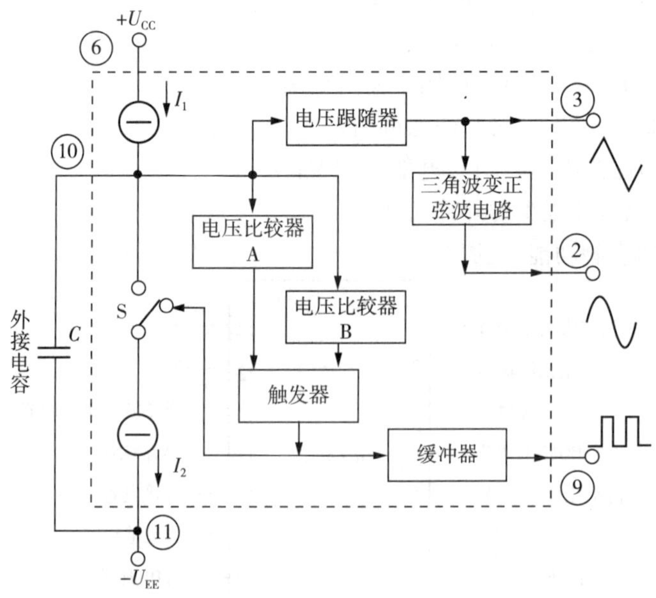

图 3-3-14　ICL8038 内部原理框图

基于以上基本电路，在 ICL8038 构成的函数发生器电路中很容易获得 4 种函数信号，如果电流源电流 $I_2=2I_1$，电容 C 充电过程和放电过程的时间常数相等，电容上电压就是三角波，就可产生三角波输出。由于触发器的输出状态的翻转也是由电容电压的充放电过程决定的，所以，触发器的状态翻转，就能产生方波信号，在芯片内部，这两种函数信号经缓冲器功率放大，并从引脚 3 和引脚 9 输出。

适当选择外部的电阻 R_A 和 R_B 和 C 就可以满足方波等信号的频率、占空比的调节。当 $I_1<I_2<2I_1$ 时，电容 C 的充电时间与放电时间不相等，引脚 3 就可输出锯齿波。

正弦函数信号由三角波函数信号经过非线性变换而获得。

(4)ICL8038 的典型应用

由 ICL8038 的引脚图可知，管脚 8 为调频电压控制输入端，管脚 7 为调频偏置电压输出端，其值(指管脚 6 与 7 之间的电压)是$(V_{CC}+V_{EE})/5$，它可作为管脚 8 的输入电压。此外，该芯片的方波输出端为集电极开路形式，一般需在正电源与 9 脚之间外接一电阻，其值常选用 10kΩ 左右。一个 ICL8038 的典型应用电路如图 3-3-15 所示。

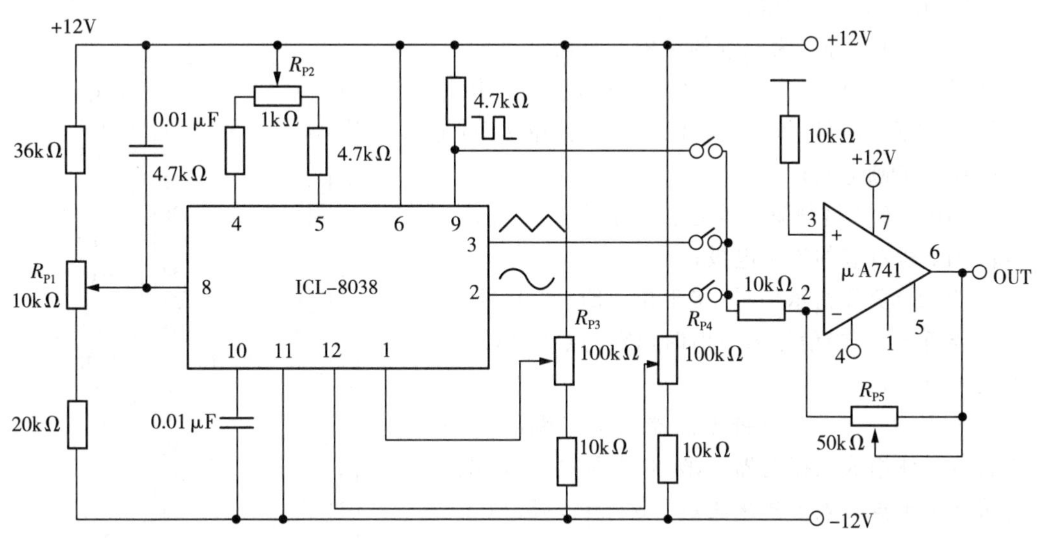

图 3-3-15　函数发生器电路图

图中 R_{P1} 用于调节函数发生器输出信号的频率，R_{P2} 用于调节器输出波形的占空比，R_{P3} 和 R_{P4} 用于调节输出正弦波的失真度。

3.3.9　ICL7107 应用电路

ICL7107 是一个应用非常广泛的集成电路。它包含 $3\frac{1}{2}$ 位数字 A/D 转换器，可直接驱动 LED 数码管，内部设有参考电压、独立模拟开关、逻辑控制、显示驱动、自动调零功能等。

(1)$3\frac{1}{2}$ 位双积分型 A/D 转换器 ICL7107 功能与特点

① ICL7107 是 $3\frac{1}{2}$ 位双积分型 A/D 转换器，属于 CMOS 大规模集成电路，它的最大显

示值为±1999,最小分辨率为100uV,转换精度为0.05±1个字;

② 能直接驱动共阳极LED数码管,不需要另加驱动器件,使整机线路简化,采用±5V两组电源供电,并将第21脚的GND接第30脚的$IN\ LO$;

③ 在芯片内部从V_+与COM之间有一个稳定性很高的2.8V基准电源,通过电阻分压器可获得所需的基准电压V_{REF};

④ 能通过内部的模拟开关实现自动调零和自动极性显示功能;

⑤ 输入阻抗高,对输入信号无衰减作用;

⑥ 整机组装方便,无须外加有源器件,配上电阻、电容和LED共阳极数码管,就能构成一只直流数字电压表头;

⑦ 噪音低,温漂小,具有良好的可靠性,寿命长;

⑧ 芯片本身功耗小于15mW(不包括LED);

⑨ 设有一专门的小数点驱动信号。使用时可将LED共阳极数码管公共阳极接V+;

⑩ 可以方便的进行功能检查。

(2)ICL7107引脚功能

① V_+和V_-分别为电源的正极和负极;

② A_1-G_1,A_2-G_2,A_3-G_3:分别为个位、十位、百位笔画的驱动信号,依次接个位、十位、百位LED显示器的相应笔画电极;

③ AB_4:千位笔画驱动信号。接千位LED显示器的b段和c段对应的笔画电极;

④ POL:负数指示信号,接千位LED显示器的g段笔画或负号段,当信号为负值时,该段点亮;POL为正值则不显示;

⑤ OSC_1-OSC_3:时钟振荡器的引出端,外接阻容或石英晶体组成的振荡器。第38脚至第40脚电容量的选择是根据下列公式来决定:$Fosl=0.45/RC$;

⑥ COM:模拟信号公共端,简称"模拟地",使用时一般与输入信号的负端以及基准电压的负极相连;

⑦ $TEST$:测试端,在检测LED时,该端经过500欧姆电阻接至逻辑电路的公共地,则各段都显示;

⑧ $REF\ HI$,$REF\ LO$:基准电压正负端;

⑨ C_{ref}:外接基准电容端;

引脚名	引脚号	ICL7107	引脚号	引脚名
V+	1		40	OSC1
D1	2		39	OSC2
C1	3		38	OSC3
B1	4		37	TEST
A1	5		36	REF HI
F1	6		35	REF LO
G1	7		34	Cref+
E1	8		33	Cref−
D2	9		32	commcom
C2	10	ICL7107	31	IN HI
B2	11		30	IN LO
A2	12		29	A−Z
F2	13		28	BUFF
E2	14		27	INT
D3	15		26	V−
B3	16		25	G2
F3	17		24	C3
E3	18		23	A3
AB4	19		22	G3
POL	20		21	BP−GND

图3-3-16 ICL7107芯片引脚图

⑩ INT:积分器输出端,接积分电容,必须选择温度系数小不至于使积分器的输入电压产生漂移现象的元件;

⑪ $IN\ HI$和$IN\ LO$:模拟量输入端,分别接输入信号的正端和负端;

⑫ $A-Z$:积分器和比较器的反向输入端,接自动调零电容C_{AZ}。如果应用在200mV满刻度的场合使用0.47μF,而应用在2V满刻度的场合使用0.047μF;

⑬ $BUFF$:缓冲放大器输出端,接积分电阻R_{int}。其输出级的无功电流(idling current)

是 100μA，而缓冲器与积分器能够供给 20μA 的驱动电流，从此脚接一个 R_{int} 至积分电容器，其值在满刻度 200mV 时选用 47kΩ，而 2V 满刻度则使用 470kΩ。

(3)ICL7107 的原理框图及工作原理

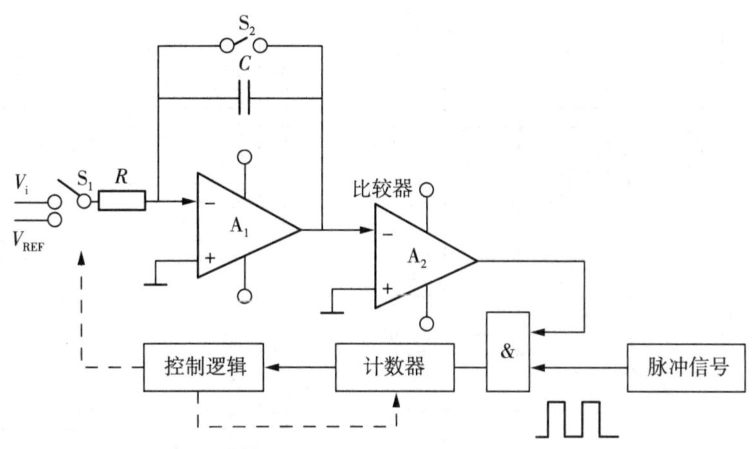

图 3-3-17　ICL7107 原理框图

双积分型 A/D 转换器 ICL7107 是一种间接 A/D 转换器。它通过对输入模拟电压和参考电压分别进行两次积分，将输入电压平均值变换成与之成正比的时间间隔，然后利用脉冲时间间隔，进而得出相应的数字量输出。它包括积分器、比较器、计数器，控制逻辑和时钟信号源。积分器是 A/D 转换器的核心，在一个测量周期内，积分器先后对输入信号电压和基准电压进行两次积分。比较器将积分器的输出信号与零电平进行比较，比较的结果作为数字电路的控制信号。

时钟信号源的标准周期 T_c 作为测量时间间隔的标准时间。它是由内部的两个反向器以及外部的 RC 组成的。

计数器对反向积分过程的时钟脉冲进行计数。控制逻辑包括分频器、译码器、相位驱动器、控制器和锁存器。分频器用来对时钟脉冲逐渐分频，得到所需的计数脉冲 fc 和共阳极 LED 数码管公共电极所需的方波信号。

译码器为 BCD－7 段译码器，将计数器的 BCD 码译成 LED 数码管七段笔画组成数字的相应编码。

驱动器是将译码器输出对应于共阳极数码管七段笔画的逻辑电平变成驱动相应笔画的方波。

控制器的作用有三个：第一，识别积分器的工作状态，适时发出控制信号，使各模拟开关接通或断开，A/D 转换器能循环进行。第二，识别输入电压极性，控制 LED 数码管的负号显示。第三，当输入电压超量限时发出溢出信号，使千位显示"1"，其余码全部熄灭。

锁存器用来存放 A/D 转换的结果，锁存器的输出经译码器后驱动 LED。

(4)ICL7107 的典型应用

一个 ICL7107 的典型应用电路如图 3-3-18 所示。

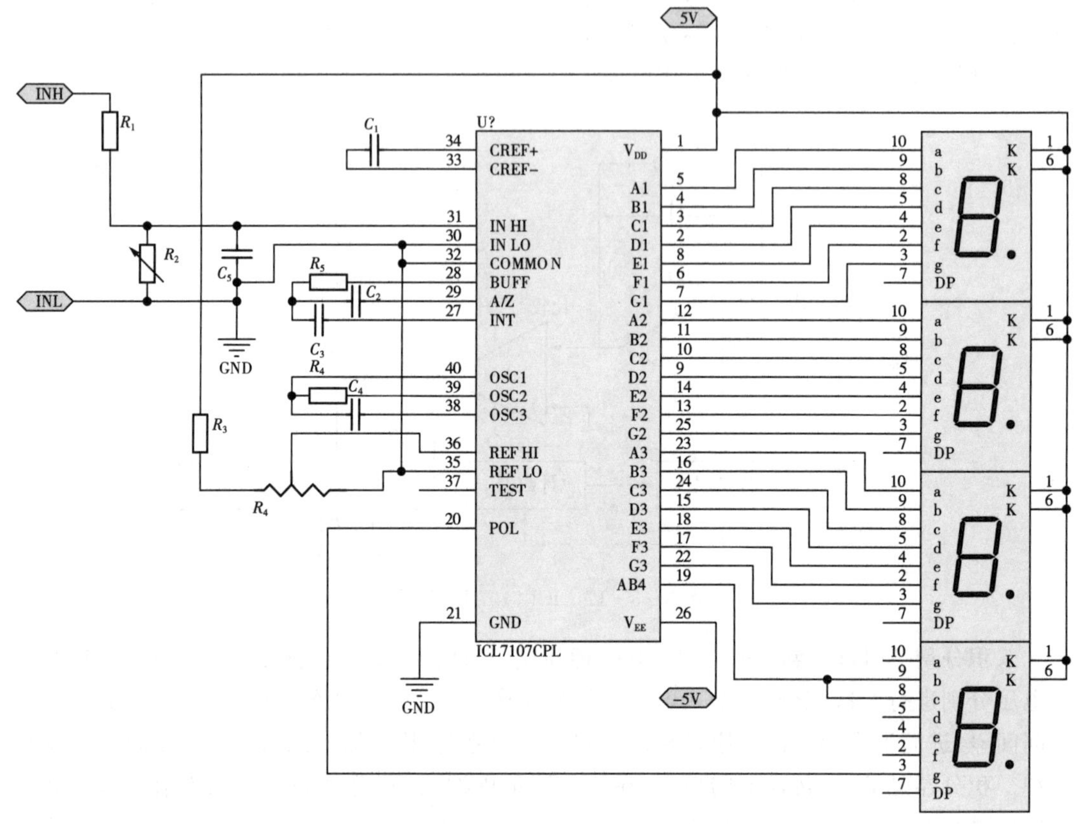

图 3-3-18 ICL7107 应用电路

图中 *INH* 与 *INL* 为模拟信号输入端，四位数码显示由下向上依次为千位、百位、十位、个位。

3.4 电子技术课程设计题目

本节给出了 30 道课程设计题目，其中有模拟电子技术题目、数字电子技术题目，也有模数相结合的题目。

3.4.1 篮球竞赛 30 秒计时器

本课题要求设计一个用于篮球竞赛的 30 秒计时器。计时时间一到，电路报警。

1. 设计任务与要求

(1) 设计一个 30 秒计时器报警系统，能够实时显示计时结果。

(2) 设置外部操作开关，用来控制计时器的直接清零、启动和暂停 / 连续功能。

(3) 要求电路启动后开始倒计时，计时间隔为 1 秒，倒计时至 0 秒时，电路发出光电报警。报警声持续 3 秒。

(4) 要求显示计时时间,计时时间到,显示器不能灭灯。

2. 30 秒计时器电路的参考系统框图(见图 3-4-1)

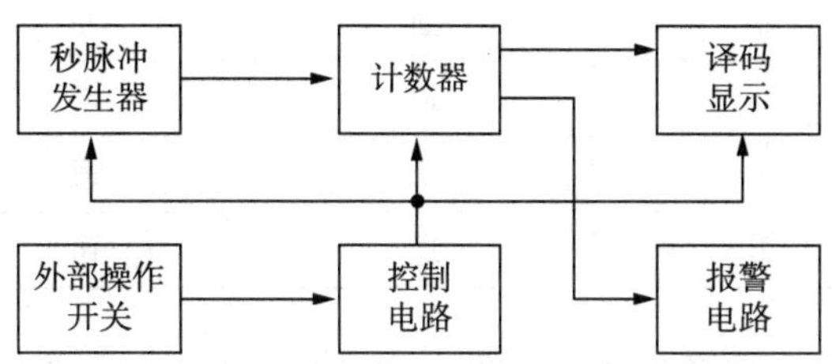

图 3-4-1　30 秒计时器电路的参考系统框图

3.4.2　洗衣机控制电路设计

1. 设计任务与要求

洗衣机的主要控制电路是一个定时器,它按照一定的洗涤程序控制电机正转和反转。要求设计制作一个洗衣机控制器,具有如下功能:

(1) 采用中小规模集成芯片设计洗衣机的控制定时器,控制洗衣机电机做如下运转。

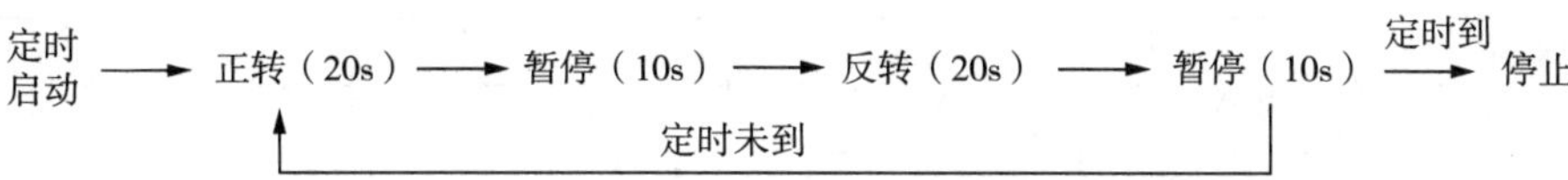

图 3-4-2　洗衣机电机运转控制图

(2) 洗涤电机用两个继电器控制,电机驱动电路如图 3-4-3 所示,驱动电路控制表如表 3-4-1 所示。

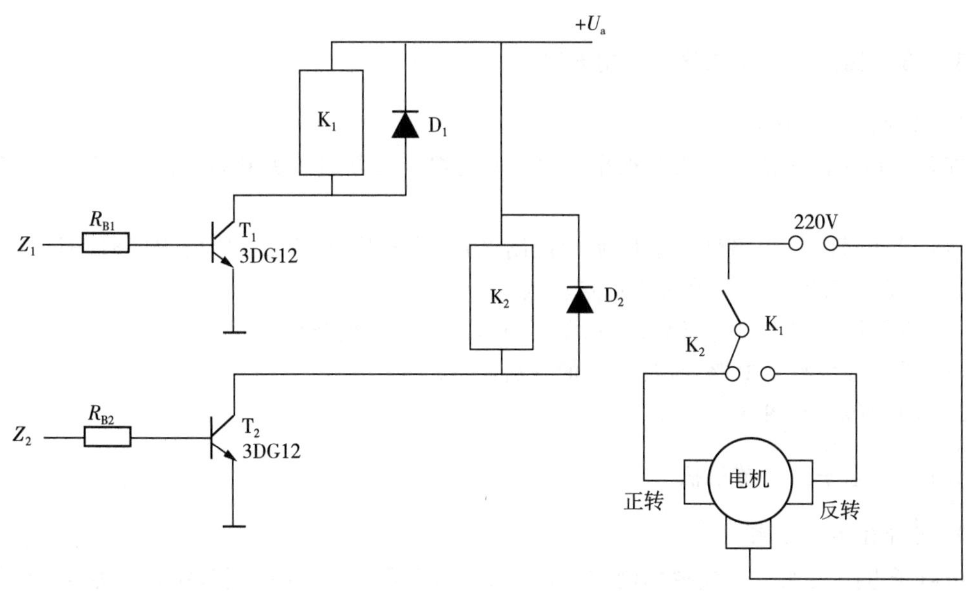

图 3-4-3　洗衣机驱动电路图

表 3-4-1 驱动电路控制表

Z_1	Z_2	K_1	K_2	电机
0	0	断	断	停
1	0	通	断	反转
0	1	断	通	停
1	1	通	通	正转

(3) 用两位数码管显示洗涤的预置时间(分钟数),按倒计时方式对洗涤过程作计时显示,直至时间到而停机。洗涤定时时间在 0 ~ 20min 内用户任意设定。

(4) 当定时时间到达终点时,一方面使电机停转,同时发出音响信号提醒用户注意。

(5) 洗涤过程在送入预置时间后即开始运转。

2. 洗衣机控制电路原理及电路设计

实现以上功能的洗衣机控制电路原理框图如图 3-4-4 所示。

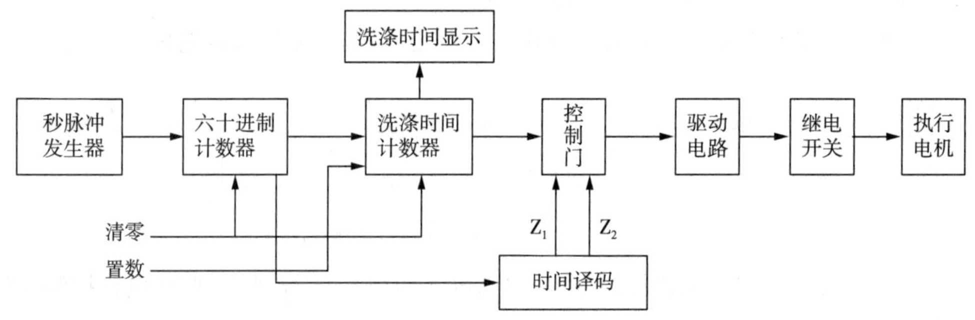

图 3-4-4 洗衣机控制电路原理框图

3.4.3 路灯工作状态显示控制电路

1. 设计任务及要求

安装在道路两旁的路灯需要根据光照的变化能自动开启和关断,以降低人工成本,节约电能。

(1) 设计制作一个路灯自动照明的控制电路,当日照光亮到一定的程度时路灯自动熄灭,而日照光亮暗到一定程度时路灯自动点亮。

(2) 设计计时电路,用数码管显示路灯当前一次的连续开启时间。

(3) 设计计数显示电路,统计路灯的开启次数。

2. 原理框图(见图 3-4-5)

3.4.4 电子拔河游戏机

1. 设计任务及要求

由电子电路实现一个模拟拔河游戏,供二位选手参加“拔河游戏”,游戏规则是:游戏开始后,二人各执一个按键,谁按的速度快,绳子中心(用发光二极管模拟)向谁的方向移动,当

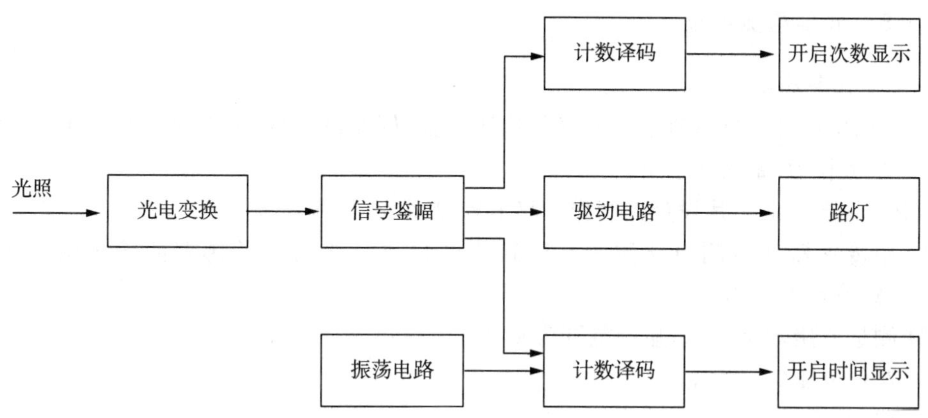

图3-4-5　路灯工作状态显示控制电路原理框图

移到任一方的终点时,游戏就结束,并能自动给胜者加分。

设一个裁判按键,供裁判宣布新一轮游戏开始. 裁判按下按键后,两个选手按键才有效,同时将中间的发光二极管点亮(绳子中心居中)。

安排15个发光二极管模拟绳子,任一时刻只有一个发光二极管点亮模拟绳子中心。

(1) 设两个竞赛按键供二位选手游戏使用,每按动一次,产生一个脉冲,发光二极管就向自己方向移动一位,谁按得快,点亮的发光二极管就向谁的方向移动。此处注意:如一方在按下按键或松开按键时,要保证另一方能正常工作。

(2) 当绳子中心(点亮的发光二极管) 移到任一方的终点时,该方就获胜,结束游戏。同时,电路自锁,保持当前状态,选手按键无效,自动给获胜选手加分。只有当裁判按动复位按键后,拔河绳子中间的发光二极管重新点亮。

(3) 用两个计分计数器及译码,显示电路,进行双方累计得分显示。

2. 原理框图(见图3-4-6)

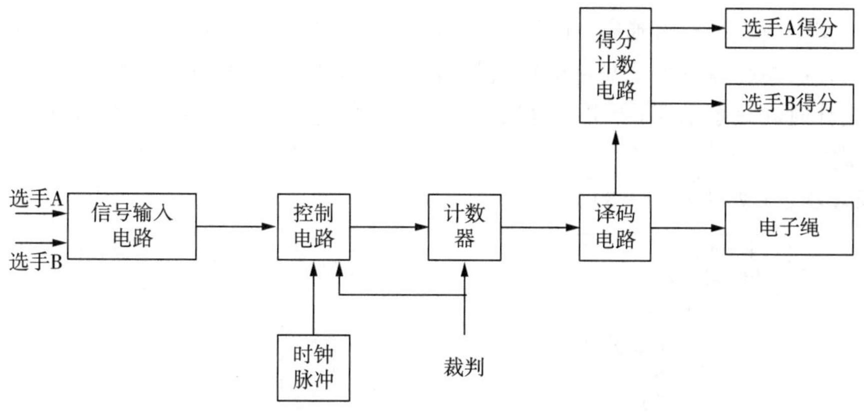

图3-4-6　电子拔河游戏机

3.4.5　峰值检测系统

1. 设计任务及要求

在科研、生产各个领域都会用到峰值检测设备，例如：检测建筑物的最大承受力，金属材料承受的最大拉力、最大压力等。

用中小规模集成芯片设计并制作一峰值检测系统，具体要求如下：

(1) 用传感器和检测电路测量某建筑物的最大承受力。传感器的输出信号为 0～5mV，1mV 等效于 400kg。

(2) 测量值用数字显示，显示范围为 0000～1999。

(3) 峰值电压保持稳定。

2. 原理框图（见图 3-4-7）

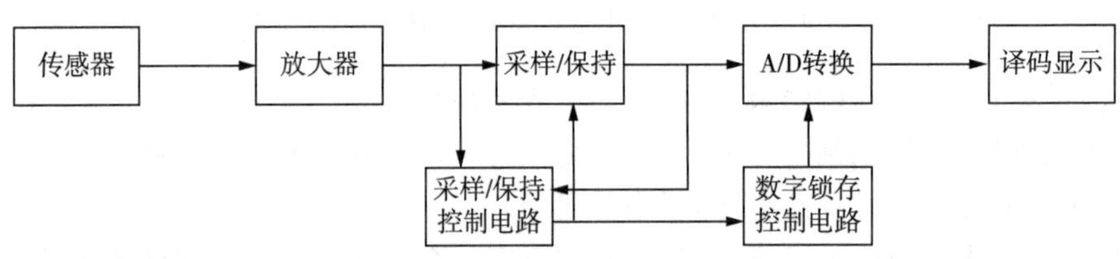

图 3-4-7　峰值检测系统原理框图

3.4.6　交通灯控制器

为了确保在十字路口车辆安全、有序的通过，在交叉路口设置红、绿、黄三种信号灯，红灯亮时禁止通行，绿灯亮时允许通行，黄灯亮时给行驶中的车辆有时间停靠在禁行线外。

1. 设计任务和要求

(1) 用红、绿、黄三色发光二极管作信号灯。

(2) 当主干道允许通行亮绿灯时，支干道亮红灯，而支干道允许通行亮绿灯时，主干道亮红灯。

(3) 主支干道交替允许通行，主干道每次放行 45s、支干道 30s。

(4) 在每次由亮绿灯变成亮红灯的转换过程中间，要亮 5s 的黄灯作为过渡。

(5) 设计时间显示电路，要求用两位显示两方向的通行、停时间。（注：时间数字显示为倒计时方式）

2. 原理框图（见图 3-4-8）

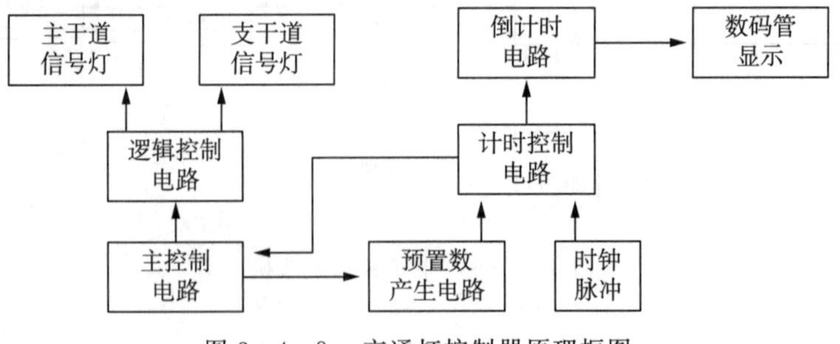

图 3-4-8　交通灯控制器原理框图

3.4.7　乒乓球比赛游戏机

1. 设计任务和要求

乒乓球比赛是由甲乙双方参赛，再加上裁判的三人游戏。乒乓球比赛模拟机是一种用发光二极管模拟乒乓球运动的电子游戏机，同时可以容纳三人玩要。

(1) 用8个以上的LED(例如14个)排成一条直线，以中点为界，两边各代表参赛双方的位置，其中一只点亮的LED指示球的当前位置。点亮的LED依次从左到右，或者从右到左移动，其移动速度应能进行调节。

(2) 当球(点亮的那只LED)运动到某方的最后一位时，参赛者应能果断地按下位于自己一方的开关，即表示启动球拍击球，若击中则使球向相反方向移动，若未击中，则对方得一分。

(3) 一方得分时，电路自动响铃3秒，这期间发球无效，等铃声停止后方能继续比赛。

(4) 设置自动计分电路。甲乙双方各用两位数码管进行计分显示，每满21分为1局。

(5) 甲乙双方各设置一个发光二极管表示拥有发球权，每得5分自动交换发球权，拥有发球权的一方发球才有效。

2. 原理框图(如图3-4-9所示)

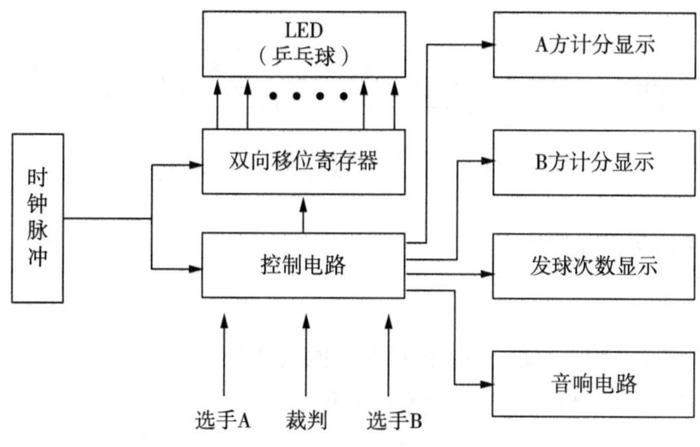

图3-4-9　乒乓球比赛游戏机原理框图

3.4.8　波形发生器

1. 设计任务和要求

波形产生电路在生产、科研领域具有广泛的应用，要求设计并制作能产生正弦波、方波、三角波输出的波形发生器。

(1) 输出的各种波形的频率范围为50Hz～5kHz连续可调；

(2) 正弦波、方波幅值±6V；

(3) 三角波峰－峰值15V；

(4) 各种输出波形幅值均连续可调。

2. 原理框图(见图 3-4-10)

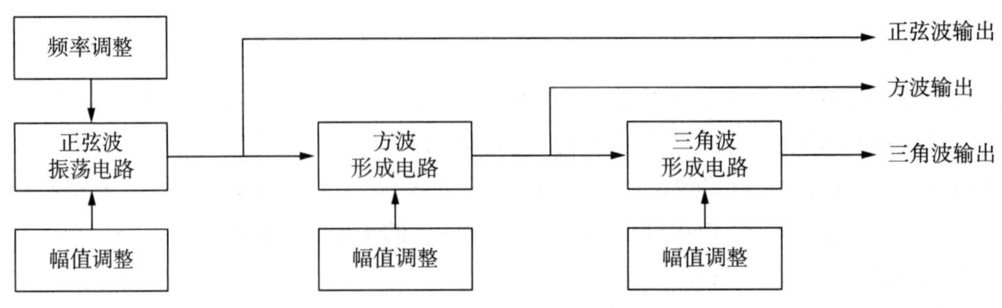

图 3-4-10 波形发生器原理框图

3.4.9 三极管 β 值测量分选仪

1. 设计任务和要求

(1) 设计一 NPN 型三极管 β 值分档显示电路;

(2) 用一位数码管显示被测三极管 β 分档值。共分六档:其 β 值的范围分别为 30 ～ 80,80 ～ 130,130 ～ 180,180 ～ 240,240 ～ 300,300 以上。编号分别为 1 ～ 6。

2. 原理框图(见图 3-4-11)

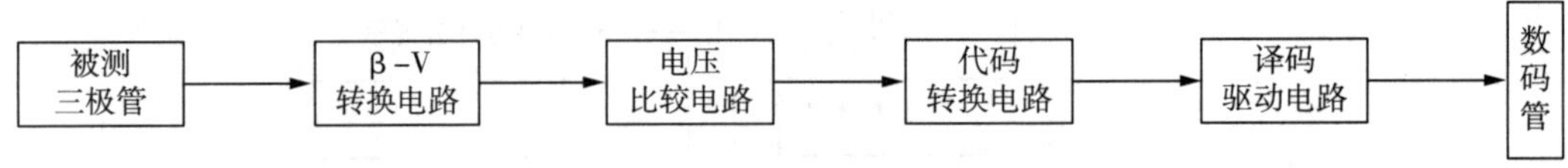

图 3-4-11 三极管 β 值测量分选仪原理框图

3.4.10 数字式电容测量仪

1. 设计任务和要求

设计一个数字式电容测量仪,能用于电容容值的测量。

(1) 要求待测的电容容值为 100pF 至 100uF;

(2) 至少设计两个测量量程;

(3) 用三位数码管显示测量结果;

(4) 测量精度要求 ±10%(准确值以万用表的测量值为准)。

2. 原理框图(见图 3-4-12)

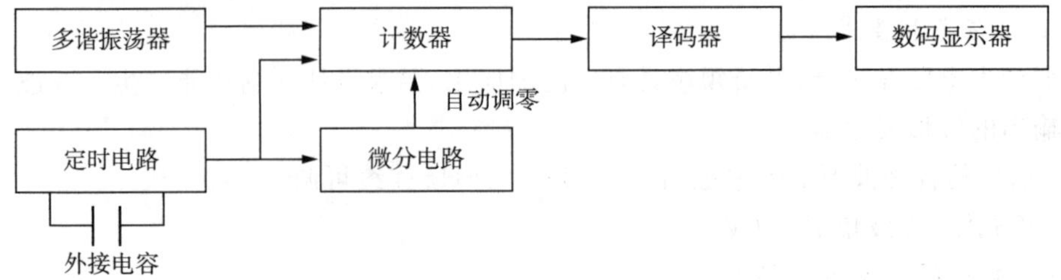

图 3-4-12 电容测量仪原理框图

3.4.11 电冰箱保护器

1. 设计任务和要求

设计一电冰箱保护器，要求具有过、欠压切断，上电延迟等功能；

(1) 当交流电压在 180V ～ 260V 范围时，正常供电，绿灯亮；

(2) 当电压低于 180V 时，欠压保护，断开供电继电器，红灯点亮；

(3) 当电压大于 260V 时，断开供电继电器，过压保护，红灯点亮；

(4) 在上电、欠压、过压保护断开供电继电器后，且电压恢复到正常电压(180V ～ 260V)时，需要延时 30 秒才允许接通供电继电器，恢复正常供电。

(5) 要求欠、过压检测精度为 ±3V。

2. 原理框图(见图 3－4－13)

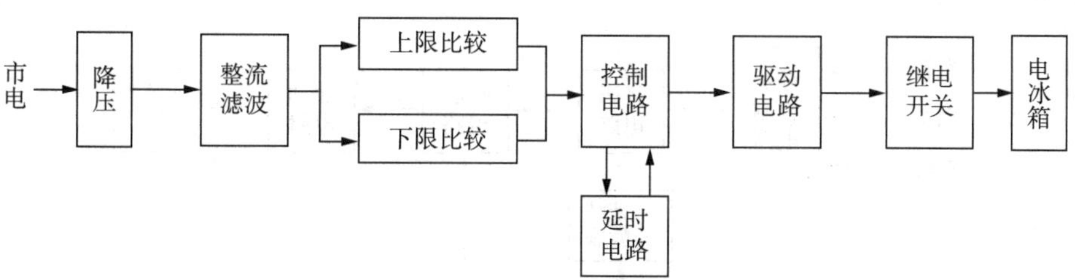

图 3－4－13　电冰箱保护器原理框图

3.4.12 顺序控制器

1. 设计任务和要求

(1) 加工程序步数为 8 步，第一步和第二步各为 20s，第三步至第六步各为 1min，第七步为 3min，第八步为 2min；

(2) 用数码管显示顺序控制器加工时间；

(3) 用发光二极管显示顺序控制器加工的各道工序；

(4) 在顺序控制器中增加循环功能，第三步至第五步加工工序要循环 3 次。

2. 原理框图(见图 3－4－14)

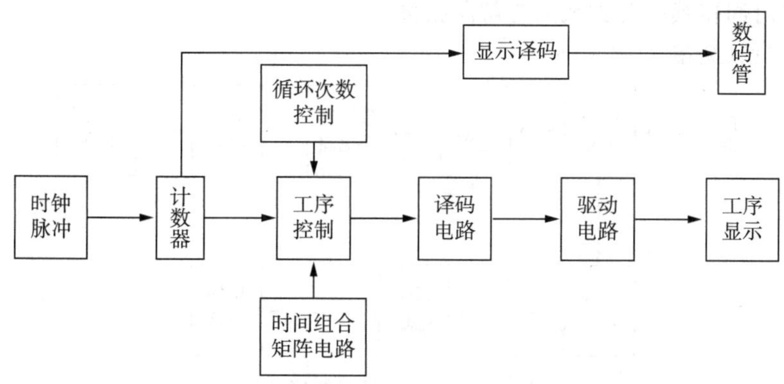

图 3－4－14　顺序控制器原理框图

3.4.13 汽车尾灯控制电路设计

1. 设计任务和要求

设计一个汽车尾灯控制电路，汽车尾部左右两侧各有 3 个指示灯(用发光二极管模拟)，分别用三个开关控制车辆右转、左转、刹车状态指示：

(1) 汽车正常运行时，6 个指示灯全灭；

(2) 汽车右转弯时(右转开关按下)，右侧 3 个指示灯按右循环顺序以 1s 左右的间隔时间依次点亮；

(3) 汽车左转弯时(左转开关按下)，左侧 3 个指示灯按左循环顺序以 1s 左右的间隔时间依次点亮；

(4) 汽车刹车时(刹车开关按下)，所有指示灯以 1Hz 频率同时闪烁。

2. 原理框图(见图 3-4-15)

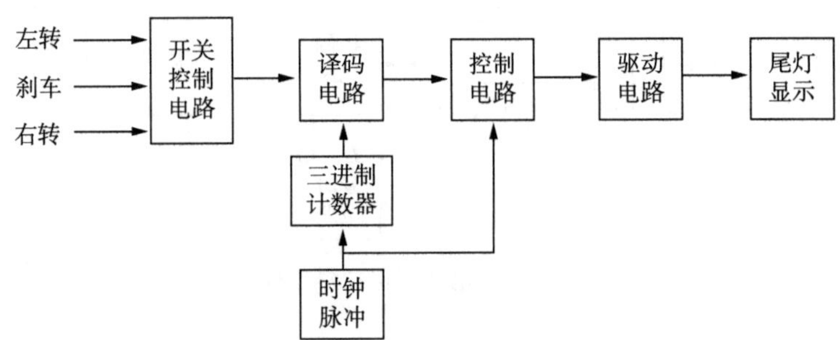

图 3-4-15 汽车尾灯控制电路原理框图

3.4.14 16 路数显报警器

1. 设计任务和要求

设计一 16 路数显报警器，要求：

(1) 当 16 路中某一路按下时，显示该路编码，并发出音响；

(2) 编码显示用两位数码管显示；

(3) 当两个或两个以上按键按下时，只显示高优先级的编码；

(4) 报警时间持续一分钟或人为解除报警。

2. 原理框图(见图 3-4-16)

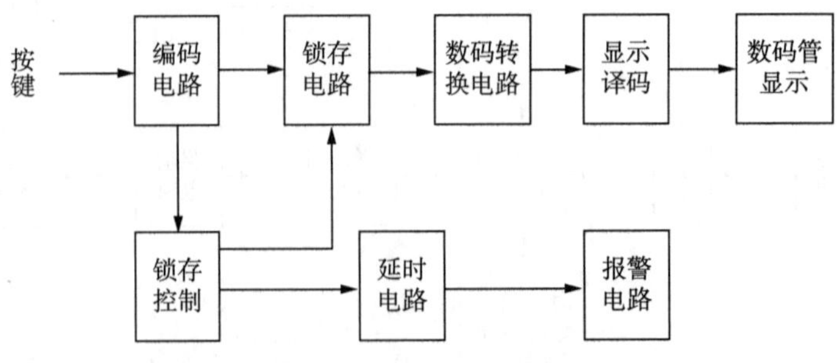

图 3-4-16 16 路数显报警器原理框图

3.4.15　电话按键显示器

1. 设计任务和要求

(1) 设计一个具有 8 位显示的电话按键显示器，要求能准确反映按键数字；

(2) 显示器显示从低位向高位前移，逐位显示按键数字，最低位为当前输入位；

(3) 按下挂机按键后 30 秒显示器熄灭。

2. 原理框图(见图 3-4-17)

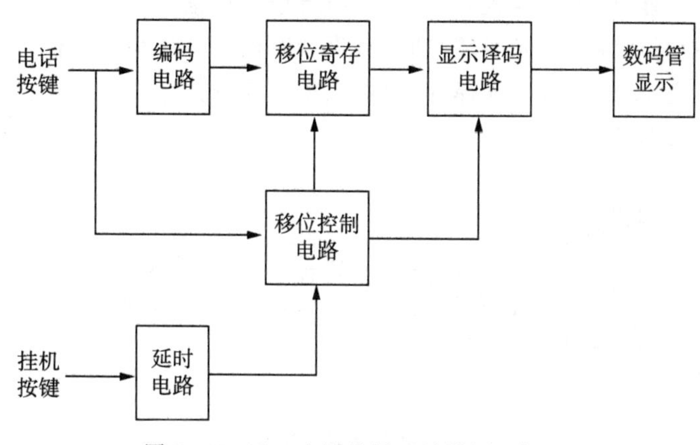

图 3-4-17　电话按键显示器原理框图

3.4.16　路灯控制器

1. 设计任务和要求

为了降低道路两旁路灯的能耗，在半夜行人稀少时，可以关闭每根路灯杆上的部分路灯：

(1) 每根路灯杆上路灯具有高低位置两盏灯，当晚上天黑后两盏灯自动点亮；

(2) 位置低的灯点亮 4 个小时后自动熄灭。

2. 原理框图(见图 3-4-18)

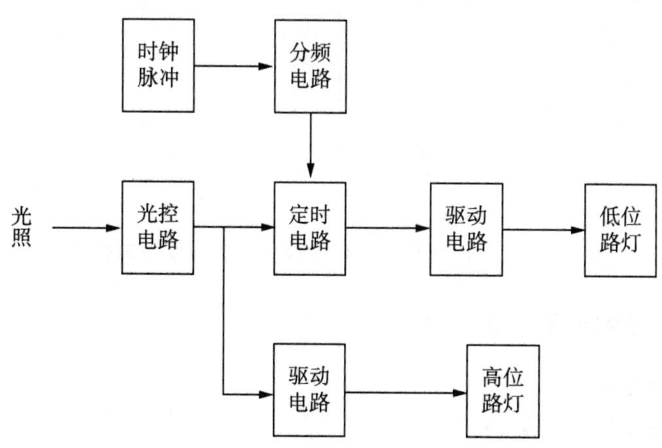

图 3-4-18　路灯控制器原理框图

3.4.17 楼梯过道灯控制器

1. 设计任务和要求

对于楼梯,走廊等公共场所的照明设备进行控制,不仅节约了电能,还可以延长灯泡的使用寿命。要求设计一楼梯过道灯控制器:

楼梯过道灯白天即使有人经过也不会点亮,只有晚上有人经过时会自动点亮,点亮后要求持续 15 秒后再熄灭。

(1) 具有光控功能,白天光线较亮,即使有声音楼梯灯也不亮;

(2) 具有声控功能,晚上或光线较暗时,有声音时楼梯灯自动点亮;

(3) 楼梯灯点亮 15 秒后自动灭掉(时间可根据需要调整)。

2. 原理框图(见图 3-4-19)

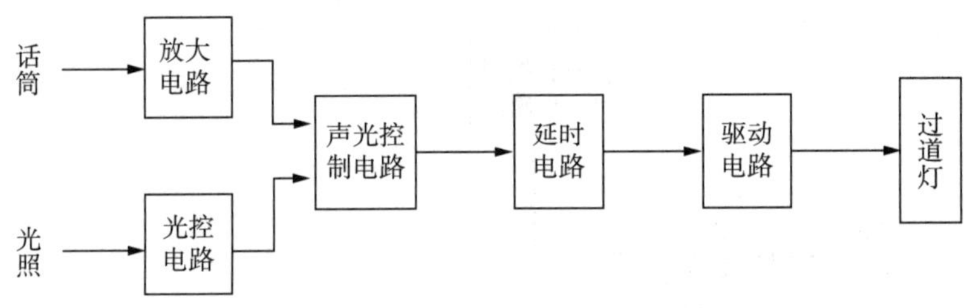

图 3-4-19 楼梯过道灯控制器原理框图

3.4.18 数显式稳压管稳压值测量仪

1. 设计任务和要求

(1) 设计一稳压管稳压值测量显示电路,测量的稳压管稳压值范围为 5 ～ 18V;

(2) 要求测量误差小于显示值的 3%;

(3) 显示数据清晰稳定。

2. 原理框图(见图 3-4-20)

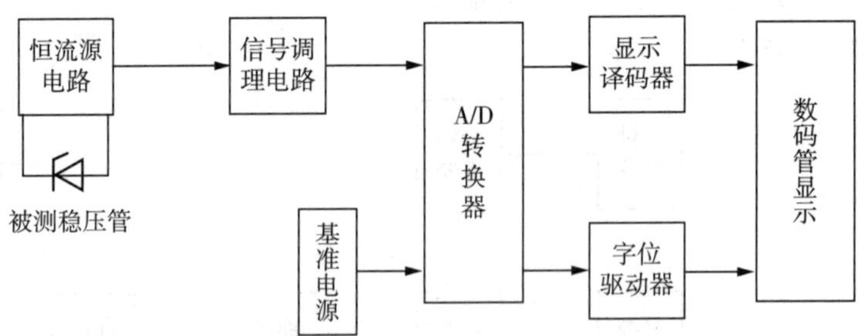

图 3-4-20 数显式稳压管稳压值测量仪原理框图

3.4.19 温度检测电路(3 位半显示)

1. 设计任务和要求

(1) 温度测量范围:0℃ ～ 199℃;

(2) 测量精度:1℃;

(3) 用 3 位半数码管显示；

(4) 显示数据清晰稳定。

2. 原理框图(见图 3-4-21)

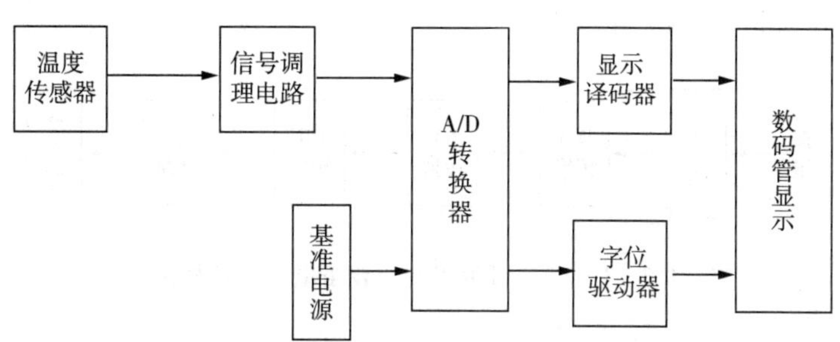

图 3-4-21　温度检测电路原理框图

3.4.20　蓄电池欠、过压控制装置

1. 设计任务和要求

蓄电池在我们生产、生活中应用极为广泛，为了使得蓄电池长期、安全地工作，要求设计一个蓄电池欠压、过压控制电路，实现蓄电池电压过低时不允许继续放电，蓄电池电压过高时不允许继续充电的功能：

(1) 蓄电池电压低于 10.5V，切断负载，故障指示灯点亮；当蓄电池电压高于 12V 时，接通负载，故障指示灯熄灭；

(2) 蓄电池电压高于 15.5V，切断充电电路，故障指示灯以 1Hz 的频率闪烁；当蓄电池电压低于 14V，接通充电电路，故障指示灯熄灭；

2. 原理框图(见图 3-4-22)

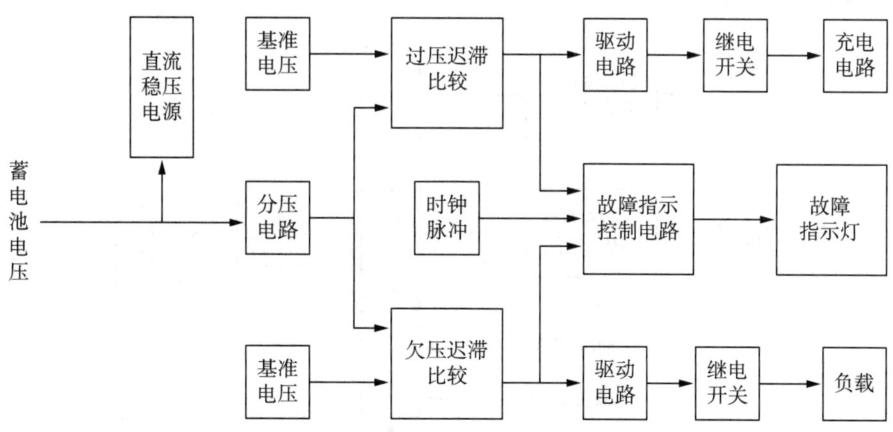

图 3-4-22　蓄电池欠、过压控制装置原理框图

3.4.21　可编程变音警笛电路

1. 设计任务和要求

设计一可编程变音警笛电路，要求：

(1) 可以通过一个按键设定不同的警笛声音;
(2) 能产生不少于 20 种不同的声音;
(3) 频率在音频范围内。

2. 原理框图(见图 3-4-23)

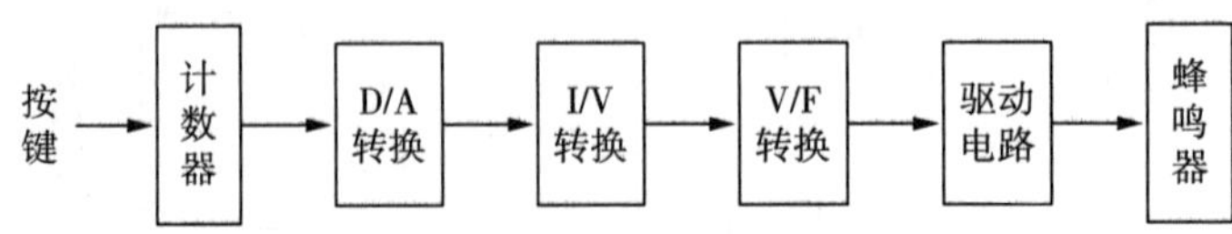

图 3-4-23　可编程变音警笛电路原理框图

3.4.22　霓虹灯控制电路

1. 设计任务和要求

设计一霓虹灯控制电路,要求:
(1) 采用十二根霓虹灯;
(2) 通过(环形 / 扭环形) 开关可设置成环形计数器或扭环形计数器的显示效果;
(3) 通过(左 / 右移) 开关可设置成循环左移或循环右移;
(4) 复位按键可以设置初始状态;
(5) 通过(启动 / 停止) 开关实现启动和停止。
(6) 移位频率 1Hz,且可调整。
(例如 4 位环形:0001,0010,0100,1000,0001
4 位扭环形:0000,0001,0011,0111,1111,1110,1100,1000,0000)

2. 原理框图(见图 3-4-24)

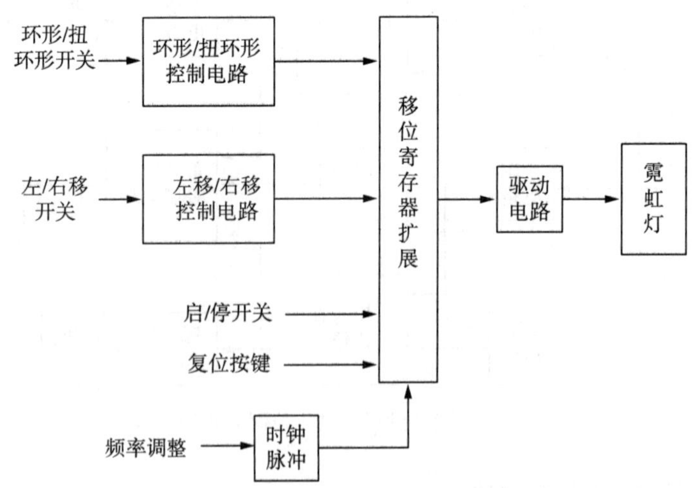

图 3-4-24　霓虹灯控制电路原理框图

3.4.23　电梯楼层显示控制器

随着高层建筑的兴建，电梯成为高层建筑必不可少的一种垂直运输工具，而电梯楼层显示控制器是电梯的重要部件之一。

1. 设计任务和要求

(1) 设计一个八层楼电梯楼层显示控制器；

(2) 用两个数码管分别显示电梯行进楼层位置和乘客要去的目标楼层；

(3) 电梯停车时，能响应每层楼电梯按钮的呼唤，电梯行进时不响应不记忆呼唤；

(4) 能控制电梯行进(假定行进一层楼所需时间 5 秒)，给出电梯停止、上行、下行指示。

(5) 步进电机正反转模拟电路。当目标楼层大于实时楼层时，系统能输出使电机正转的时序信号，使电梯上升；当目标楼层小于实时楼层时，系统能输出使电机反转的时序信号，使电梯下降；当目标楼层等于实时楼层时，系统停机信号，使电机停止运行并开门。

2. 原理框图(见图 3 - 4 - 25)

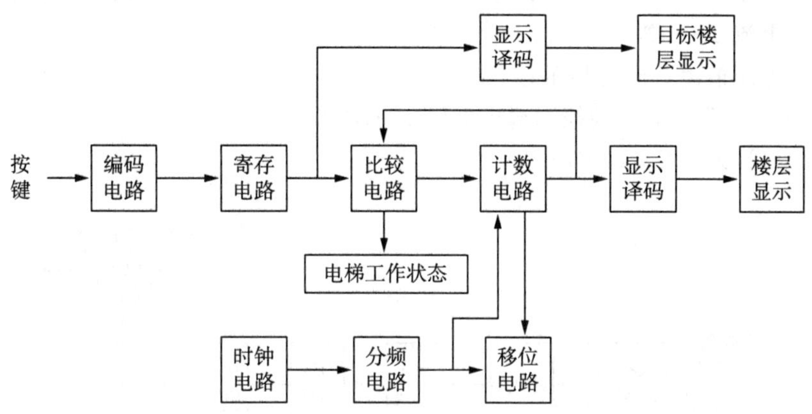

图 3 - 4 - 25　电梯楼层显示控制器原理框图

3.4.24　可预置的定时显示报警系统

1. 设计任务和要求

要求设计一个可预置定时时间的定时显示报警电路。用户可任意设置定时时间，定时时间一到，电路报警：

(1) 设计一个可任意预置定时时间(预置时间范围：5 秒 ～ 99 秒) 的显示报警系统。系统能手动清零；

(2) 要求电路从预置时间开始倒计时，倒计时至 0 秒时，电路发出报警。报警声持续 3 秒；

(3) 要求显示计时时间；

(4) 定时时间预置用拨码开关来实现；

2. 原理框图(见图 3-4-26)

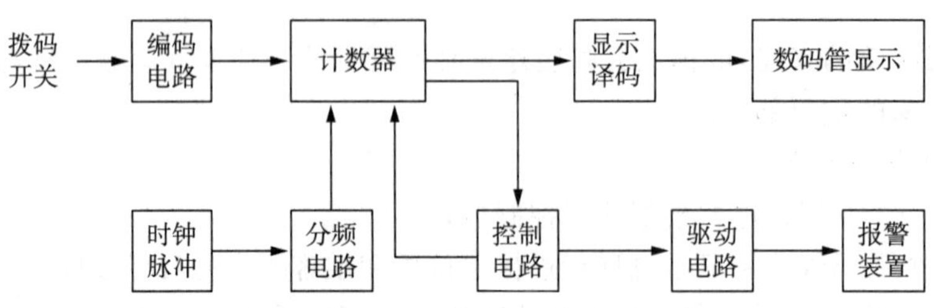

图 3-4-26 可预置的定时显示报警系统原理框图

3.4.25 数控直流电源

1. 设计任务和要求

要求设计一数控直流电源,能够通过"+"、"—"两键按步进方式分别控制输出直流电压的增减,同时输出电压要用数字显示出来。具体要求如下:

(1) 输入电压 20V±10%,输出电压范围 0～9.9V,步进 0.1V,纹波不大于 10mV;

(2) 输出电流 500mA;

(3) 输出电压值由数码管显示;

(4) 由"+"、"—"两键分别控制输出电压步进增减。

2. 原理框图(见图 3-4-27)

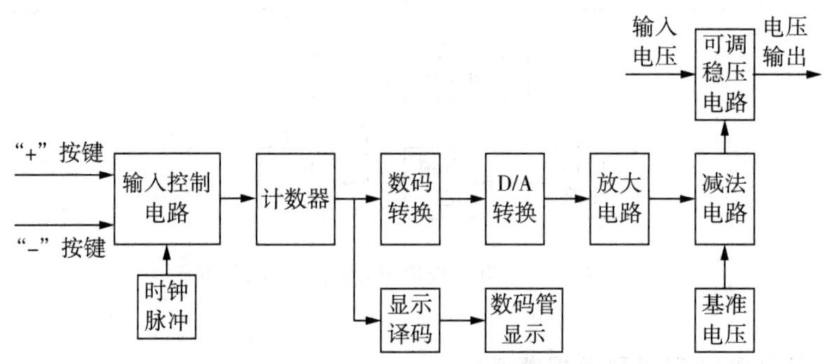

图 3-4-27 数控直流电源原理框图

3.4.26 电子密码锁

1. 设计任务和要求

锁是人们日常生活中的常用物品,本设计要求设计制作一个密码锁控制电路,当密码锁输入正确的代码时,输出开锁信号,用绿灯亮,红灯灭表示开锁;而红灯亮,绿灯灭表示闭锁。

(1) 在控制电路中储存一组可以修改的 6 位代码,当开锁按键的输入代码等于储存的代码时,输出开锁信号,并给出相应指示;

(2) 从第一个按键按下之后的 10 秒内未将锁打开,则电路自动复位并进入闭锁状态,并产生持续 30 秒的报警信号；

(3) 报警时红灯和绿灯均以 1Hz 的频率闪烁。

2. 原理框图(见图 3-4-28)

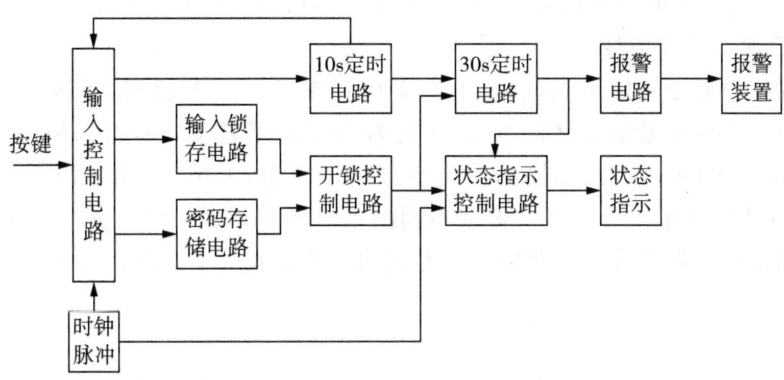

图 3-4-28　电子密码锁原理框图

3.4.27　扩音机

1. 设计任务和要求

扩音机常用于音响设备，它的主要功能是对微弱信号进行电压放大和功率放大，同时需要对音量进行调节。本题要求设计一 5W 双声道扩音机：

(1) 不失真功率为 5W；

(2) 频率响应为 20Hz ～ 20kHz；

(3) 输入阻抗大于 50kΩ；

(4) 输入电压小于 5mV。

音调控制范围：低音(100Hz) 时为 ±12dB，高音(10kHz) 时为 ±14dB。

2. 原理框图(见图 3-4-29)

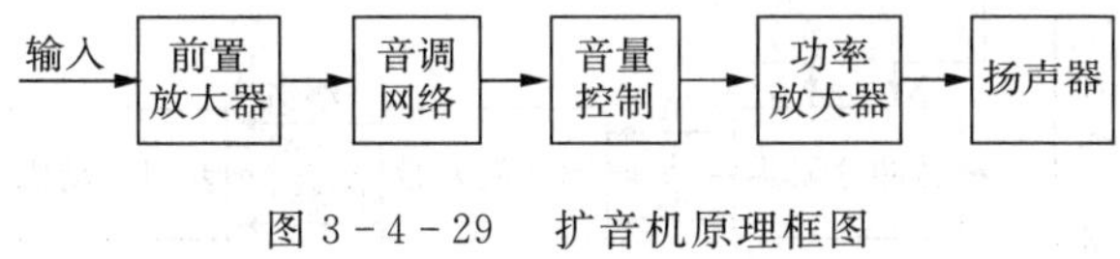

图 3-4-29　扩音机原理框图

3.4.28　步进电机控制器

步进电动机接受步进脉冲而一步一步地转动，可以带动机械装置实现精密的角位移和直线移位，被广泛应用于各种自动控制系统中。步进电动机的工作方式主要取决于输出步进脉冲的控制器电路。

1. 设计任务和要求

(1) 设计一个兼有三相六拍、三相三拍两种工作方式的脉冲分配器。

(2) 能控制步进电动机作正向和反向运转。

(3) 设计驱动步进电动机工作的脉冲放大电路，使之能驱动一个相电压为 24V、相电流为 0.2A 的步进电动机工作。

(4) 设计步数显示和步数控制电路,能控制电动机运转到预置的步数时停止转动,或运转到预定圈数时停转。

(5) 设计电路工作的时钟信号,频率为 10Hz ~ 10kHz,且连续可调。

2. 工作原理及设计思路

步进电动机由转子和定子组成,定子上绕制了 A、B、C 三相绕组,而转子上没有绕组。当三相定子绕组轮流接通驱动脉冲时,产生磁场吸引转子转动,每次转动的角度称为步距角。根据三相所加脉冲的方式不同而产生不同的步距角,其中,三相三拍方式的步距角为 3°,三相六拍方式的步距角为 1.5°。根据不同的信号频率形成不同的转速。由三相脉冲加入的不同相序形成正转或反转。两种工作方式的脉冲加入次序如图 3-4-30 所示。

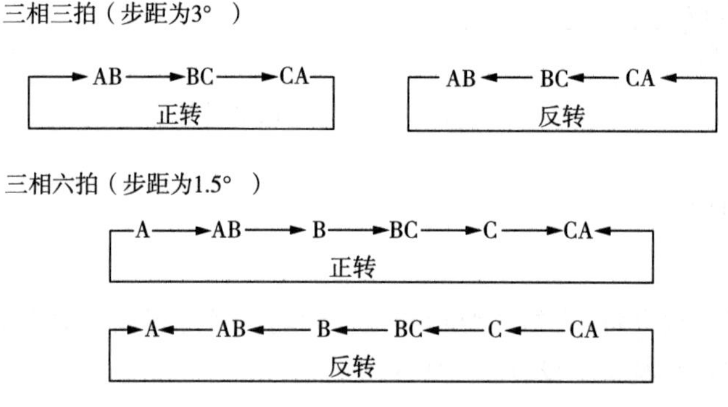

图 3-4-30 两种工作方式的脉冲加入次序

3. 原理框图(见图 3-4-31)

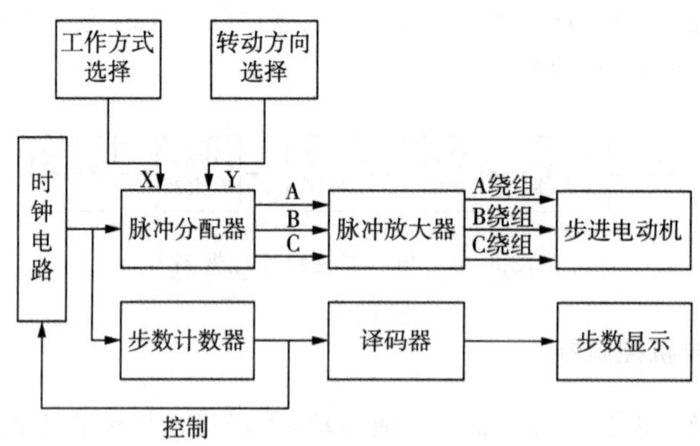

图 3-4-31 步进电机控制器原理框图

3.4.29 数字电子秤

1. 设计任务和要求

秤是重量的计量器具,不仅是商业部门的基本工具,在各种生产领域和人民日常生活中得到广泛应用。数字电子秤用数字直接显示被称物体的重量，具有精度高、性能稳定、测量准确及使用方便等优点。

(1) 设计制作一个电子秤的电路，称重范围分为三档，0 ～ 1.999kg、0 ～ 19.99kg、0 ～ 199.9kg。

(2) 用 $3\frac{1}{2}$ 位数字显示称重结果。

(3) 具有量程自动切换功能。

2. 原理框图(见图 3-4-32)

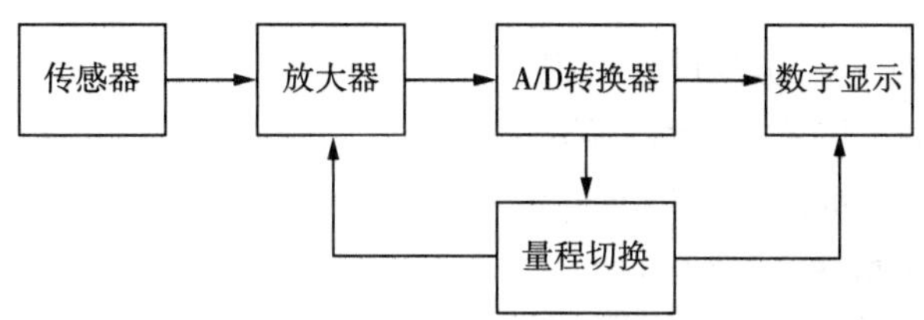

图 3-4-32　数字电子秤原理框图

3.4.30　可编程字符显示器

1. 设计任务和要求

可编程字符显示，是指显示的字符或图案可以通过编写程序的方法进行灵活转换，它是将显示的内容预先编程，再由控制电路将要显示的内容按照一定的规律显示出来。

(1) 设计并制作一个字符显示器，要求字符用 16 * 16 点阵显示；

(2) 分时显示“课程设计”四个字，每个字符停留 0.5 秒，显示完后停留 1.5 秒，再从头开始显示；

(3) 显示字符变更时，不应出现模糊不清的显示。

(4) 显示的字符清晰稳定。

2. 原理框图(见图 3-4-33)

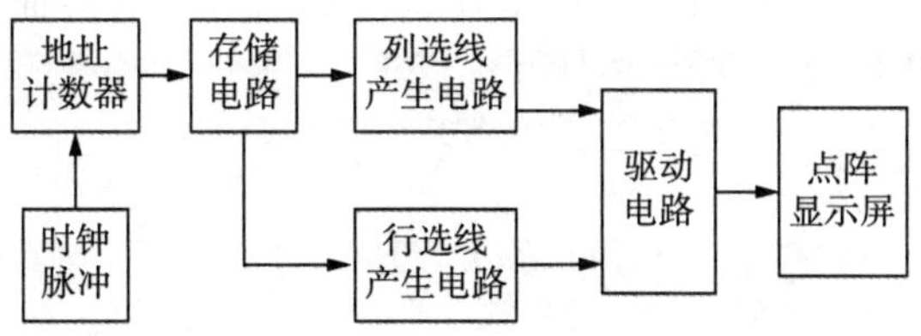

图 3-4-33　可编程字符显示器原理框图

第 4 章　FPGA 综合实验

4.1　Quartus II 软件使用方法

基于 Quartus II 的数字系统设计流程：

1. 创建工程 File → New Project Wizard
2. 设计输入 Block Diagram/Schematic File
3. 编译(检查语法错误)Compilation
4. 仿真(时序检查)Simulate
5. 管脚分配 assignments editor
6. 编译(检查系统设计错误)Compilation
7. 下载 Programmer
8. 实验验证

Quartus II 中每一项设计都对应一个工程(Project)，Quartus II 中的工程是由有关的设计文件组成。为了便于设计项目的存储，必须先建立一个文件夹(称为工作目录)，用来存放与此工程相关的所有文件。例如文件夹 E:\ZWY，此文件夹被默认为用户库(Work Library)。

当一个工程中需要多个设计文件时，这些设计文件必须放在同一个文件夹中，否则在设计编译时会出错。

在打开文件时，必须先打开工程文件，才能对这个工程进行编译、仿真和下载。

步骤 1：打开 Quartus II 软件

进入 Windows 操作系统，打开 Quartus II 软件，Quartus II 界面如图 4-1-1 所示。

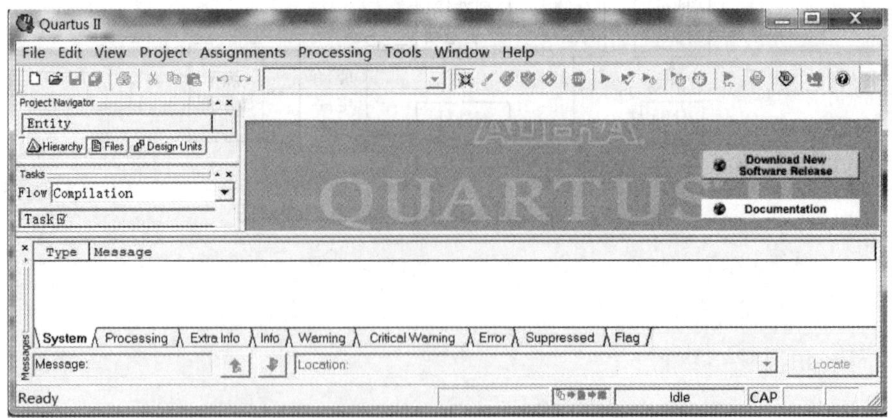

图 4-1-1　Quartus II 界面

步骤 2:创建工程

(1) 工程设置。选择 File → New Project Wizard 命令,如图 4-1-2 所示。在弹出的图 4-1-3 所示对话框中,选 Next,进入图 4-1-4 所示的工程设置页面,设置工程文件夹 E:\ZWY、工程名和顶层实体名均为 ZAND。设置完成后选 Next,进入目标器件选择页面。

(2) 指定目标器件。设计人员可以在该步骤中指明本次设计的目标器件。按图 4-1-5 所示选择目标芯片。设置完毕,选择 Next。

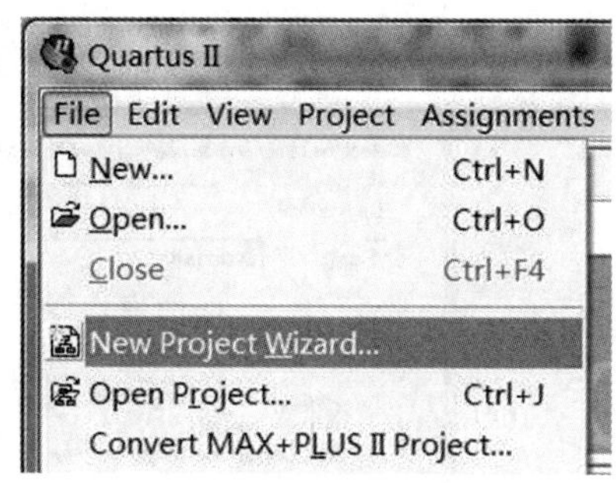

图 4-1-2

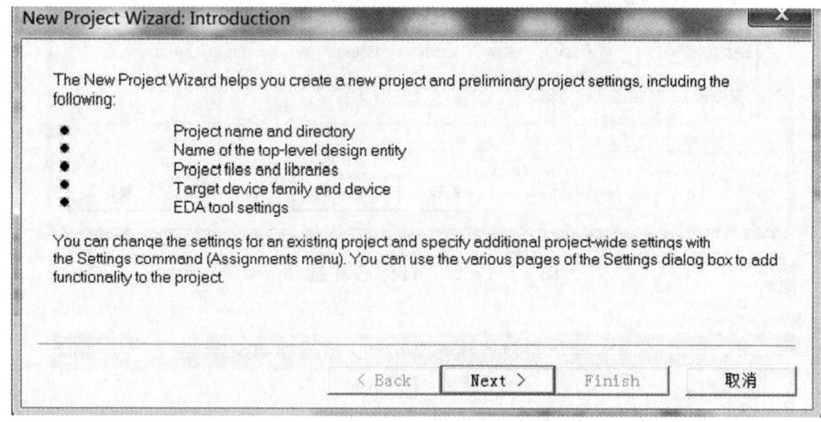

图 4-1-3　新建工程向导

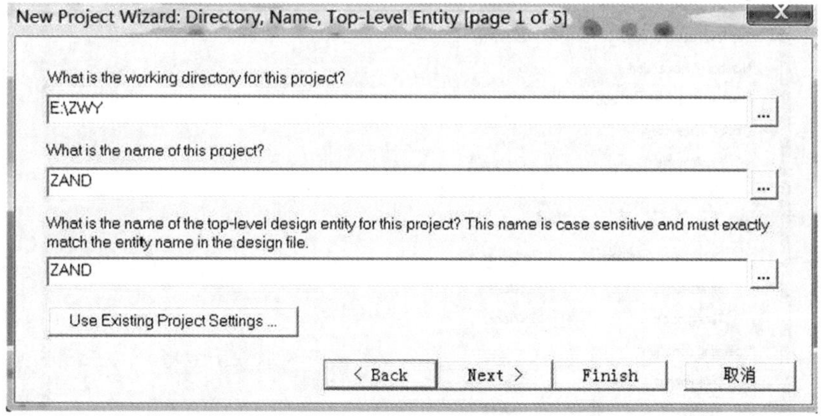

图 4-1-4　新建工程路径、工程名称、工程实体名

(3) 工程总结。图 4-1-6 工程设置情况总结,包括工程文件夹位置、工程名和顶层实体名、器件类型、综合器与仿真器选择等。设计人员在此可检查设置是否符合要求。若无问题,点击"Finish" 结束工程的创建。若有不符合要求的情况,可点击"Back" 退回修改。

New Project Wizard: Family & Device Settings [page 3 of 5]
Select the family and device you want to target for compilation.
Device family
Family: Cyclone II
Devices: All
Show in 'Available device' list
Package: PQFP
Pin count: 208
Speed grade: 8
Target device
Auto device selected by the Fitter
Specific device selected in 'Available devices' list
Show advanced devices
HardCopy compatible only
Available devices:
Name Core v... LEs User I/... Memor... Embed... PLL Global...
EP2C5Q208C8 1.2V 4608 142 119808 26 2 8
EP2C5Q208I8 1.2V 4608 142 119808 26 2 8
EP2C8Q208C8 1.2V 8256 138 165888 36 2 8
EP2C8Q208I8 1.2V 8256 138 165888 36 2 8
Limit DSP & RAM to HardCopy device resources
< Back
Next >
Finish
取消

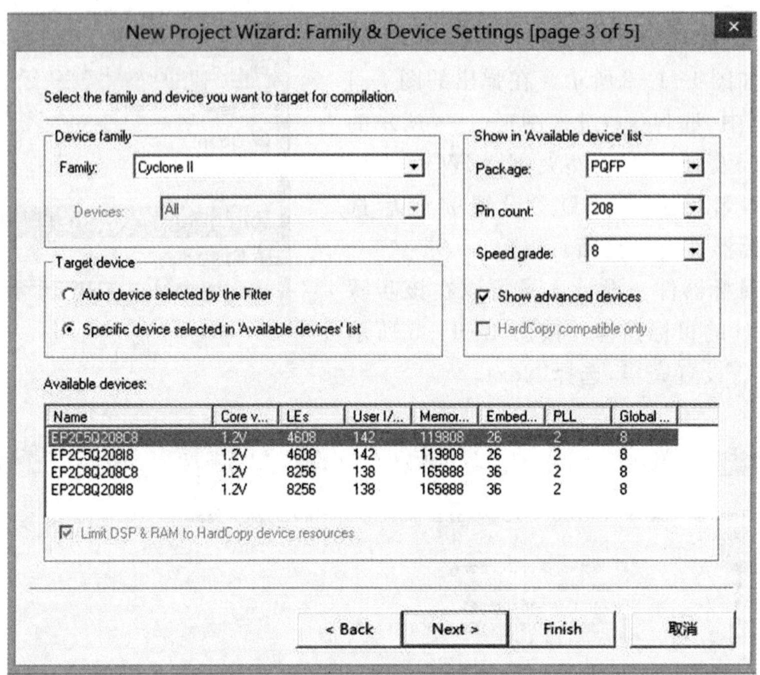

图 4-1-5　目标芯片选择

New Project Wizard: Summary [page 5 of 5]
When you click Finish, the project will be created with the following settings:
Project directory:
E:/ZWY/
Project name: ZAND
Top-level design entity: ZAND
Number of files added: 0
Number of user libraries added: 0
Device assignments:
Family name: Cyclone II
Device: EP2C5Q208C8
EDA tools:
Design entry/synthesis: <None>
Simulation: <None>
Timing analysis: <None>
Operating conditions:
Core voltage: 1.2V
Junction temperature range: 0-85 癈
< Back
Next >
Finish
取消

图 4-1-6　创建工程总结

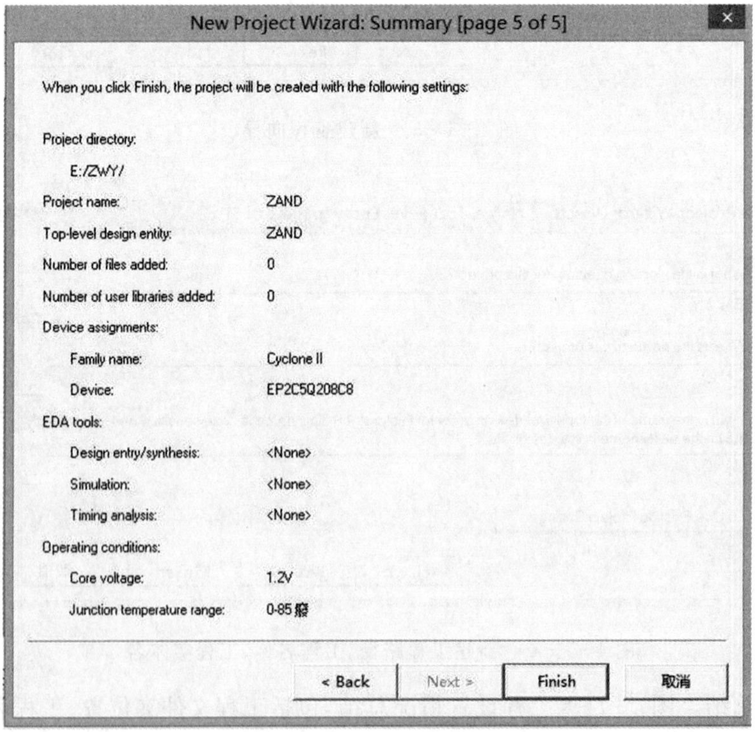

步骤 3:打开原理图编辑器

项目建立后，便可进行具体设计，为项目添加实际的设计文件。选择“File”菜单“New”，弹出文件类型选择对话框如图 4-1-7 所示，在“Design Files”栏中选择“Block Diagram/Schematic File”，进入图 4-1-8 所示原理图文件(扩展名为 bdf)编辑界面。

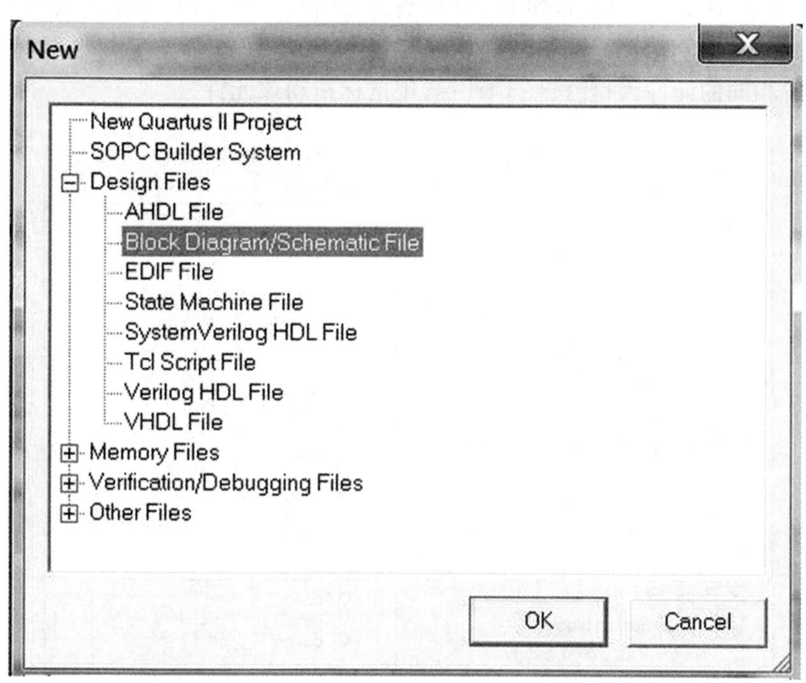

图 4-1-7　新建原理图文件(.bdf 文件)

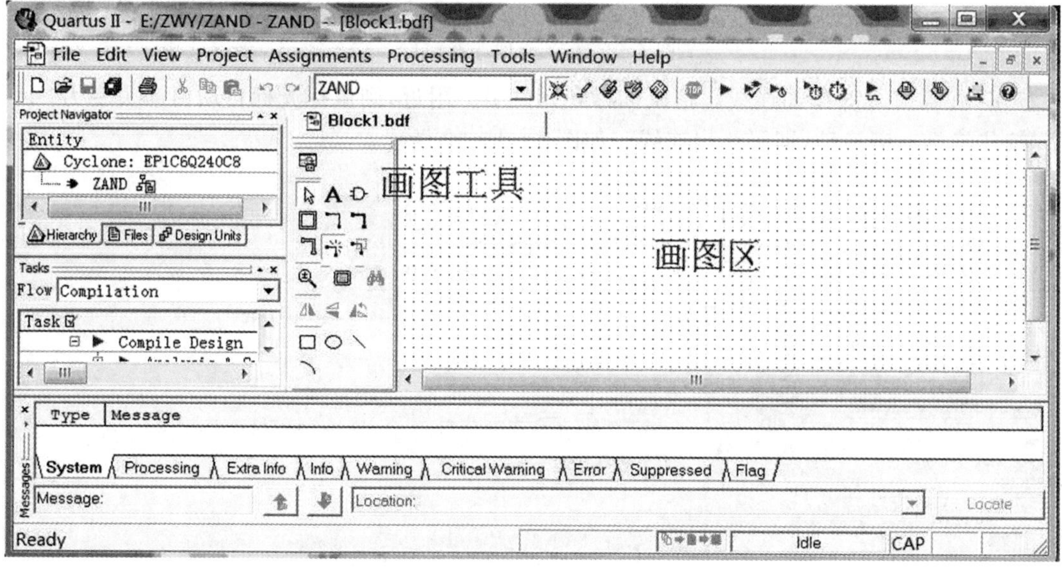

图 4-1-8　bdf 原理图文件编辑界面

步骤 4:原理图文件编辑

(1) 元器件放置。在图 4-1-8 原理图文件编辑界面空白处双击鼠标左键,弹出元件选择页面,如图 4-1-9 所示。图中“Libraries”处列出元件库目录,包括基本元件库、宏功能库和其他元件库。选择其中任一库,如基本元件库,双击所需的元件即可将元件调入文件。也可在页面“Name”处输入元件名,如 and3(三输入与门)、not(非门)、input(输入端口) 等,并点击 OK。

若要放置相同的元件,只要按住 Ctrl 键,用鼠标拖动该元件。

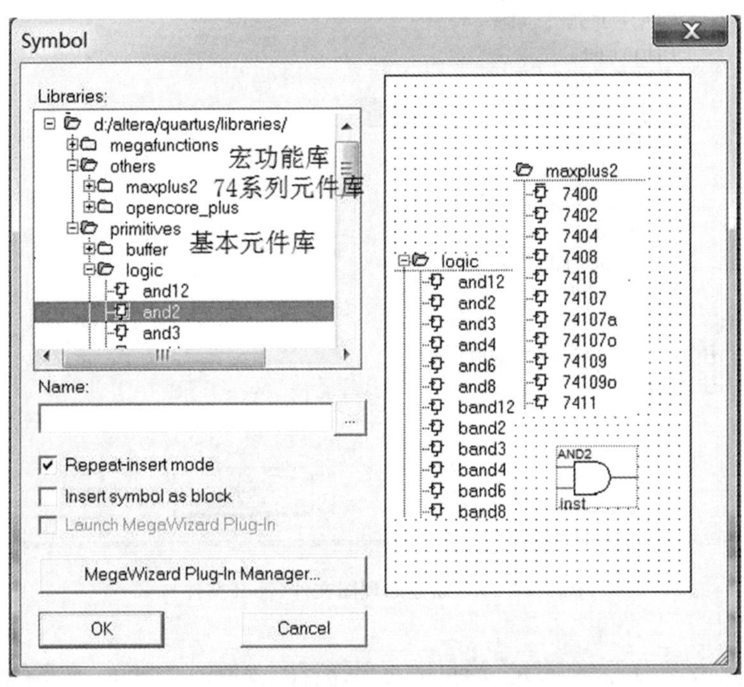

图 4-1-9 元件选择窗口

(2) 在器件之间添加连线。把鼠标移到元件引脚附近,则鼠标光标自动由箭头变为“十”字,按住鼠标左键拖动,即可画出连线。如图 4-1-10 所示。

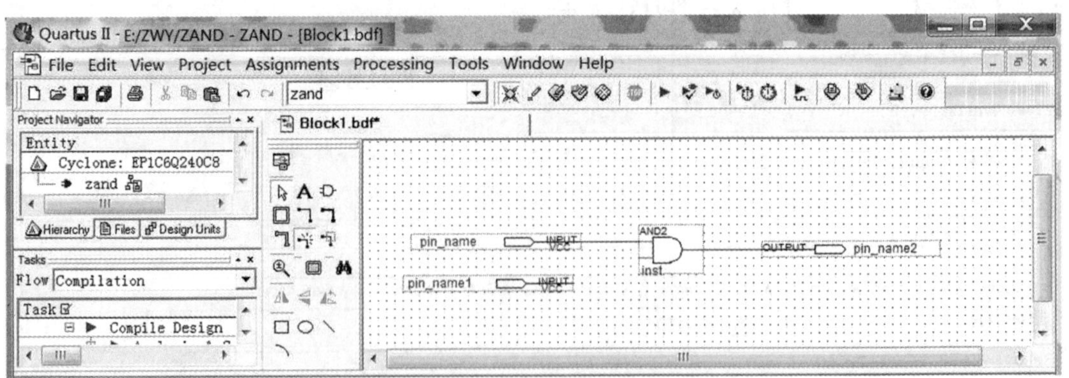

图 4-1-10 在器件之间添加连线

步骤 5:给输入、输出引脚命名

电路图绘制完成后，给输入、输出引脚命名加以区别。例如将输入、输出引脚的“pin_name”分别改为:a,b 和 y,如图 4-1-11 所示。

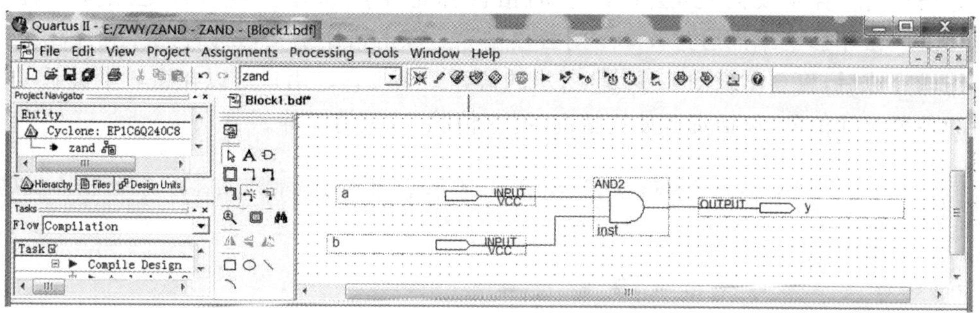

图 4-1-11　给输入输出引脚命名

步骤 6:保存原理图文件

在选择 File\Save As 保存原理图文件(文件名为 ZAND. bdf),将文件存入用户库,如图 4-1-12 所示,并选择将文件加入当前工程,点击保存后,图 4-1-11 的原理图输入界面发生了变化,如图 4-1-13 所示。

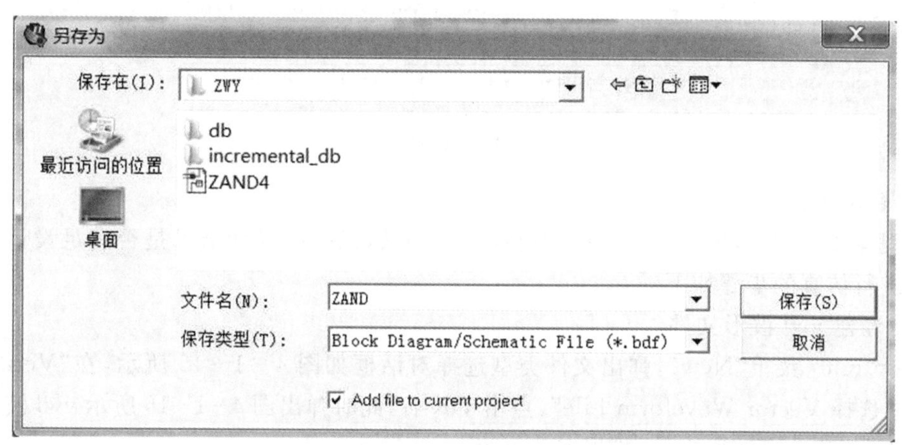

图 4-1-12　将原理图文件保存并加入当前工程

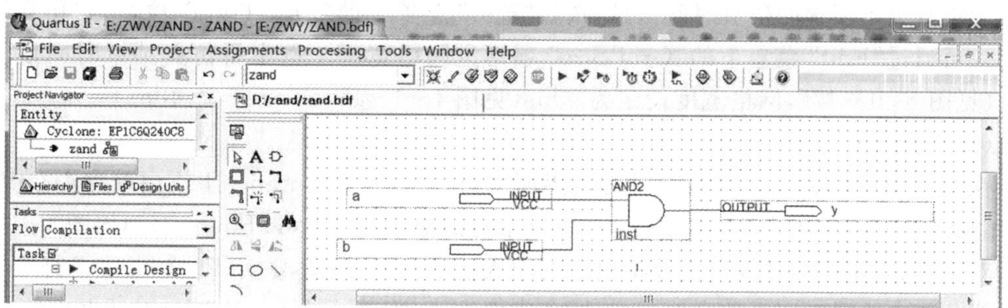

图 4-1-13　将原理图文件保存并加入当前工程后的界面

步骤 7:编译

Quartus II 的编译器可完成对设计项目的检错、逻辑综合、结构综合等功能。选择“Processing”下的“Start Compilation”项,即可启动编译。编译过程中“Processing”窗口会显示相关信息,若发现问题,会以红色的错误标记条或深蓝色警告标记条加以提示。Warning 一般不影响编译通过,error 则必须排除。双击错误条文,光标将定位于错误处。

编译完成后,将会出现图 4-1-14 所示的编译结果报告。用户可以在窗口中查看项目编译后的各种统计信息,包括资源使用情况、时序情况、适配情况等。

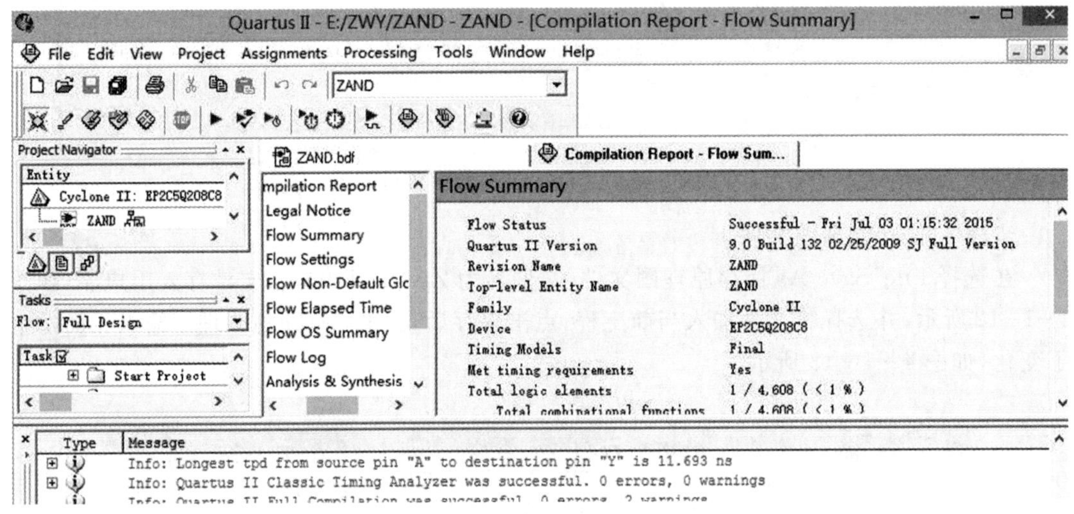

图 4-1-14　编译报告窗口

步骤 8:时序模拟

工程编译完成后,可以进行功能和时序仿真测试,以验证设计结果是否满足设计要求。对工程进行仿真的步骤如下。

(1) 新建 vwf 波形文件

选择“File”菜单“New”,弹出文件类型选择对话框如图 4-1-15 所示,在“Verification Files”中选择 Vector Waveform File”,点击 OK 后,此时弹出图 4-1-16 所示 vwf 波形文件编辑界面,新建仿真波形文件(扩展名为 vwf)。

(2) 确定仿真时间和网格宽度

为设置满足要求的仿真时间区域,选择“Edit”菜单下的“End Time”项,指定仿真结束时间。可通过“Edit”菜单下的“Grid Size”项指定网格宽度。例中将仿真结束时间设定为 20us(见图 4-1-17),网格宽度设定为 40ns(见图 4-1-18)。(必须 ≥ 40ns)

(3) 编辑 vwf 文件

在图 4-1-19 的 vwf 波形文件编辑界面中,在端口列表名 name 下空白处点击右键,选择“Insert Node or Bus”,弹出图 4-1-20 所示对话框,点击“Node Finder”,弹出图 4-1-21 所示对话框;点击“List”找到设计中出现的输入输出端口;用图 4-1-21 中“>>”符号将全部或部分选中的端口调入仿真波形文件;点击图 4-1-21 所示 Node Finder 对话框中的 OK,再点击图 4-1-20 所示 Insert Node or Bus 对话框中的 OK。

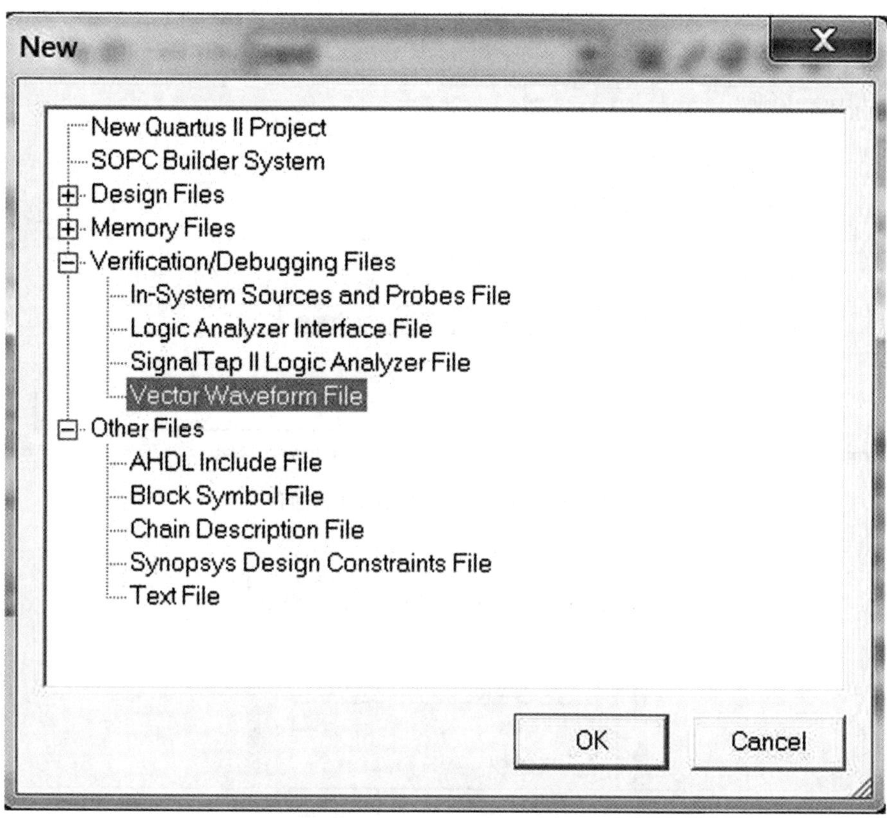

图 4－1－15　新建 vwf 波形文件

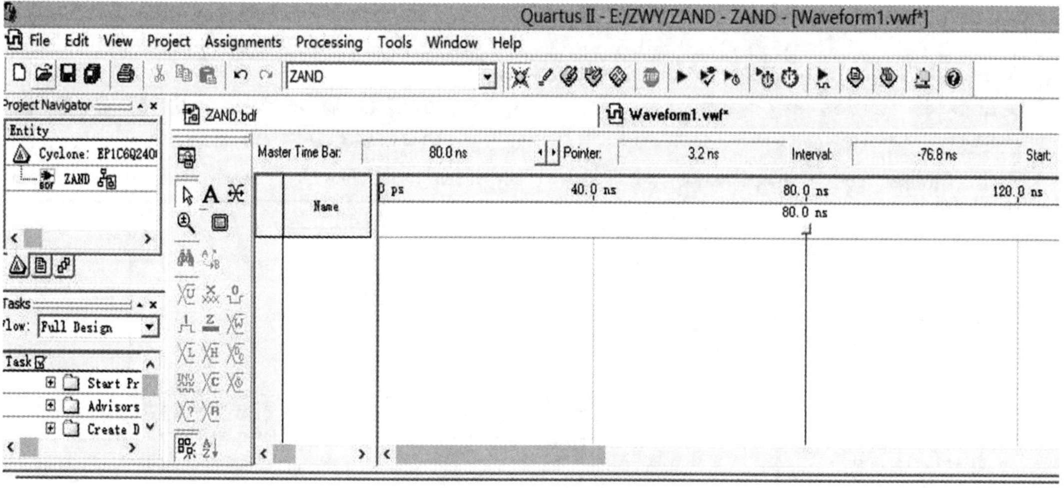

图 4－1－16　vwf 文件编辑界面

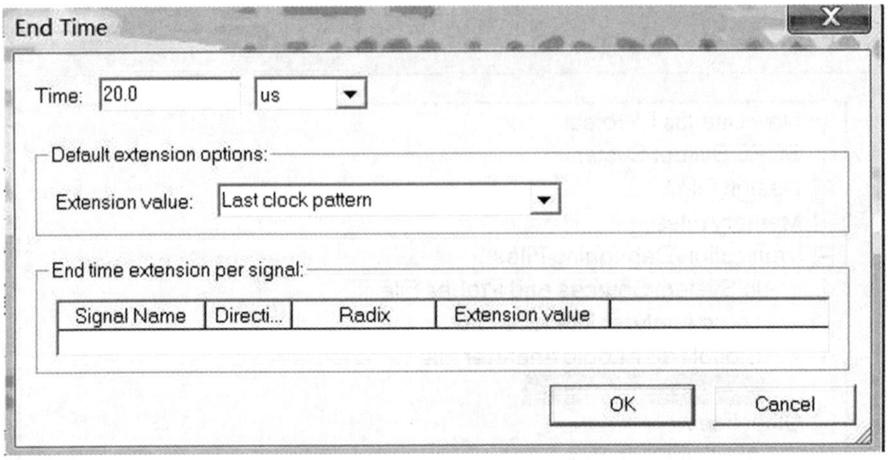

图 4-1-17　指定仿真结束时间

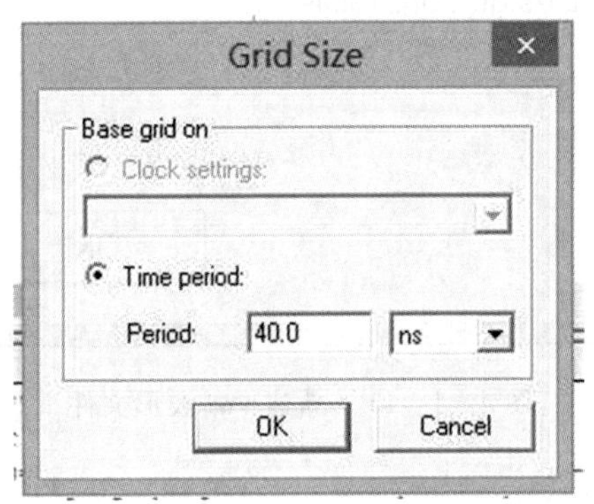

图 4-1-18　指定网格宽度

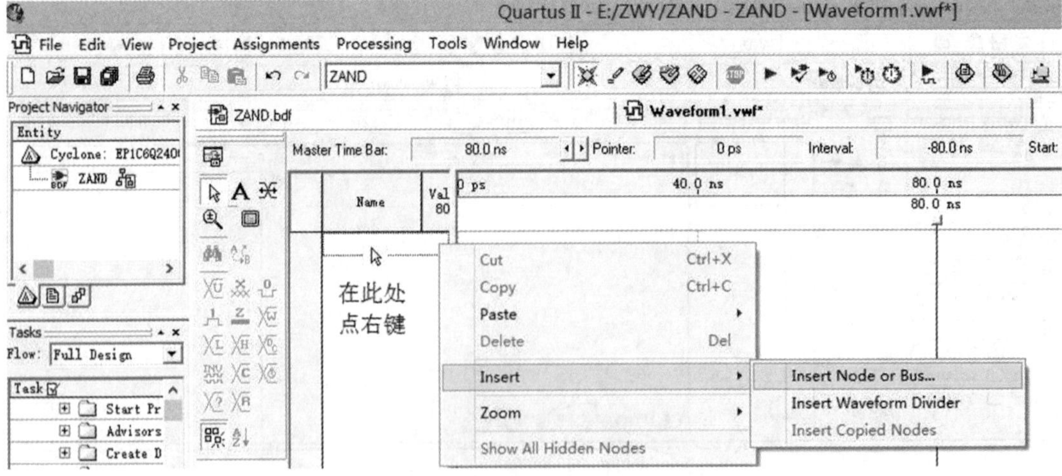

图 4-1-19　vwf 波形文件编辑界面

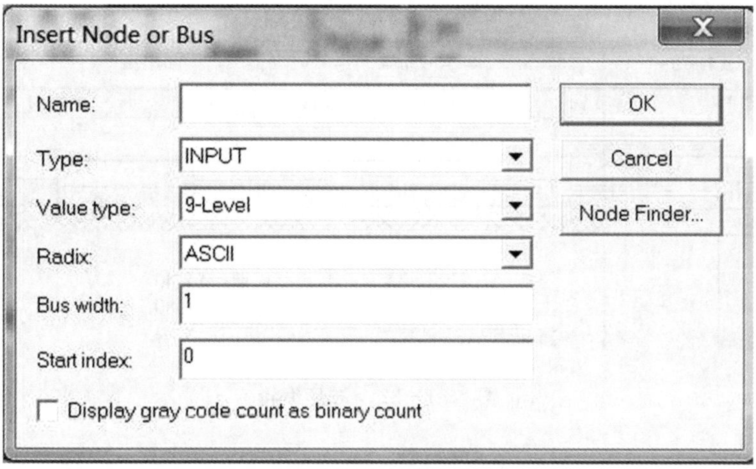

Insert Node or Bus

Name:

Type: INPUT

Value type: 9-Level

Radix: ASCII

Bus width: 1

Start index: 0

Display gray code count as binary count

OK

Cancel

Node Finder...

图 4-1-20　端口搜索

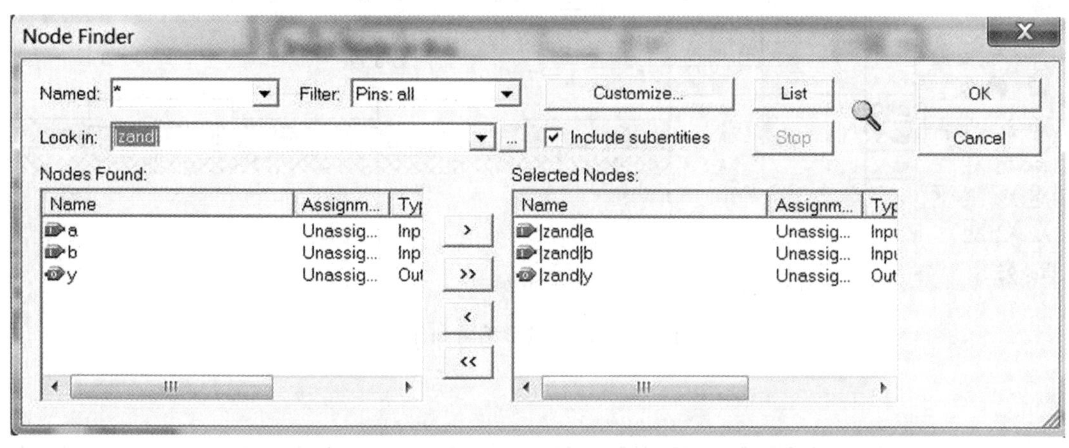

图 4-1-21　将输入输出端口调入仿真波形文件

仿真前需要对输入端口进行赋值，利用图 4-1-22 中波形绘制工具来编辑输入端口 a，b 波形。单线信号赋值时，可用鼠标拖动选定区域，利用置 0、置 1 等按钮将区域赋值为低电平、高电平；总线信号赋值时，可利用专用的总线赋值按钮来完成；时钟信号赋值时，则应该选择专门的时钟信号设置按钮，在设置对话框内指明时钟信号的周期。编辑完成后选择 File\Save As 保存仿真波形文件，文件名为 ZAND. vwf，点击保存，将波形文件存入用户库，如图 4-1-23 所示。

(4) 启动仿真

在“Processing”菜单下选择“Start Simulation”命令，或点击其快捷图标，即可启动工程仿真，如图 4-1-24 所示。仿真结束后可在 ZAND. vwf 文件中观察仿真结果，如图 4-1-25 所示。可见，例中仿真结果符合表 4-1-1 所列的功能(注意有竞争冒险现象和信号延迟现象)。

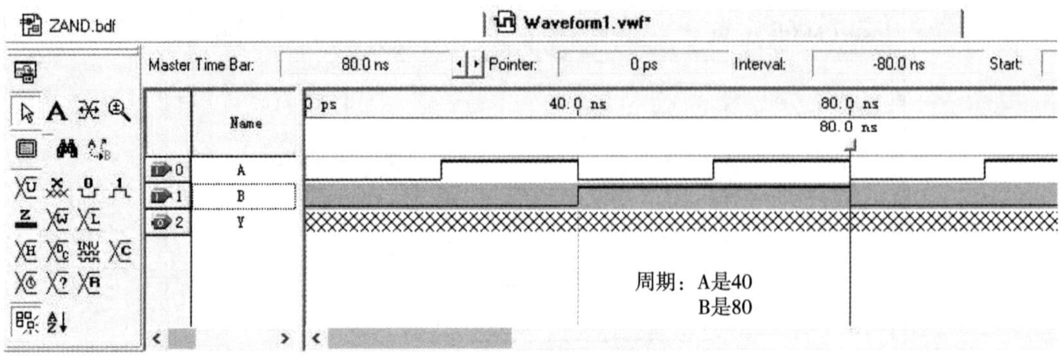

图 4-1-22　波形编辑

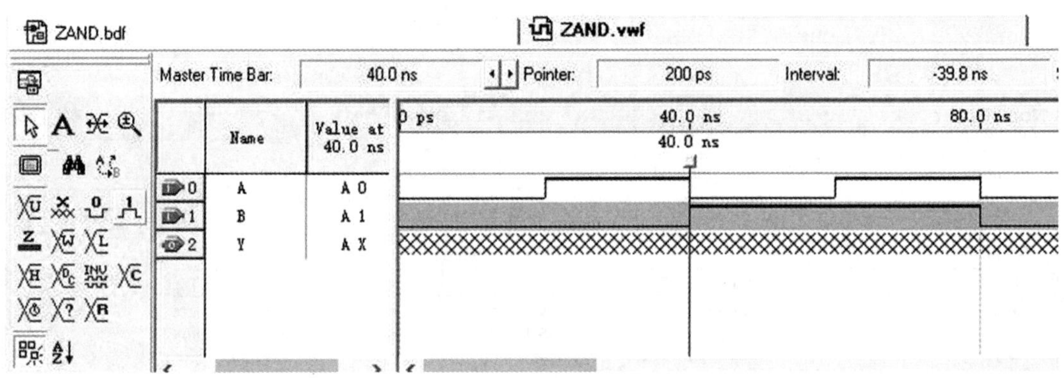

图 4-1-23　波形编辑和保存

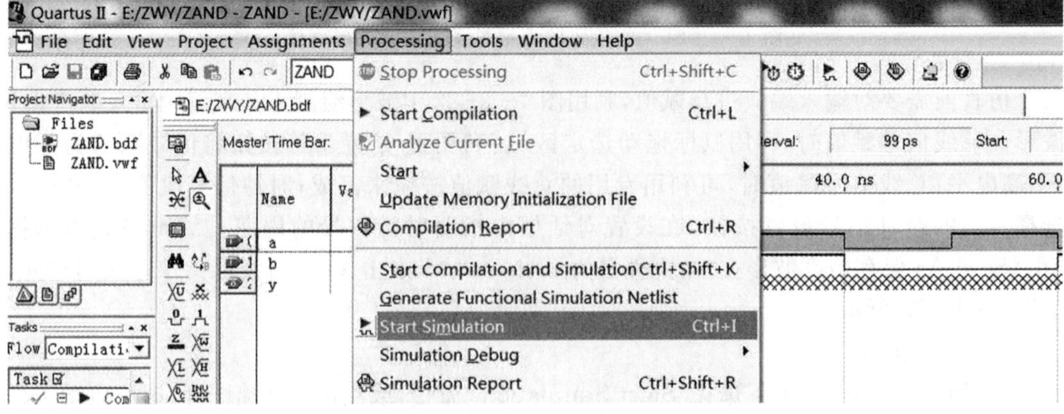

图 4-1-24　启动仿真

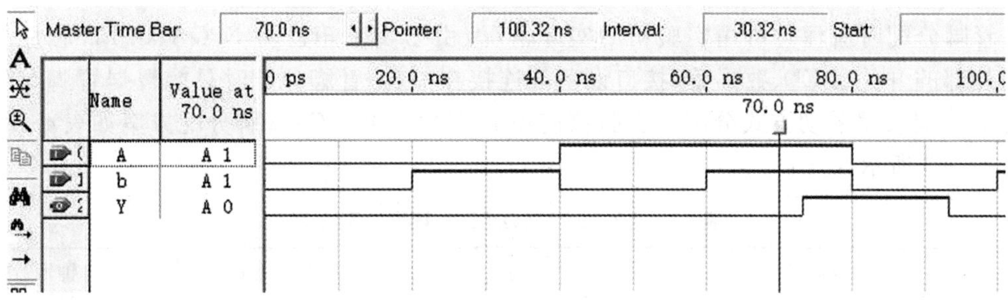

图 4-1-25　仿真结果(注意延迟时间)

表 4-1-1　与门真值表

a　*b*	*y*
0　0	0
0　1	0
1　0	0
1　1	1

步骤 9:管脚分配

仿真正确后,就可以准备将设计下载至 PLD 目标芯片进行验证了。通过管脚分配将其输入输出端口与 PLD 器件的管脚建立对应关系。选择 Assignments 菜单中的 Pin 栏,显示项目的信号列表和目标芯片的管脚图,如图 4-1-26 所示。

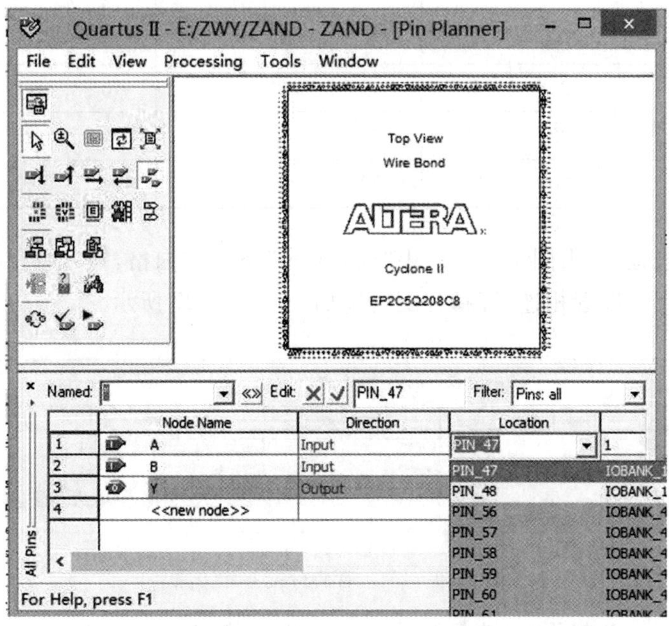

图 4-1-26　管脚分配界面

管脚分配时应注意所用实验箱的实际情况，由于实验箱已将 FPGA/CPLD 芯片的引脚与外部的开关、LED、数码管、接口设备等连接在一起，管脚分配时只能根据管脚与外部器件的对应表用手动方式分配。实验箱使用的 EP2C5Q208C8 管脚分配方案如表 4-1-2、表 4-1-3 所示。

表 4-1-2　EP2C5Q208C8 管脚分配方案

8 位数码管				拨码开关		发光二极管		时钟源	
a	164	MS_1	170 左 1	S_{11}	47	LED_7	63	1Hz	3
b	165	MS_2	171	S_{10}	48	LED_6	64	1kHz	5
c	168	MS_3	173	S_{09}	56	LED_5	67		
d	169	MS_4	175	S_{08}	57	LED_4	68		
e	176	MS_5	182	S_{07}	58	LED_3	75		
f	179	MS_6	185	S_{06}	59	LED_2	76		
g	180	MS_7	187	S_{05}	60	LED_1	77		
dp	181	MS_8	188	S_{04}	61	LED_0	80		
高电平亮		低电平有效		拨上 1，拨下 0		高电平亮			

表 4-1-3　FPGA 芯片外接输入端口，用于接时钟和单脉冲

I/O　NO.	1	2	3	4	5	6	7	8	9	10
FPGA 引脚		131	206	34	31	27	14	11	6	3
I/O　NO.		11	12	13	14	15	16	17	18	19
FPGA 引脚		208	205	201	32	28	15	12	8	4
I/O　NO.		20	21	22	23	24	25	26	27	28
FPGA 引脚		207	203	200	33	30	24	13	10	5

管脚分配的过程：双击图 4-1-27 中“Location”下的空白格，输入端口 a、b 与开关相连，输出端口 y 与发光二极管相连，管脚分配情况如图 4-1-27 所示。

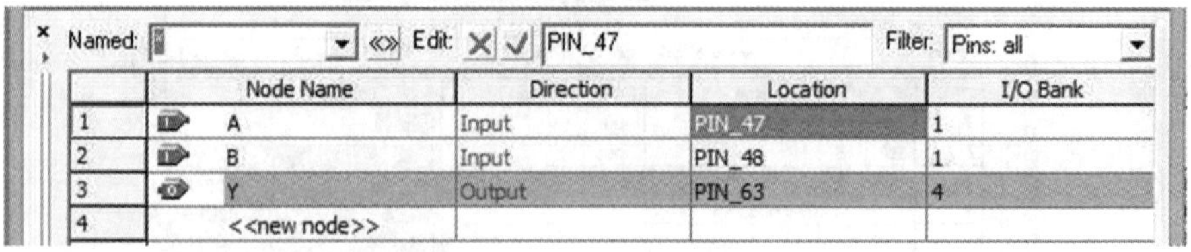

Named: | Edit: PIN_47 | Filter: Pins: all

	Node Name	Direction	Location	I/O Bank
1	A	Input	PIN_47	1
2	B	Input	PIN_48	1
3	Y	Output	PIN_63	4
4	<<new node>>			

图 4-1-27　管脚分配参考方案

在“Assignments”菜单中，选择“Device...”，将未使用的引脚“Unused Pins”设定为三态输入方式“As input tri－stated”，最后选择“确定”，如图 4-1-28 所示。

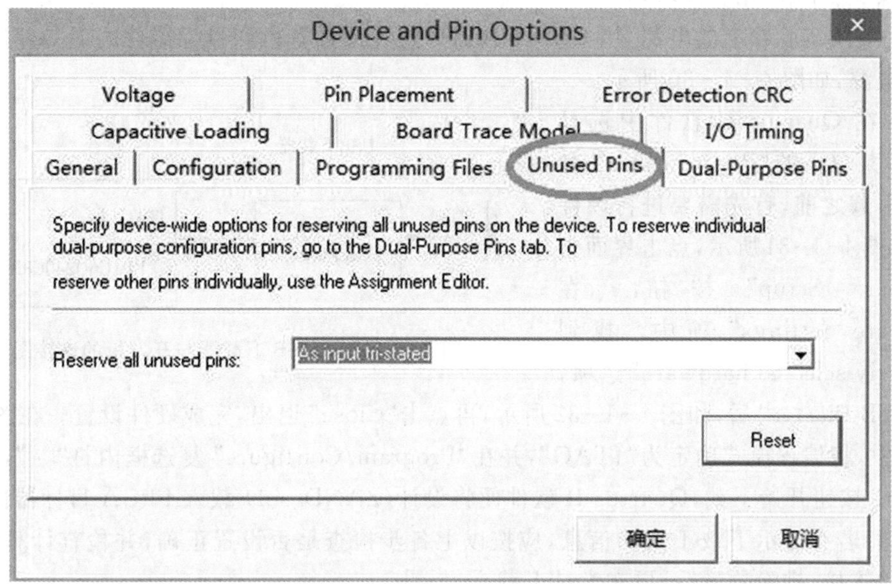

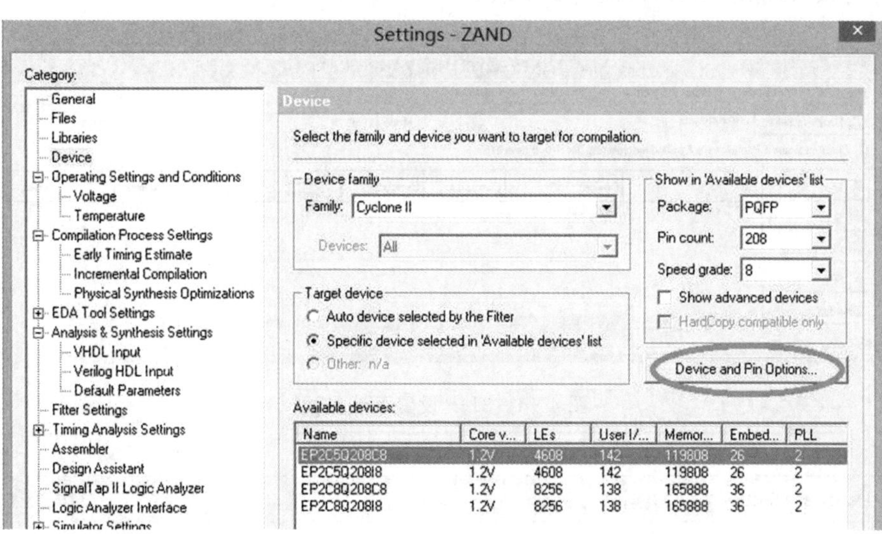

图 4-1-28　将设计中未使用的引脚设定为三态输入方式

管脚分配后，需要对工程再进行编译，以将管脚对应关系存入设计，产生 ZAND. sof 文件，如图 4-1-29 所示。

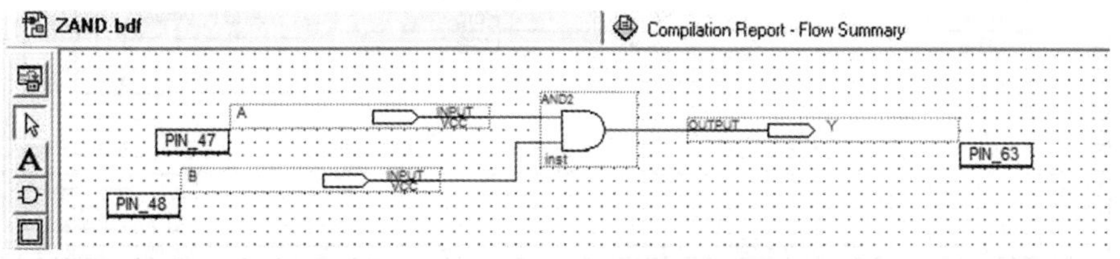

图 4-1-29　管脚分配后的原理图文件

步骤 10:下载(用 USB 口)

(1) 关闭实验箱上的电源,用 USB 下载器分别连接计算机和目标器件的 JTAG 口,打开实验箱电源,如图 4-1-30 所示。

(2) 在 Quartus II 软件中选择"Tools"菜单下的"Programmer"命令。在下载之前,首先需要进行硬件设置,如图 4-1-31 所示,点击界面中"Hardware Setup"按钮,在"Hardware Settings"项中,找到"Currently selected hardware"选项,选中"USB Blaster"后,如图 4-1-32 所示,再点击"Close"退出,完成硬件设置。在图 4-1-33 界面中,将编程模式确定为"JTAG",并在"Program/Configure"复选框内打"√",便可点击"Start"按钮开始下载,Quartus II 软件便将设计(ZAND.sof)载入 FPGA 目标器件中。

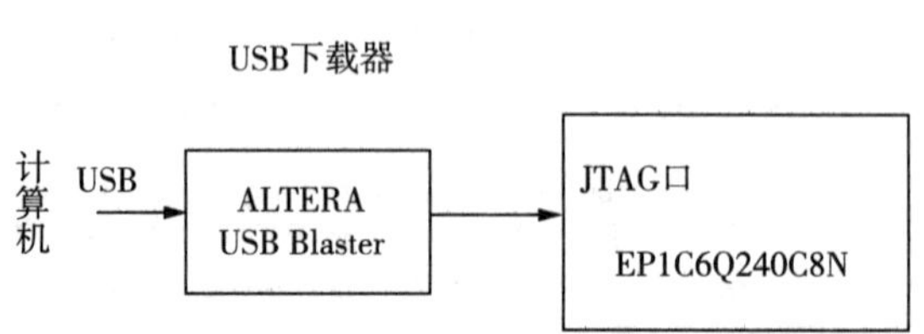

图 4-1-30　USB 下载器与开发板的连接图

注意:若有提示下载不成功信息,应按以上各步检查是否设置正确,并检查计算机与实验箱硬件连接,排除故障后,再次尝试下载。

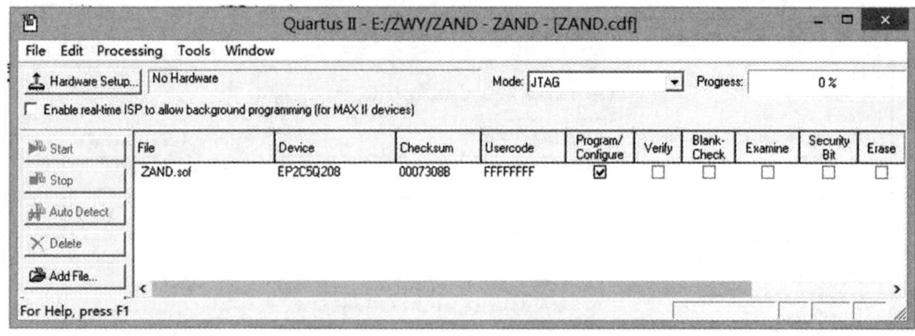

图 4-1-31　设置下载界面

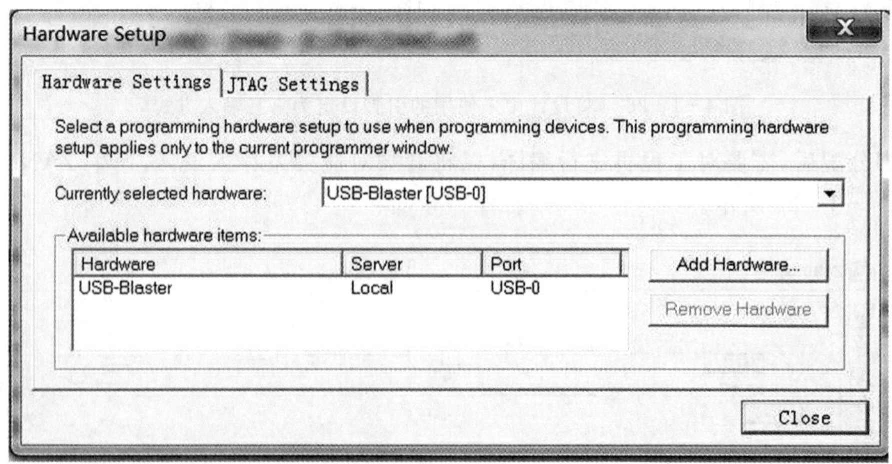

图 4-1-32　下载设备设置为"USB－Blaster"

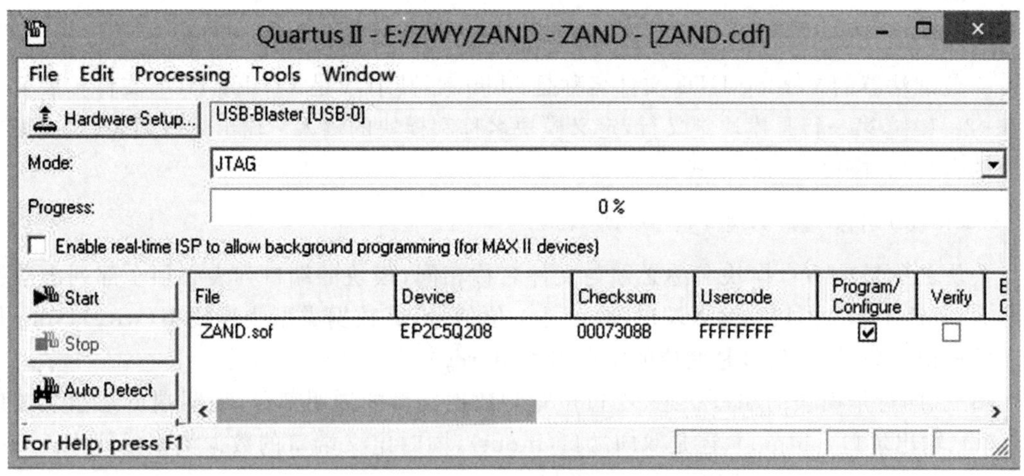

图 4-1-33　下载设备设置为"USB－Blaster"

步骤 11:设计文件下载至目标芯片后,根据步骤 9 管脚分配的结果,改变数据开关的电平,验证发光管的状态是否满足表 4-1-1。硬件系统示意图如图 4-1-34 所示,图中所示的 Y 对应于实验箱上的发光二极管 LED7,a,b 对应于实验箱上的电平开关 S11,S10。

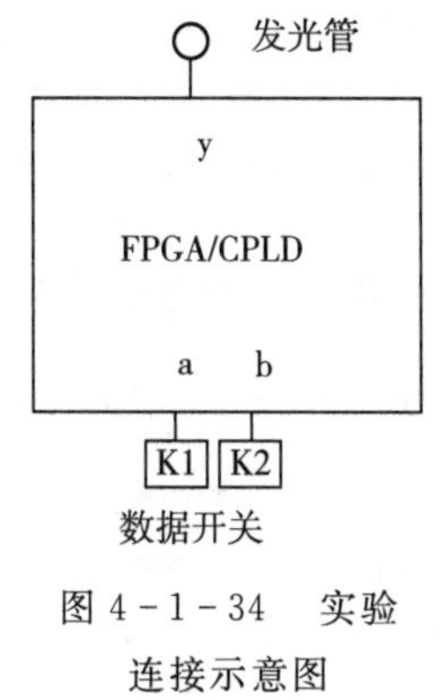

图 4-1-34　实验连接示意图

4.2　Verilog HDL 硬件描述语言

4.2.1　Verilog HDL 的基本结构

Verilog HDL 将一个数字系统描述为一组模块(module),每个模块代表硬件电路中的一个逻辑单元。因此,每个模块都有自己独立的结构和功能,以及用于与其他模块之间相互通信的端口。例如,一个模块可以代表一个简单的门电路,或者一个计数器,甚至是计算机中 CPU。

例 4-2-1　用 verilog 语言描述一位加法器。

```
module adder(in1,in2,sum);
  input  in1,in2;
  output [1:0] sum;
  wire  in1,in2;
  reg  [1:0] sum;
  always @(in1 or in2)
  begin
    sum = in1 + in2;
```

```
  end
endmodule
```

一位加法器的 Verilog HDL 文件名称是 adder. v,其中,v 是 Verilog HDL 文件扩展名。例 4-2-1 中,第一行是模块定义行,定义模块名称和模块的输入/输出端口列表(对应集成电路的引脚)。模块定义的格式是:

```
module 模块名称(端口 1,端口 2,……,端口 N);
```

模块名称是 adder,模块名称必须与文件名称相同,模块的端口列表必须全部列出放在括号内。in1、in2 是模块的输入端口,输入是一位信号,其数据类型为连线型(wire);sum 是模块的输出端口,输出信号是两位的寄存器类型(reg)。

第三、四行是模块的端口状态、端口位宽和数据类型的说明部分,说明端口是输入端口(input)、输出端口(output)、还是双向端口(inout),同时定义端口的数据类型是线型(wire)还是寄存器型(reg),以及其他参数的定义等等。

中间是描述的主体部分,对设计的模块进行逻辑功能描述,实现设计要求。例 4-2-1 中,模块由"always 语句"和"begin—end 串行块"构成,它一直监测输入信号,其中任意一个发生变化时,两个输入的值相加,并将结果赋值给输出信号。

最后是结束行,就是用关键词 endmodule 表示模块的结束。模块中除了结束行以外,所有语句都需要以分号结束。

4.2.2 verilog 基本语句和描述电路

例 4-2-2 用 assign 语句描述四位加法器。

```
module adder(sum_out,carry_out,carry_in,ina,inb);
output [3:0] sum_out;
output carry_out;
input [3:0] ina,inb;
input carry_in;
wire carry_out,carry_in;
wire [3:0] sum_out,ina,inb;
assign {carry_out,sum_out} = ina + inb + carry_in;
endmodule
```

例 4-2-2 是一个四位加法器的描述,其中,通过连续赋值语句对进位位和运算结果统一赋值,这种组合赋值过程在设计中会经常用到。

例 4-2-3 用 if else 语句描述一个同步 60 进制计数器。

```
module count60(qout,cout,data,load,  cin,reset,clk);
output  [7:0] qout;
output  cout;
input [7:0] data;
input  load,cin,clk,reset;
reg [7:0] qout;
```

```
always @(posedge clk)
begin

if(reset)  qout <= 0;
  else  if(load)  qout <= data;
  else  if(cin)
    begin
      if(qout[3:0] == 9)
        begin
          qout[3:0] <= 0;
          if(qout[7:4] == 5)
          qout[7:4] <= 0;
          else
          qout[7:4] <= qout[7:4] + 1;
        end
      else
    qout[3:0] <= qout[3:0] + 1;
    end

  end
assign cout = ((qout == 8'h59)&cin)?1:0;
endmodule
```

例 4-2-4　case 语句描述 BCD 七段显示译码器。

```
module decode4_7(dout,ind);
output [6:0]  dout;
input [3:0]  ind;
reg [6:0]  dout;
always @(ind)
  begin
  case(ind)
    4'd0:dout = 7'b1111110;
    4'd1:dout = 7'b0110000;
    4'd2:dout = 7'b1101101;
    4'd3:dout = 7'b1111001;
    4'd4:dout = 7'b0110011;
    4'd5:dout = 7'b1011011;
    4'd6:dout = 7'b1011111;
    4'd7:dout = 7'b1110000;
    4'd8:dout = 7'b1111111;
    4'd9:dout = 7'b1111011;
    default:dout = 7'bx;
```

```
  endcase
  end
endmodule
```

例 4-2-5 一位全加器的描述

```
module full_add2(a,b,cin,sum,cout);
input a,b,cin;
output sum,cout;
assign sum = a ^ b ^ cin;
assign cout = (a & b) | (b & cin) | (cin & a);
endmodule
```

4.2.3 设计实例

本节将选用一些典型电路进行 Verilog HDL 描述，以便大家更好的理解语言的使用。

例 4-2-6 3—8 译码器。

```
module decoder(a,b,c,cntl,y);

input a,b,c;
input  [2:0] cntl;
output [7:0] y;
wire a,b,c;
wire [2:0] cntl;
reg  [7:0] y;
wire [2:0] data_in;

assign data_in = {c,b,a};
always @(data_in or cntl)
    if(cntl == 3'b100)
      case(data_in)
        3'b000:y = 8'b1111_1110;
        3'b001:y = 8'b1111_1101;
        3'b010:y = 8'b1111_1011;
        3'b011:y = 8'b1111_0111;
        3'b100:y = 8'b1110_1111;
        3'b101:y = 8'b1101_1111;
        3'b110:y = 8'b1011_1111;
        3'b111:y = 8'b0111_1111;
      endcase
    else
      y = 8'b1111_1111;
endmodule
```

例 4-2-7　编码器的 verilog HDL 描述。

```
module coder(data_in,data_out,enable);

input [7:0] data_in;
input enable;

output [2:0] data_out;
wire [7:0] data_in;
reg  [2:0] data_out;

always @(data_in or enable)
if  (enable)data_out = 3'bz;
else  if(~ data_in[0])data_out = 3'b000;
else  if(~ data_in[1])data_out = 3'b001;
else  if(~ data_in[2])data_out = 3'b010;
else  if(~ data_in[3])data_out = 3'b011;
else  if(~ data_in[4])data_out = 3'b100;
else  if(~ data_in[5])data_out = 3'b101;
else  if(~ data_in[6])data_out = 3'b110;
else  if(~ data_in[7])data_out = 3'b111;
else  data_out = 3'bz;

endmodule
```

例 4-2-7 具有优先级的 8—3 编码器,使用 if—else 语句描述,其中,输入端 0 具有最高优先级,而输入端 7 的优先级最低。

例 4-2-7　数据分配器的 Verilog HDL 描述。

```
module demux(reset,cntl,d,dp1,dp2,dp3,dp4);
input      reset;            // 复位信号
input      [1:0] cntl;       // 控制信号,决定输入数据的流向
input      [3:0] d;          // 输入数据
output     [3:0] dp1;        // 数据通道 1
output     [3:0] dp2;        // 数据通道 2
output     [3:0] dp3;        // 数据通道 3
output     [3:0] dp4;        // 数据通道 4

wire       reset;
wire       [1:0]  cntl;
wire       [3:0]  d;
reg        [3:0] dp1,dp2,dp3,dp4;
```

```
always @(reset or cntl or d)
if(reset)
begin                        //复位
dp1 = 4'b0;
dp2 = 4'b0;
dp3 = 4'b0;
dp4 = 4'b0;
end
else
case(cntl)                   //通道选通
2'b00:dp1 = d;
2'b01:dp2 = d;
2'b10:dp3 = d;
2'b11:dp4 = d;
default:
begin
dp1 = 4'bzzzz;
dp2 = 4'bzzzz;
dp3 = 4'bzzzz;
dp4 = 4'bzzzz;
end
endcase

endmodule
```

与数据分配器相对应的是数据选择器,也就是通常说的 MUX,源码的结构与上述的数据分配器基本相同,只要把通道选通部分的方向翻转过来就可以了。

例 4-2-8 同步计数器的 verilog HDL 描述。

```
module counter(clk,en,clr,result);

input clk,en,clr;
output [7:0] result;

reg [7:0] result;

always @(posedge clk)
begin
if(en)
if(clr || result == 8'b1111_1111)  result <= 8'b0000_0000;
else  result <= result + 1;
end

endmodule
```

例 4-2-9　左移寄存器。

```
module shift_left(clk,en,clr,data_in,data_out);

input clk,en,clr;
input[7:0] data_in;
output[7:0] data_out;
wire[7:0] data_in;
reg[7:0] data_out;
always @(posedge clk)
if(en)
  if(clr)
    data_out[7:0] = 8'b0;
  else
    data_out[7:0] = data_in << 1;
endmodule
```

在左移寄存器的操作中寄存器的每一位顺序左移一位，最低位补 0。若将最高位数据输出到最低位就是循环左移移位寄存器了。

例 4-2-10 自动售饮料机要求每次投币一枚，分为五角和一元两种，根据两种币值的投币信号指示售货机是否发货，以及是否找零。这是一个可以用状态机描述的问题，表 4-2-1 描述了此状态机，共定义了 7 个状态，根据每次投入的币值决定下一个状态的变化。7 个状态的含义如下。

STATUS0：投币时，售货机内没有硬币；
STATUS1：投币时，售货机内已有 5 角；
STATUS2：投币时，售货机内已有 1 元；
STATUS3：投币时，售货机内已有 1 元 5 角；
STATUS4：投币时，售货机内已有 2 元；
STATUS5：投币时，售货机内已有 2 元 5 角；
STATUS6：投币时，售货机内已有 3 元；

由于投币信号 five_jiao 和 one_yuan 不会同时为 1，所以只有三种组合会引起状态发生转移。饮料价格为 2.5 元，当已投入 2.5 元时，仍继续投币，则售一瓶饮料后转至 FIVE 或 TEN 状态；若已投入 3 元，则将找零的五角作为基数，状态转移至 TEN 或 FIFTEEN，开始新的转移。

状态机的编码方式很多，如顺序码，格雷码，one-hot 码以及自定义码等，每种编码方式均有各自的特点，如 one-hot 码，尽管编码电路较大，但是需要的状态译码电路较少。

状态机由当前状态（CS）、下一状态（NS）和输出逻辑（OL）三部分组成，可以依据状态机的不同结构采用不同的 Verilog 描述方法，常用的方法有：

（1）将 CS、NS 与 OL 分别描述；

（2）将 CS、NS 与 OL 混合描述；

（3）将 NS 与 OL 混合，CS 单独描述；

（4）将 CS 与 NS 混合，OL 单独描述；

(5) 将 CS 与 OL 混合，NS 单独描述。

表 4－2－1 所示的源代码中采用第 3 种描述方法，编码方式为 7 位 one－hot 码。

表 4－2－1　自动售饮料机状态表

five_jiao	one_yuan	当前状态	下一状态	找零	售货
1	0	STATUS0	STATUS1	0	0
0	1		STATUS2	0	0
0	0		STATUS0	0	0
1	0	STATUS1	STATUS2	0	0
0	1		STATUS3	0	0
0	0		STATUS1	0	0
1	0	STATUS2	STATUS3	0	0
0	1		STATUS4	0	0
0	0		STATUS2	0	0
1	0	STATUS3	STATUS4	0	0
0	1		STATUS5	0	0
0	0		STATUS3	0	0
1	0	STATUS4	STATUS5	0	0
0	1		STATUS6	0	0
0	0		STATUS4	0	0
1	0	STATUS5	STATUS1	0	1
0	1		STATUS2	0	1
0	0		STATUS0	0	1
1	0	STATUS6	STATUS2	0	1
0	1		STATUS3	0	1
0	0		STATUS0	1	1

例 4－2－10　自动售货机的 Verilog HDL 描述。

```
module auto_sell(  five_jiao,one_yuan,clk,reset,sell,five_jiao_out);

input five_jiao,one_yuan;
input clk,reset;
output sell,five_jiao_out;
reg  sell,five_jiao_out;
reg [2:0] current_state;
reg [2:0] next_state;

'define  STATUS0    3'b000
'define  STATUS1    3'b001
'define  STATUS2    3'b011
```

```
'define   STATUS3     3'b010
'define   STATUS4     3'b110
'define   STATUS5     3'b111
'define   STATUS6     3'b101

always @ (posedge clk)
        begin
                    current_state = next_state;
        end

always @ (current_ state or reset or five_jiao or one_yuan)
        begin
                if(!reset)
begin
                    next_state = 'STATUS0;
                  five_jiao_out = 0;sell = 0;
                end
        else
case(current_state)
                'STATUS0:
begin
                five_jiao_out = 0;      sell = 0;
                if(five_jiao)           next_state = 'STATUS1;
                else  if(one_yuan)      next_state = 'STATUS2;
                else                    next_state = 'STATUS0;
                  end
                'STATUS1:
begin
                five_jiao_out = 0;      sell = 0;
                if(five_jiao)           next_state = 'STATUS2;
                else  if(one_yuan)      next_state = 'STATUS3;
                else                    next_state = 'STATUS1;
                  end
                'STATUS2:
begin
                five_jiao_out = 0;      sell = 0;
                if(five_jiao)           next_state = 'STATUS3;
                else  if(one_yuan)      next_state = 'STATUS4;
                else                    next_state = 'STATUS2;
                  end
                'STATUS3:
begin
```

```
                five_jiao_out = 0;      sell = 0;
                if(five_jiao)           next_state = 'STATUS4;
                else  if(one_yuan)      next_state = 'STATUS5;
                else                    next_state = 'STATUS3;
                  end
                'STATUS4:
begin
                five_jiao_out = 0;      sell = 0;
                if(five_jiao)           next_state = 'STATUS5;
                else  if(one_yuan)      next_state = 'STATUS6;
                else                    next_state = 'STATUS4;
                  end
                'STATUS5:
begin
                sell = 1;               five_jiao_out = 0;
                if(five_jiao)           next_state = 'STATUS1;
                else  if(one_yuan)      next_state = 'STATUS2;
                else                    next_state = 'STATUS0;
                end
                'STATUS6:
begin
                sell = 1;
                if(five_jiao)
begin
                      next_state = 'STATUS2;
                    five_jiao_out = 0;
                  end
                else  if(one_yuan)
begin
                      next_state = 'STATUS3;
                      five_jiao_out = 0;
                    end
                else  begin
                      next_state = 'STATUS0;
                      five_jiao_out = 1;
                    end
                    end
        default:  begin
                  next_state = 'STATUS0;
                  sell = 0;
                  five_jiao_out = 0;
                end
```

```
    endcase
  end
endmodule
```

4.3　数码管扫描显示原理

当用七段显示器显示的位数较多时，例如显示八位十进制数，为了节省硬件资源，常用扫描显示方法，即对显示器进行循环扫描，分时驱动。

该电路由五个部分组成：四位二进制计数器 74LS161，3 线－8 线译码器 74LS138，四位八选一数据选择器，BCD－七段显示译码器 74LS48 和八位七段显示器等，如图 4-3-1 所示。

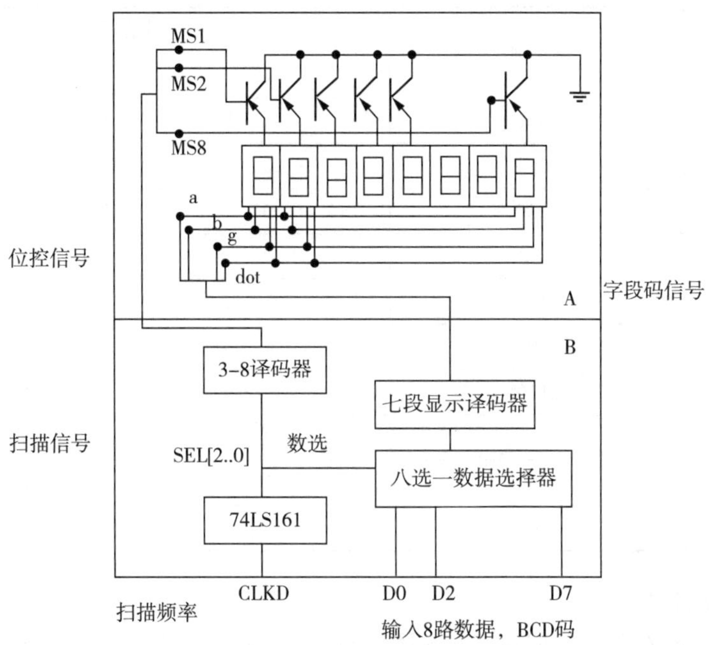

图 4-3-1　动态扫描显示电路结构图

1. 四位二进制计数器

四位二进制计数器的输入时钟 CLKD 是扫描时钟，计数器输出 $Q_2Q_1Q_0$，扫描信号和数据选择信号 $SEL_2SEL_1SEL_0=Q_2Q_1Q_0$。

2. 3－8 线译码器 74LS138 和四位八选一数据选择器(见表 4-3-1)

表 4-3-1　由 $SEL_2SEL_1SEL_0$ 控制显示器、数据选择顺序表

SEL_2	SEL_1	SEL_0	MS_1	MS_2	MS_3	MS_4	MS_5	MS_6	MS_7	MS_8	数据选择器
扫描信号			(位控信号输出)								输出
0	0	0	0	1	1	1	1	1	1	1	$D_0[3..0]$
0	0	1	1	0	1	1	1	1	1	1	$D_1[3..0]$

（续表）

SEL_2	SEL_1	SEL_0	MS_1	MS_2	MS_3	MS_4	MS_5	MS_6	MS_7	MS_8	数据选择器
0	1	0	1	1	0	1	1	1	1	1	D_2[3..0]
0	1	1	1	1	1	0	1	1	1	1	D_3[3..0]
1	0	0	1	1	1	1	0	1	1	1	D_4[3..0]
1	0	1	1	1	1	1	1	0	1	1	D_5[3..0]
1	1	0	1	1	1	1	1	1	0	1	D_6[3..0]
1	1	1	1	1	1	1	1	1	1	0	D_7[3..0]

3. BCD－七段显示译码器 74LS48(见表 4-3-2)

表 4-3-2　BCD－七段显示译码电路的真值表

十进制数	BCD 码	七段显示码 SEG						
		g	f	e	d	c	b	a
0	0000	0	1	1	1	1	1	1
1	0001	0	0	0	0	1	1	0
2	0010	1	0	1	1	0	1	1
3	0011	1	0	0	1	1	1	1
4	0100	1	1	0	0	1	1	0
5	0101	1	1	0	1	1	0	1
6	0110	1	1	1	1	1	0	0
7	0111	0	0	0	0	1	1	1
8	1000	1	1	1	1	1	1	1
9	1001	1	1	0	0	1	1	1

4. 扫描显示原理

扫描时钟 CLK 在某一周期内，3－8 译码器输入扫描信号 $SEL_2SEL_1SEL_0$，译码器输出位控信号 $MS_1 \rightarrow MS_8$，控制八位显示器开关管。此刻，只有一个显示器点亮。

四位八选一数据选择器(表 1)根据数据选择信号 $SEL_2SEL_1SEL_0$ 的数值从八路输入数据中选择一路数据(BCD 码)送给 BCD－七段显示译码器，通过 BCD－七段显示译码器译成七段显示码，驱动七段显示器，显示具体内容，如图 4-3-1 所示。

在连续 8 个时钟周期内，八个显示器轮流点亮一个时钟周期。只要输入连续时钟 CLK，就能实现八个显示器扫描显示。

利用人眼的视觉惯性，扫描频率应大于 50Hz，根据计数器的分频关系，实际扫描频率 CLK 应大于 200Hz。

例 4-3-1　设计一个电路，使八个数码管依次同时显示 0、1、2、……9。

此电路包含一个动态扫描信号产生模块和一个十进制计数器，参考电路如图 4-3-2 所示。

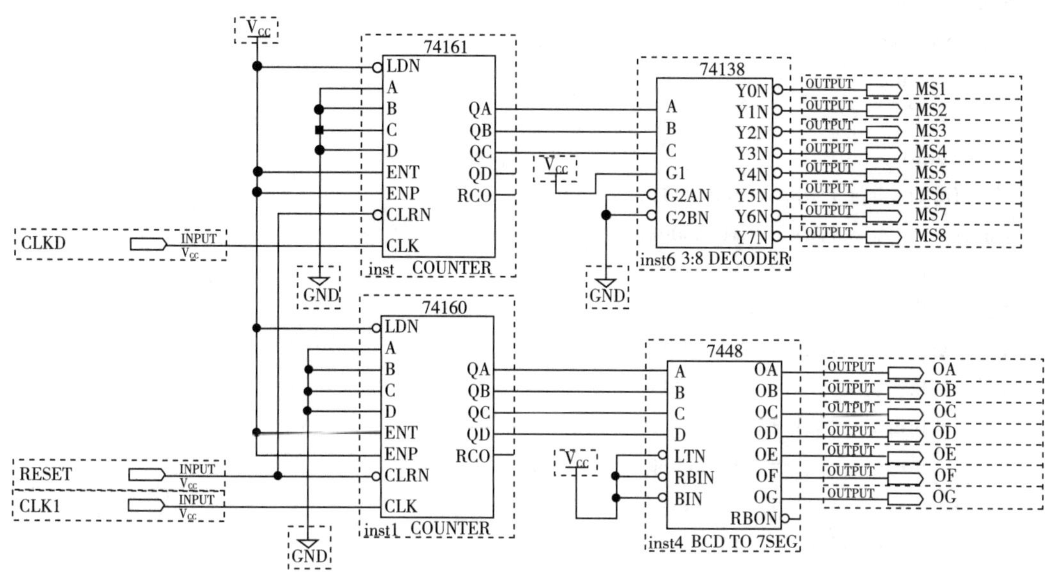

图 4－3－2　数码管动态扫描显示电路

动态扫描信号产生模块由计数器和译码器构成。上面的一片 74LS161 构成三位二进制加法计数器，其输出 QC、QB、QA 送至 3 线－8 线译码器 74LS138，在时钟信号 CLKD 作用下，MS_1 到 MS_8 依次产生“0”信号，连接到八个数码管的片选端，依次选中八个数码管，当时钟 $CLKD$ 足够快时，人眼就不能分辨数码管的选中次序了，看到的是八个数码管同时被选中。下方的 74LS161 作为十进制加法计数器，74LS48 是 BCD 七段显示译码器，驱动共阴极数码管。在 CLK_1 作用下，74LS160 输出 0，1，……9，八个数码管依次显示正确的字形。

由 Verilog HDL 文件实现的源程序为：

```
module saomiao(reset,clk,clk1,ms1,ms2,ms3,ms4,ms5,ms6,ms7,ms8,a,b,c,d,e,f,g);
input clk,reset,clk1;
reg [3:0] in1;
output ms1,ms2,ms3,ms4,ms5,ms6,ms7,ms8,a,b,c,d,e,f,g;
reg ms1,ms2,ms3,ms4,ms5,ms6,ms7,ms8,a,b,c,d,e,f,g;
reg [3:0]  temp,flag;
always@(posedge clk)
begin
{ms1,ms2,ms3,ms4,ms5,ms6,ms7,ms8} = 8'b11111111;
flag = flag + 1;
case (flag)
0:begin temp = in1;ms1 = 0;end
1:begin temp = in1;ms2 = 0;end
2:begin temp = in1;ms3 = 0;end
3:begin temp = in1;ms4 = 0;end
4:begin temp = in1;ms5 = 0;end
```

```
5:begin temp = in1;ms6 = 0;end
6:begin temp = in1;ms7 = 0;end
7:begin temp = in1;ms8 = 0;end
endcase
case(temp)
4'd0:{a,b,c,d,e,f,g} = 7'b1111110;
4'd1:{a,b,c,d,e,f,g} = 7'b0110000;
4'd2:{a,b,c,d,e,f,g} = 7'b1101101;
4'd3:{a,b,c,d,e,f,g} = 7'b1111001;
4'd4:{a,b,c,d,e,f,g} = 7'b0110011;
4'd5:{a,b,c,d,e,f,g} = 7'b1011011;
4'd6:{a,b,c,d,e,f,g} = 7'b1011111;
4'd7:{a,b,c,d,e,f,g} = 7'b1110000;
4'd8:{a,b,c,d,e,f,g} = 7'b1111111;
4'd9:{a,b,c,d,e,f,g} = 7'b1111011;
default:{a,b,c,d,e,f,g} = 7'b1111110;
endcase
end
always@(posedge clk1)
begin if(!reset) in1 = 4'b0000;
      else if(in1 == 4'b1001)in1 = 4'b0000;
      else in1 = in1 + 1;
end
endmodule
```

例 4-3-2 设计一个电路，使两个数码管显示 0～23 二十四进制计数，两个数码管显示 0～59 的六十进制计数。

二十四进制计数器可以仿照六十进制计数器完成，把两个计数器输出的个位和十位数分别显示在不同的数码管上，MUX8_1 模块是八选一数据选择器，用 Verilog HDL 文件完成。D_0，D_1，……D_7 为八个数码管的 BCD 码输入端数据，MS1 有效时，D_0 的数据送 MS1 显示；MS2 有效时，D_1 的数据送 MS2 显示；……MS8 有效时，D_7 的数据送 MS8 显示。二十四进制数的高四位送 D_0，低四位送 D_1，六十进制数的高四位送 D_2，低四位送 D_3，其余数据端为空。

八选一数据选择器 MUX8_1 模块用 Verilog HDL 实现的源程序为：

```
module mux8_1(sel,d0,d1,d2,d3,d4,d5,d6,d7,q0,q1,q2,q3);
input[2:0] sel ;
input[3:0] d0,d1,d2,d3,d4,d5,d6,d7;
output q0,q1,q2,q3;
reg q0,q1,q2,q3;

always @ (sel or d0 or d1 or d2 or d3 or d4 or d5 or d6 or d7)
```

```
begin
    case(sel)
        3'd0: {q3,q2,q1,q0} = d0;
        3'd1: {q3,q2,q1,q0} = d1;
        3'd2: {q3,q2,q1,q0} = d2;
        3'd3: {q3,q2,q1,q0} = d3;
        3'd4: {q3,q2,q1,q0} = d4;
        3'd5: {q3,q2,q1,q0} = d5;
        3'd6: {q3,q2,q1,q0} = d6;
        3'd7: {q3,q2,q1,q0} = d7;
        default:{q3,q2,q1,q0} = 4'bxxxx;
    endcase
end
endmodule
```

生成模块符号后，顶层 bdf 文件如图 4-3-3 所示。图中，jsq60 为六十进制计数器，jsq24 为二十四进制计数器。

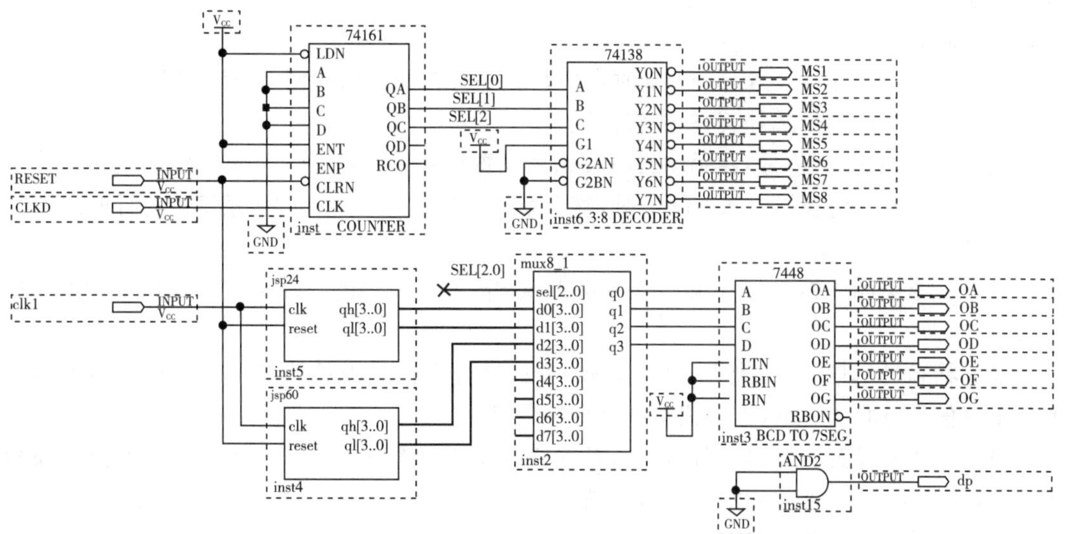

图 4-3-3　例 4-3-2 的顶层 bdf 文件

4.4 FPGA 综合实验项目和要求

4.4.1 多功能数字钟的设计

1. 设计要求

设计一个能进行时、分、秒计时的十二小时制或二十四小时制的数字钟，并具有定时与闹钟功能,能在设定的时间发出闹铃音,能非常方便地对小时、分钟和秒进行手动调节以校准时间,每逢整点,产生报时音报时。系统框图如图 4-4-1 所示。

2. 设计提示

此设计问题可分为主控电路、计数器模块和扫描显示三大部分,其中计数器部分的设计是已经非常熟悉的问题,只要掌握六十进制、二十四进制的计数规律,用同步计数或异步计数都可以实现,扫描显示模块在 4.3 节中已经介绍,所以主控电路中各种特殊功能的实现是这个设计问题的关键。

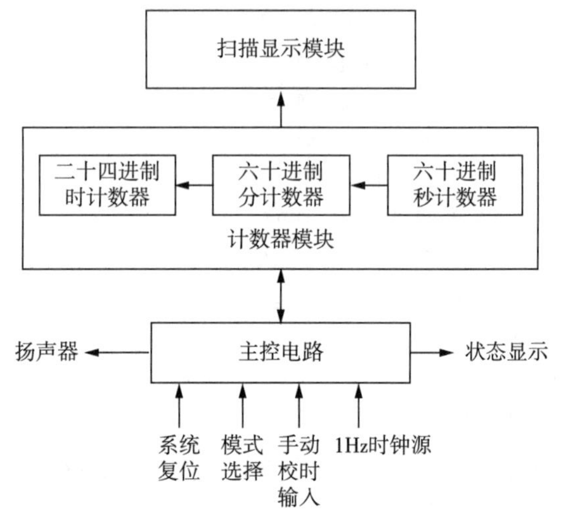

图 4-4-1　数字钟系统框图

用两个电平信号 A、B进行模式选择,其中,AB=00 为模式 0,系统为计时状态;AB=01 为模式1,系统为手动校时状态;AB=10 为模式2,系统为闹钟设置状态。

设置一个 turn 信号,当 turn=0 时,表示在手动校对时,选择调整分钟部分;当 turn=1 时,表示在手动校对时,选择调整小时部分。

设置一个 change 信号,在手动校时或闹钟设置模式下,每按一次,计数器加 1。

设置一个 reset 信号,当 reset=0 时,整个系统复位;当 reset=1 时,系统进行计时或其他特殊功能操作。

设置一个关闭闹铃信号 reset1,当 reset1=0 时,关闭闹铃信号;reset1=1 时,可对闹铃进行设置。

设置状态显示信号(发光管):LD_alert 指示是否设置了闹铃功能;LD_h 指示当前调整的是小时信号;LD_m 指示当前调整的是分钟信号。

当闹铃功能设置后(LD_alert=1),系统应启动一比较电路,当计时与预设闹铃时间相等时,启动闹铃声,直到关闭闹铃信号有效。

整点报时由分和秒计时同时为 0(或 60)启动,与闹铃声共用一个扬声器驱动信号 out。

系统计时时钟为 clk=1Hz,选择另一时钟 clk_1k=1024Hz 作为产生闹铃声、报时音的时钟信号。

主控电路状态表如表 4-4-1 所列。硬件系统示意图如图 4-4-2 所示。

表 4-4-1　数字钟主控电路状态表

		模式	选择	秒、分、时计数器脉冲	输出状态			备注
reset	Reset1	A　B	Turn		LD_h	LD_m	LD_alert	
0	×	×　×	×	×	0	0	0	系统复位

（续表）

		模式	选择	秒、分、时 计数器脉冲	输出状态			备注
reset	Reset1	A　B	Turn		LD_h	LD_m	LD_alert	
1	×	0　0	×	Clk	0	0	0	系统计时
1	×	0　1	0	Change = ↑ 分计数器加 1	0	1	0	手动校时
1	×	0　1	1	Change = ↑ 时计数器加 1	1	0	0	手动校时
1	1	1　0	0	Change = ↑ 分计数器加 1	0	1	1	设置闹钟
1	1	1　0	1	Change = ↑ 时计数器加 1	1	0	1	设置闹钟
1	0	×　×	×	×	0	0	0	关闭闹钟

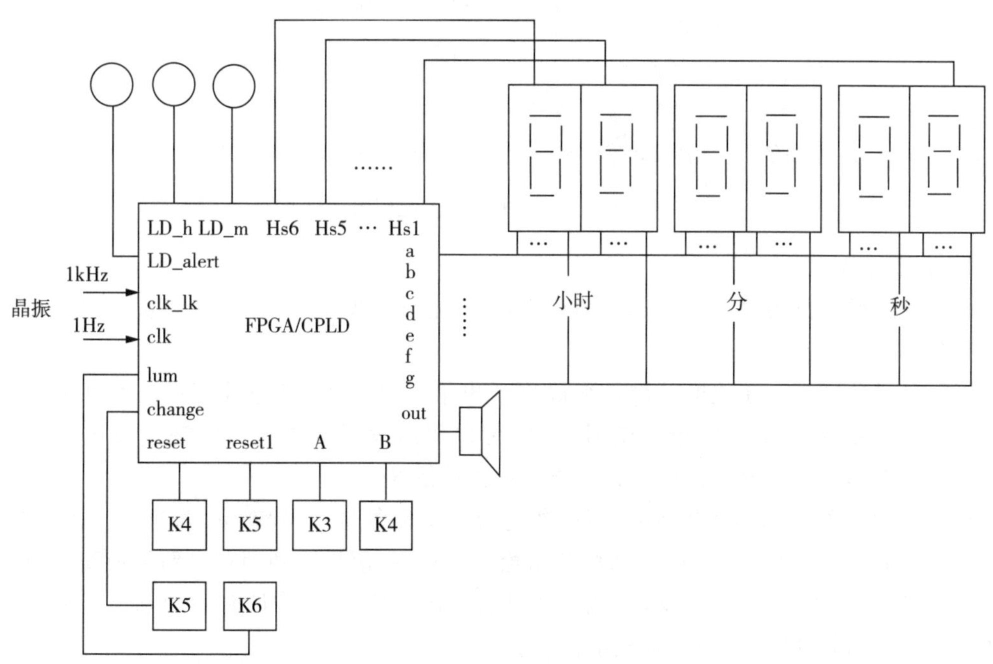

图 4-4-2　数字钟硬件系统示意图

4.4.2　数字式竞赛抢答器

1. 设计要求

设计一个可容纳四组参赛的数字式抢答器，每组设一个按钮供抢答使用。抢答器具有第一信号鉴别和锁存功能，使除第一抢答者外的按钮不起作用；设置一个主持人“复位”按钮，主持人复位后，开始抢答，第一信号鉴别锁存电路得到信号后，用指示灯显示抢答组别，扬声器发出 2 ～ 3 秒的音响。

设置犯规电路，对提前抢答和超时答题（例如 3 分钟）的组别鸣笛示警，并由组别显示电路显示出犯规组别。

设置一个计分电路，每组开始预置 10 分，由主持人记分，答对一次加 1 分，答错一次减 1 分。

系统框图如图 4 - 4 - 3 所示。

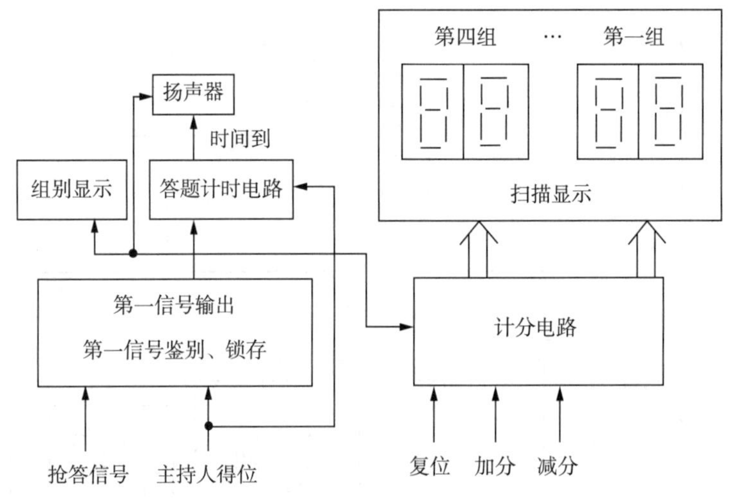

图 4 - 4 - 3　抢答器系统框图

2. 设计提示

此设计问题可分为第一信号鉴别锁存模块、答题计时模块、计分电路模块和扫描显示模块四部分。

第一信号鉴别锁存模块的关键是准确判断出第一抢答者并将其锁存，在得到第一信号后将输入端封锁，使其他组的抢答信号无效，可以用触发器或锁存器实现。设置抢答按钮 K1、K2、K3、K4，主持人复位信号 reset，扬声器驱动信号 out。

reset＝0 时，第一信号鉴别锁存电路、答题计时电路复位，此状态下，若有抢答按钮按下，鸣笛示警并显示犯规组别；reset＝1 时，开始抢答，由第一信号鉴别锁存电路形成第一抢答信号，进行组别显示，控制扬声器发出音响，并启动答题计时电路，若计时时间到主持人复位信号还没有按下，则由扬声器发出犯规示警声。

计分电路是一个相对独立的模块，采用十进制加 / 减计数器、数码管数码扫描显示，设置复位信号 reset1、加分信号 up、减分信号 down，reset1 ＝ 0 时，所有得分回到起始分（10 分），且加分、减分信号无效；reset1 ＝ 1 时，由第一信号鉴别锁存电路的输出信号选择进行加减分的组别，每按一次 up，第一抢答组加一分；每按一次 down，第一抢答组组减一分。

硬件系统示意图如图 4 - 4 - 4 所示。

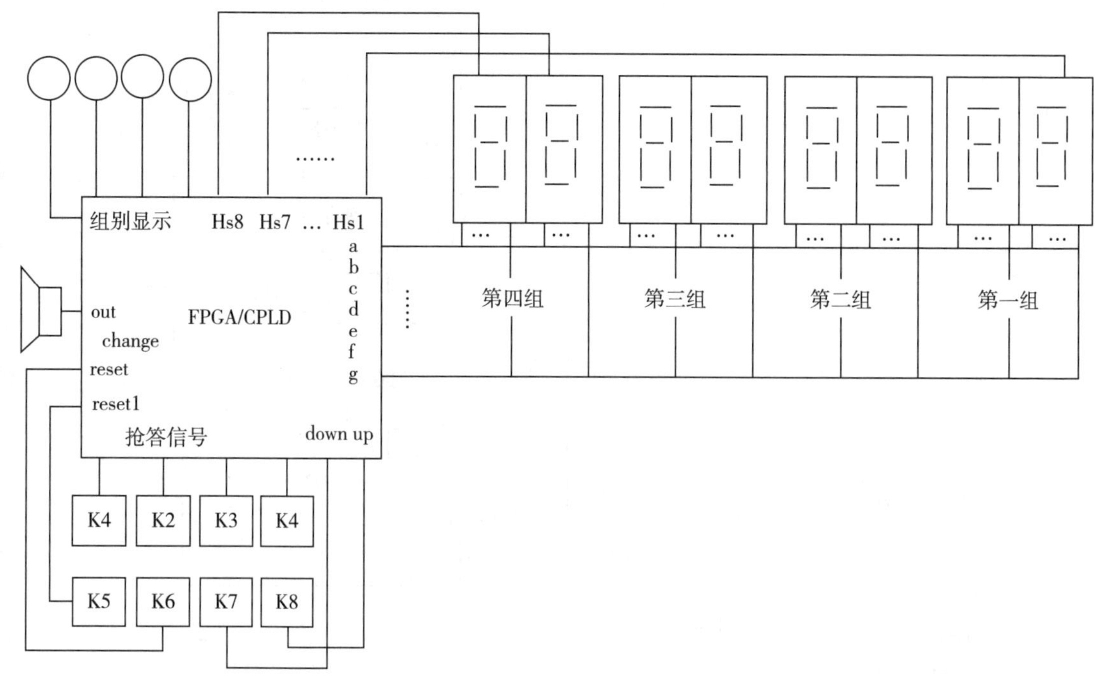

图 4-4-4　数字抢答器硬件系统示意图

4.4.3　数字频率计

1. 设计要求

设计一个能测量方波信号频率的频率计，测量结果用十进制数显示，测量的频率范围是 1～100kHz，分成两个频段，即 1～999Hz，1kHz～100kHz，用三位数码管显示测量频率，用 LED 显示表示单位，如亮绿灯表示 Hz，亮红灯表示 kHz。

具有自动校验和测量两种功能，即能用标准时钟校验测量精度。

具有超量程报警功能，在超出目前量程档的测量范围时，发出灯光和音响信号。

系统框图如图 4-4-5 所示。

2. 设计提示

脉冲信号的频率就是在单位时间内所产生的脉冲个数，其表达式 $f=\frac{N}{T}$，f 为被测信号的频率，N 为计数器所累计的脉冲个数，T 为产生 N 个脉冲所需的时间，所以在 1 秒时间内计数器所记录的结果，就是被测信号的频率。

此设计问题可分为测量 / 校验选择模块、计数器模块、送存选择报警模块、锁存模块和扫描显示模块几部分。

测量 / 校验选择模块的输入信号为：选择信号 selet、被测信号 meas、测试信号 test，输出信号为 CP1，当 selet＝0 时，为测量状态，CP1＝meas；当 selet＝1 时，为校验状态，CP1＝test。校验与测量共用一个电路，只是被测信号 CP1 不同而已。

设置 1 秒定时信号(周期为 2 秒)，在 1 秒定时时间内的所有被测信号送计数器输入端。

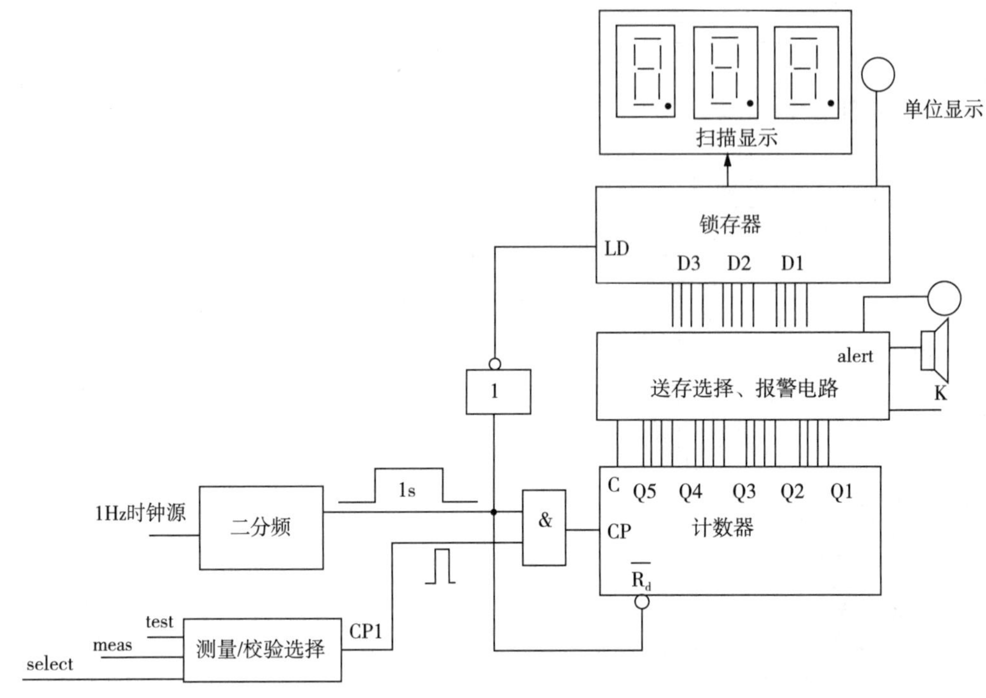

图 4-4-5　频率计系统框图

计数器对 CP_1 信号进行计数，在1秒定时结束后，将计数器结果送锁存器锁存，同时将计数器清零，为下一次采样测量做好准备。

设置量程档控制开关K，单位显示信号Y，当K=0时，为1～999Hz量程档，数码管显示的数值为被测信号频率值，Y显示绿色，即单位为Hz；当K=1时，为1kHz～100kHz量程档，被测信号频率值为数码管显示的数值乘1000，Y显示红色，即单位为kHz。

设置超出量程档测量范围示警信号alert。计数器由五级十进制计数构成（带进位C）。若被测信号频率小于1kHz(K=0)，则计数器只进行三级十进制计数，最大显示值为999Hz，如果被测信号频率超过此范围，示警信号驱动灯光、扬声器报警；若被测信号为1kHz～100kHz(K=1)，计数器进行五位十进制计数，取高三位显示，最大显示值为99.9kHz，如果被测信号频率超过此范围，报警。

送存选择、报警电路状态表如表4-4-2所列。

表4-4-2　送存选择、报警电路状态表

量程控制	计数器		锁存	小数点位置	报警信号
K	Q_{40}	C	D_3　D_2　D_1		alert
0	0	0	Q_3　Q_2　Q_1	右第一位	0
0	1	0	Q_3　Q_2　Q_1	右第一位	1
1	X	0	Q_5　Q_4　Q_3	右第二位	0
1	X	1	Q_5　Q_4　Q_3	右第二位	1

硬件系统示意图如图4-4-6所示。

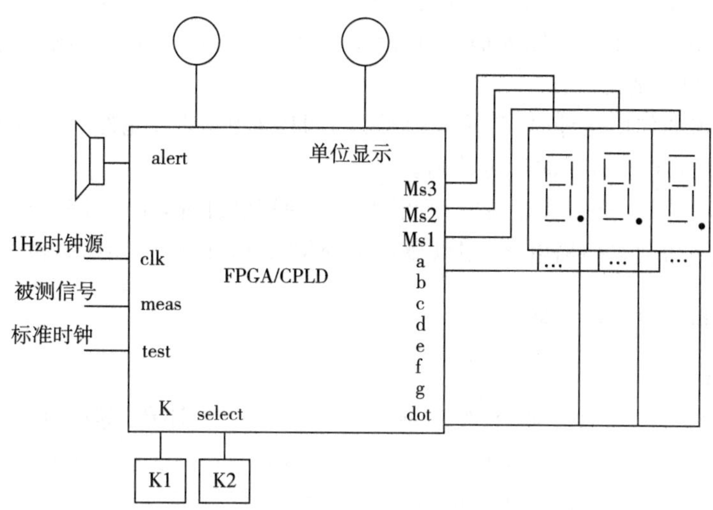

图 4 - 4 - 6　数字频率硬件系统示意图

4.4.4　数字秒表

1. 实验任务及要求

(1) 设计用于体育比赛用的数字秒表，要求

① 计时精度应大于 1/100s，计时器能显示 1/100s 的时间，提供给计时器内部定时的时钟脉冲频率应大于 100Hz，这里选用 1kHz。

② 计时器的最长计时时间为 1 小时，为此需要一个 6 位的显示器，显示的最长时间为 59 分 59.99 秒。

(2) 设置有复位和起 / 停开关

① 复位开关用来使计时器清零，并做好计时准备。

② 起 / 停开关的使用方法与传统的机械式计时器相同，即按一下起 / 停开关，启动计时器开始计时，再按一下起 / 停开关计时终止。

③ 复位开关可以在任何情况下使用，即使在计时过程中，只要按一下复位开关，计时进程立刻终止，并对计时器清零。

(3) 设计一定时器，采用倒计时方式，可以设定分、秒初始值。

(4) 对电路进行功能仿真，通过有关波形确认电路设计是否正确。

(5) 完成电路全部设计后，通过系统实验箱下载验证设计课题的正确性。

2. 设计说明与提示

数字秒表框图如图 4 - 4 - 7 所示。

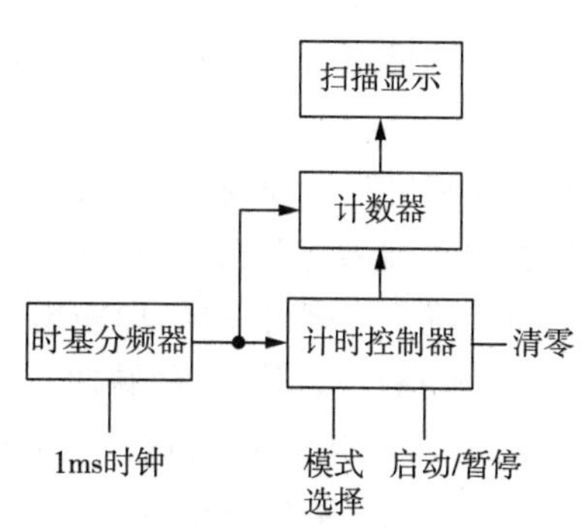

图 4 - 4 - 7　数字秒表框图

(1) 计时控制器作用是控制计时。计时控制器的输入信号是启动、暂停和清零。为符合惯例，将

启动和暂停功能设置在同一个按键上，按一次是启动，按第二次是暂停，按第三次是继续。所以计时控制器共有2个开关输入信号，即启动/暂停和清除。计时控制器输出信号为计数允许/保持信号和清零信号。

(2) 计时电路的作用是计时，其输入信号为1kHz时钟、计数允许/保持和清零信号，输出为10ms、100ms、s和min的计时数据。

(3) 时基分频器是一个10分频器，产生10ms周期的脉冲，用于计时电路时钟信号。

(4) 显示电路为动态扫描电路，用以显示十分位、min、10s、s、100ms和10ms信号。

4.4.5 出租车自动计费器

1. 设计要求

设计一个出租车自动计费器，计费包括起步价、行车里程计费、等待时间计费三部分，用三位数码管显示总金额，最大值为99.9元。起步价为5.0元，3公里之内按起步价计费，超过3公里，每公里增加1元，等待时间单价为每1分钟0.1元。用两位数码管显示总里程，最大值为99公里，用两位数码管显示等待时间，最大值为99分钟。

系统框图如图4-4-8所示。

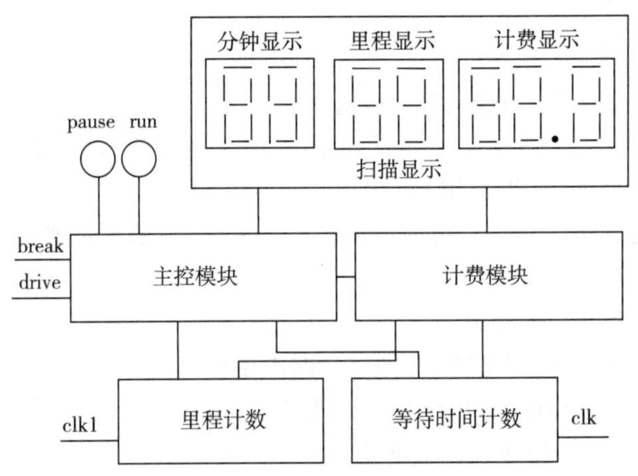

图4-4-8 出租车自动计费器系统框图

2. 设计提示

此设计问题可分为主控模块、里程计数模块、等待时间计数模块、计费模块和扫描显示模块。

在行车里程计费模块中，将行驶的里程数转换为与之成正比的脉冲个数，实际情况下可以用干簧继电器做里程传感器，安装在与汽车相连接的蜗轮变速器上的磁铁使干簧继电器在汽车每前进十米闭合一次，即输出一个脉冲，则每行驶1公里，输出100个脉冲。所以设计时，以clk1模拟传感器输出的脉冲，100个clk1模拟1公里路程，3公里之内为起步价，即300个clk1之内为起步价，以后每公里增加1元，即每十个clk1增加0.1元。

在等待时间计数模块中，等待时间计费也变换成脉冲个数计算，以秒脉冲clk作为时钟输入，则每1分钟0.1元，即每60个秒脉冲增加0.1元。

在主控模块中，设置行驶状态输入信号 drive，行驶状态显示信号 run，起步价预先固定设置在电路中，由 drive 信号异步置数至计费模块，同时使系统显示当前为行驶状态 run，里程计数工作，到 3 公里后，每十个 clk1 脉冲使计费增加 0.1 元，计费显示在数码管上。

设置刹车信号 break，等待状态显示信号 pause，由 break 信号使系统显示当前状态为 pause，等待时间计数模块工作，每 1 分钟计费增加 0.1 元。

系统硬件示意图如图 4－4－9 所示。

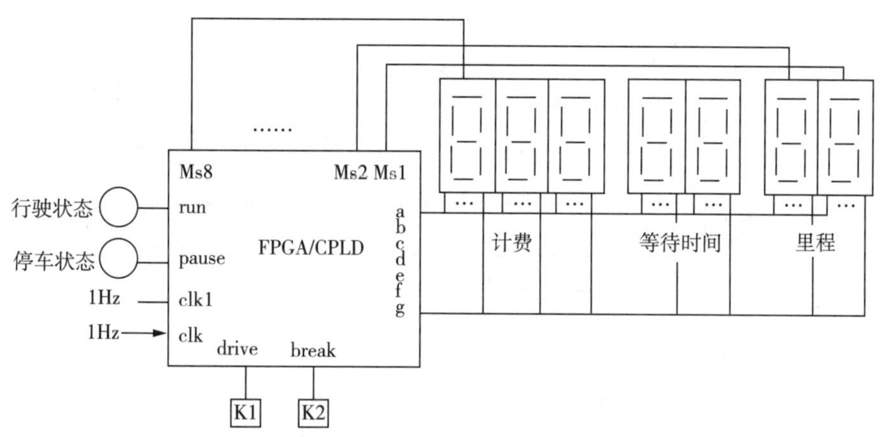

图 4－4－9　出租车自动计费器硬件系统框图

4.4.6　洗衣机控制器

1. 设计要求

设计一个洗衣机洗涤程序控制器，控制洗衣机的电机作如图 4－4－10 所示的规律运转。

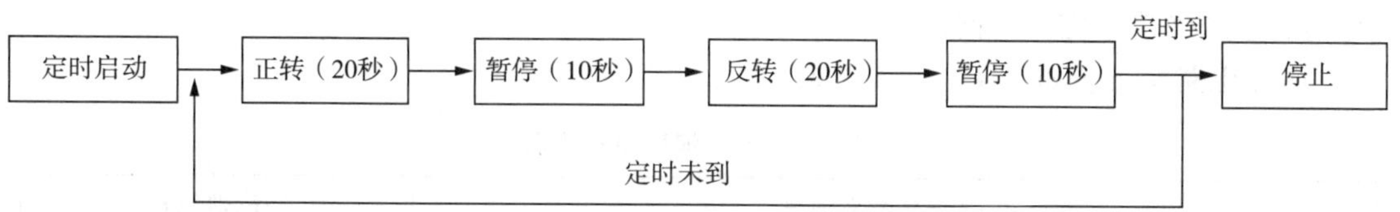

图 4－4－10　洗衣机控制器控制要求

用两位数码管预置洗涤时间(分钟数)，洗涤过程在送入预置时间后开始运转，洗涤中按倒计时方式对洗涤过程作计时显示，用 LED 表示电机的正、反转，如果定时时间到，则停机并发出音响信号。

系统框图如图 4－4－11 所示。

2. 设计提示

此设计问题可分为洗涤预置时间编码模块、减法计数显示、时序电路、译码驱动模块四大部分。

设置预置信号 LD，LD 有效后，可以对洗涤时间计数器进行预置数，用数据开关 K_1 ～ K_{10} 分别代表数字 1、2、…、9、0，用编码器对数据开关 K_1 ～ K_{10} 的电平信号进行编码，编码器真值表如表 4－4－3 所列，编码后的数据寄存。

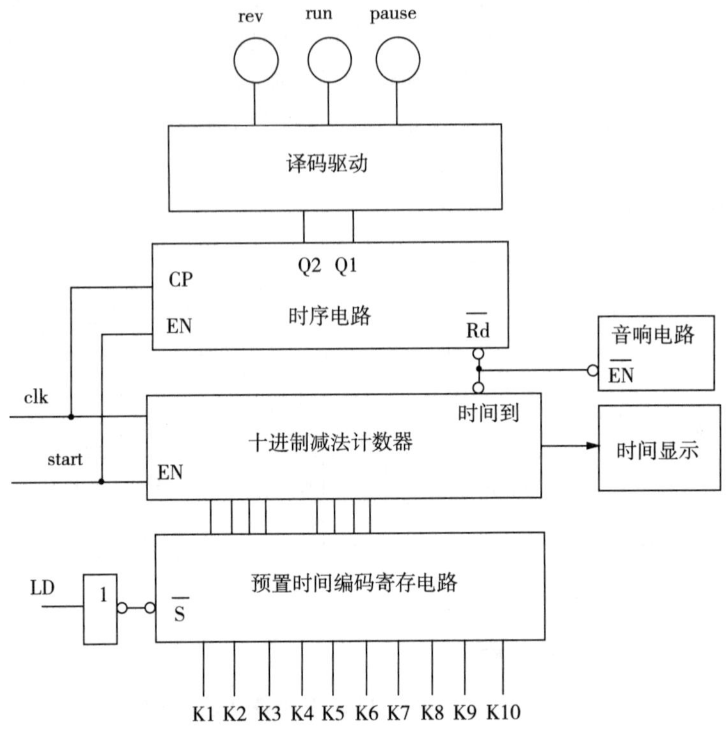

图 4-4-11 洗衣机控制器系统框图

设置洗涤开始信号 start，start 有效则洗涤时间计数器进行倒计数，并用数码管显示，同时启动时序电路工作。

时序电路中含有 20 秒定时信号，10 秒定时信号，设为 A、B，A、B 为“0”表示定时时间未到，A、B 为“1”表示定时时间到。

时序电路状态表如表 4-4-4 所列。

表 4-4-3 编码器真值表

数据开关电平信号										编码器输出			
K_1	K_2	K_3	K_4	K_5	K_6	K_7	K_8	K_9	K_{10}	Q_3	Q_2	Q_1	Q_0
↑	0	0	0	0	0	0	0	0	0	0	0	0	1
0	↑	0	0	0	0	0	0	0	0	0	0	1	0
0	0	↑	0	0	0	0	0	0	0	1	0	1	1
0	0	0	↑	0	0	0	0	0	0	0	1	0	0
0	0	0	0	↑	0	0	0	0	0	0	1	0	1
0	0	0	0	0	↑	0	0	0	0	0	1	1	0
0	0	0	0	0	0	↑	0	0	0	0	1	1	1
0	0	0	0	0	0	0	↑	0	0	1	0	0	0

（续表）

数据开关电平信号										编码器输出			
K_1	K_2	K_3	K_4	K_5	K_6	K_7	K_8	K_9	K_{10}	Q_3	Q_2	Q_1	Q_0
0	0	0	0	0	0	0	0	0	↑	1	0	0	1
0	0	0	0	0	0	0	0	0	0	↑	0	0	0

表 4-4-4　时序电路状态表

状态	电机	时间 /S
S_0	正转	20
S_1	停止	10
S_2	反转	20
S_3	停止	10

状态编码为

$$S_0 = 00, S_1 = 01, S_2 = 11, S_3 = 10$$

若选 JK 触发器，其输出为 Q_2Q_1。

逻辑赋值后的状态表如表 4-4-5 所列。

表 4-4-5　逻辑赋值后的状态表

A	B	Q_2^n	Q_1^n	Q_2^{n+1}	Q_1^{n+1}	说明
0	×	0	0	0	0	维持 S_0
1	×	0	0	0	1	$S_0 \rightarrow S_1$
×	0	0	1	0	1	维持 S_1
×	1	0	1	1	1	$S_1 \rightarrow S_2$
0	×	1	1	1	1	维持 S_2
1	×	1	1	1	0	$S_2 \rightarrow S_3$
×	0	1	0	1	0	维持 S_3
×	1	1	0	0	0	$S_3 \rightarrow S_0$

设置电机正转信号 run，反转信号 rev，暂停信号 pause，由时序电路的输出 Q_2Q_1 经译码驱动模块，可使显示信号正确反映电路的工作状态，译码驱动模块真值表如表 4-4-6 所列。

表 4-4-6　译码驱动电路真值表

Q_2	Q_1	run	rev	pause
0	0	1	0	0
0	1	0	0	1

（续表）

Q_2	Q_1	run	rev	pause
1	1	0	1	0
1	0	0	0	1

直到洗涤计时时间到，时序电路异步复位，并启动音响电路。

硬件系统示意图如图 4-4-12 所示。

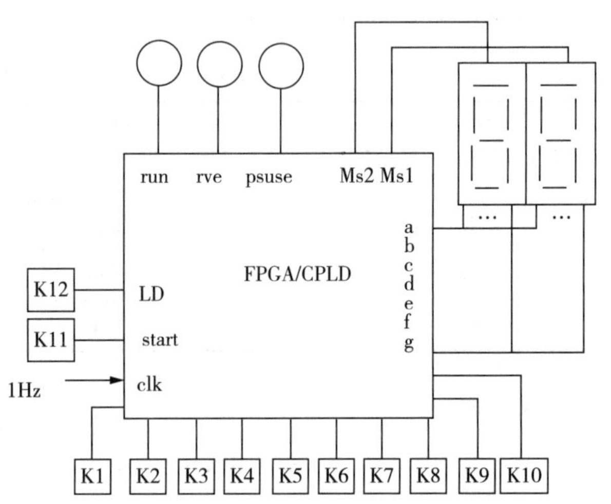

图 4-4-12　洗衣机控制器硬件系统示意图

4.4.7　脉冲按键电话按键显示器

1. 设计要求

设计一个具有 7 位显示的电话按键显示器，显示器应能正确反映按键数字，显示器显示从低位向高位前移，逐位显示按键数字，最低位为当前显示位，七位数字输入完毕后，电话接通，扬声器发出“嘟 —— 嘟”接通声响，直到有接听信号输入，若一直没有接听，10 秒钟后，自动挂断，显示器清除显示，扬声器停止，直到有新号码输入。

系统框图如图 4-4-13 所示。

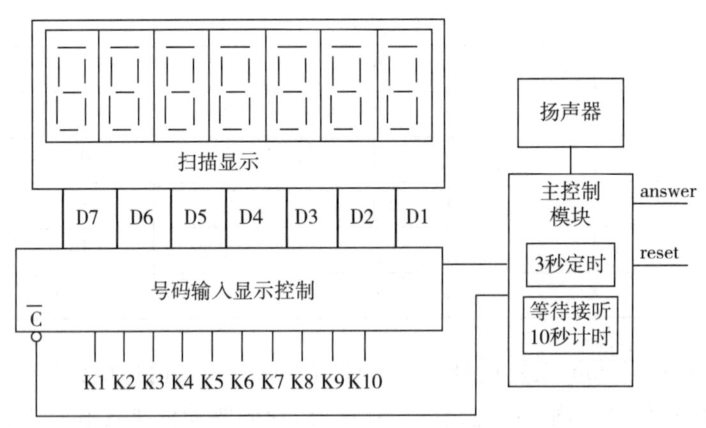

图 4-4-13　脉冲按键电话按键显示器系统框图

2. 设计提示

此设计题与密码锁有相似之处，可分为号码输入显示控制模块、主控制模块和扫描显示模块几部分。

在号码输入显示控制模块中，用数据开关 K_1—K_{10} 分别代表数字 1、2、……9、0，用编码器对数据开关 K_1 − K_{10} 的电平信号进行编码，得四位二进制数 Q，编码器真值表在表 4-4-3 中已经给出。每输入一位号码，号码在数码管上的显示左移一位，状态表如表 4-4-7 所列。

表 4-4-7　号码输入显示控制模块状态表

$\bar{C}$	数据开关	数码管显示						
	K_i	D_7	D_6	D_5	D_4	D_3	D_2	D_1
1	0	0	0	0	0	0	0	0
1	↑	0	0	0	0	0	0	Q
1	↑	0	0	0	0	0	D_1	Q
1	↑	0	0	0	0	D_2	D_1	Q
1	↑	0	0	0	D_3	D_2	D_1	Q
1	↑	0	0	D_4	D_3	D_2	D_1	Q
1	↑	0	D_5	D_4	D_3	D_2	D_1	Q
1	↑	D_6	D_5	D_4	D_3	D_2	D_1	Q
0	×	熄灭	熄灭	熄灭	熄灭	熄灭	熄灭	熄灭

当七位号码输入完毕后，由主控制模块启动扬声器，使扬声器发出“嘟 —— 嘟”声响，同时启动等待接听 10 秒计时电路。

设置接听信号 answer，若定时时间到还没有接听信号输入，则号码输入显示控制电路的 $\bar{C}$ 信号有效，显示器清除显示，并且扬声器停止，若在 10 秒计时未到时有接听信号输入，同样 $\bar{C}$ 信号有效、扬声器停止。

设置挂断信号 reset，任何时刻只要有挂断信号输入，启动 3 秒计数器 C，3 秒后系统 $\bar{C}$ 有效，系统复位。

主控制模块状态表如表 4-4-8 所列。

表 4-4-8　主控制模块状态表

接听信号 answer	挂断信号 reset	等待接听 10 秒计时	3 秒计数器	$\bar{C}$	扬声器
×	×	时间到	×	0	停止
↑	×	×	×	0	停止
×	↑	×	时间到	0	停止

硬件系统示意图如图 4-4-14 所示。

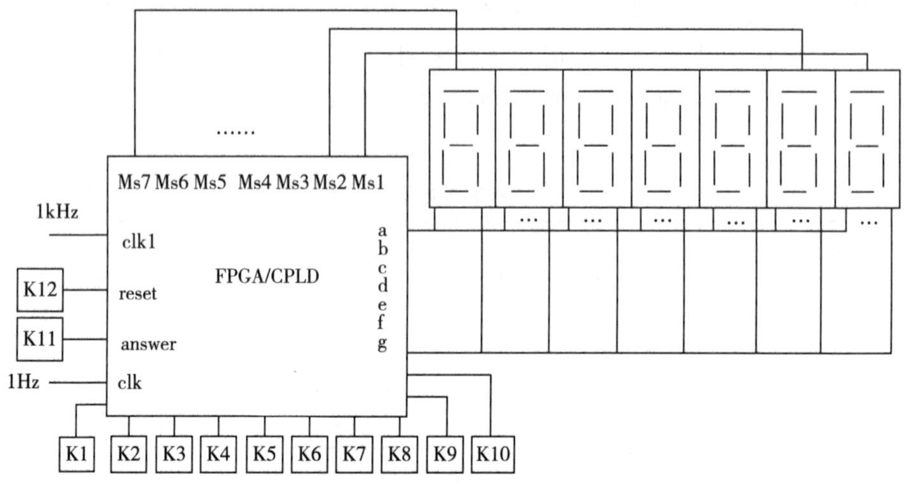

图 4-4-14 脉冲按键电话按键显示器硬件系统示意图

4.4.8 具有四种信号灯的交通灯控制器

1. 设计要求

设计一个具有四种信号灯的交通灯控制器。设计要求是：由一条主干道和一条支干道汇合成十字路口，在每个入口处设置红、绿、黄、左拐允许四盏信号灯，红灯亮禁止通行，绿灯亮允许通行，黄灯亮则给行驶中的车辆有时间停在禁行线外，左拐灯亮允许车辆向左拐弯。信号灯变换次序为：主支干道交替允许通行，主干道每次放行 40s，亮 5s 红灯让行驶中的车辆有时间停到禁行线外，左拐放行 15s，亮 5s 红灯；支干道放行 30s，亮 5s 黄灯，左拐放行 15s，亮 5s 红灯……。各计时电路为倒计时显示。

系统框图如图 4-4-15 所示。

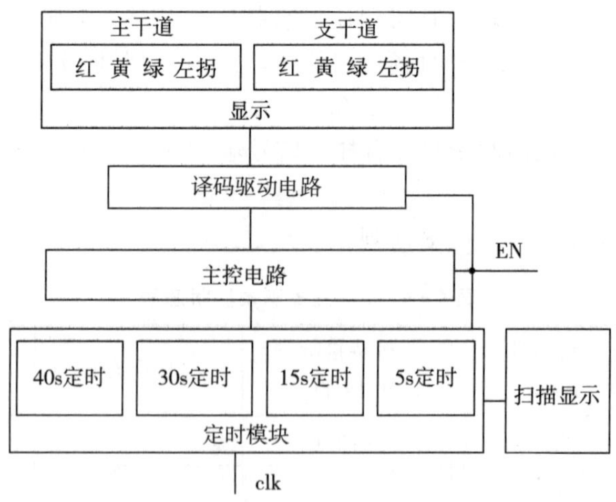

图 4-4-15 具有四种信号灯的交通灯控制器系统框图

2. 设计提示

此设计问题可分成定时模块、主控电路、译码驱动电路和扫描显示几部分。

定时模块中设置 40s、30s、15s、5s 计时电路，倒计时可以用减法计数器实现。状态表如表 4-4-9 所示。

表 4-4-9 状态表

状态	主干道	支干道	时间/s
S_0	绿灯亮，允许通行	红灯亮，禁止通行	40
S_1	黄灯亮，停车	红灯亮，禁止通行	5
S_2	左拐灯亮，允许左行	红灯亮，禁止通行	15
S_3	黄灯亮，停车	红灯亮，禁止通行	5
S_4	红灯亮，禁止通行	绿灯亮，允许通行	30
S_5	红灯亮，禁止通行	黄灯亮，停车	5
S_6	红灯亮，禁止通行	左拐灯亮，允许左行	15
S_7	红灯亮，禁止通行	黄灯亮，停车	5

由于主干道和支干道红灯亮的时间分别为 55s 和 65s，所以，还要设置 55s、65s 倒计时显示电路。

这里的状态数为 8 个，要用三个 JK 触发器才能完成主控时序部分的设计。

设置主干道红灯显示信号 LA_1，黄灯显示信号 LA_2，绿灯显示信号 LA_3，左拐灯信号 LA_4；支干道红灯显示信号 LB_1，黄灯显示信号 LB_2，绿灯显示信号 LB_3，左拐灯信号 LB_4。

设置系统使能信号 EN，时钟信号 clk。

硬件系统示意图如图 4-4-16 所示。

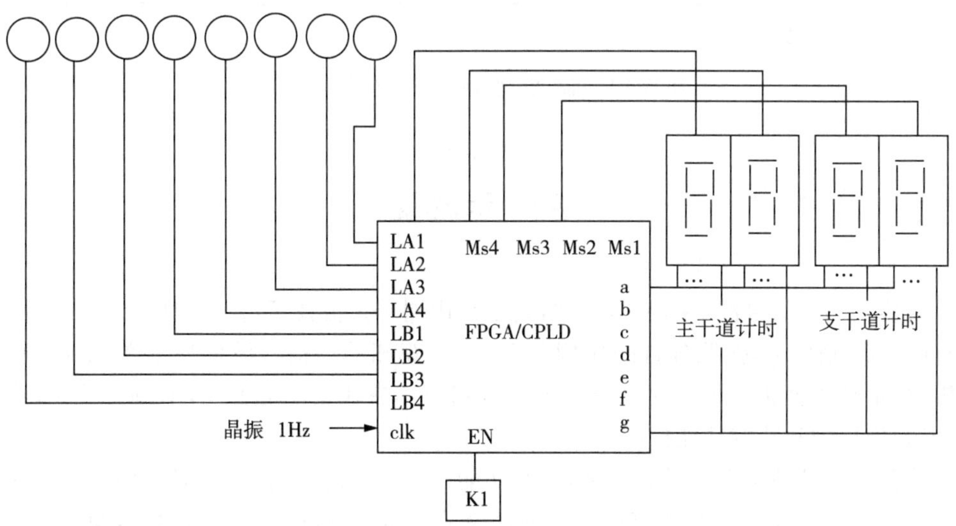

图 4-4-16　具有四种信号灯的交通灯控制器硬件系统示意图

附录A　常用电子仪器的使用

在模拟电子电路实验中，常用的电子仪器有示波器、函数信号发生器、直流稳压电源、交流毫伏表等，它们和万用表一起来实现对模拟电子电路的静态和动态工作情况的测试。

实验中要对各种电子仪器进行综合使用，可按照信号的流向，以连线简捷、调节顺手、观察与读数方便等原则进行合理布局，各仪器与被测实验装置之间的布局与连接如图 A－1 所示。连接线时应注意，为防止外界的干扰，各仪器的公共接地端应可靠地连接在一起(称之为共地)。信号源和交流毫伏表的连接线通常用屏蔽线或专用测试线，示波器的连接线应使用专用的测试探头，直流电源的接线可用普通的连接导线。

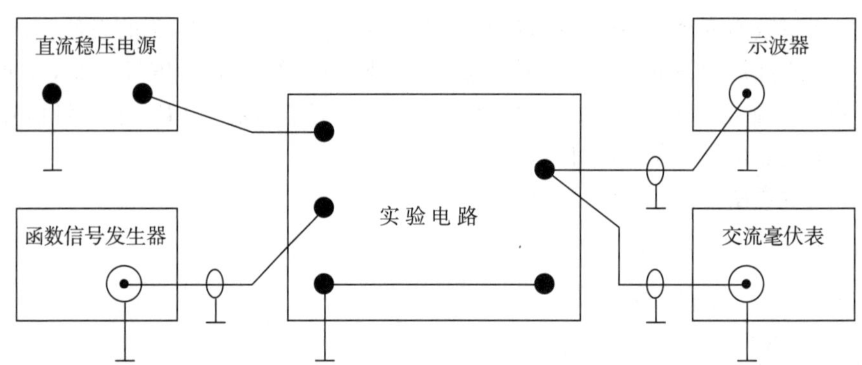

图 A－1　测试电路的布局与连接示意图

A1. 示波器

示波器显示电信号波形的基本原理，就是利用同步扫描技术，在构建的水平(或 X) 轴向和垂直(或 Y) 轴向上，按照各自的比例关系，把要观测的电信号波形显示在二维坐标屏幕上。因此，示波器面板上的操作功能按键或旋钮可归属四类功能控制，即垂直控制、水平控制、触发扫描控制和特定功能控制。

示波器的产品种类和型号有很多，但其功能操作面板的布局大同小异，而操作方法更为接近一致。本教材以泰克 DPO2002B 数字存储示波器为例，简单介绍其基本操作界面和操作方法。示波器的前面板图如图 A1－1 所示。

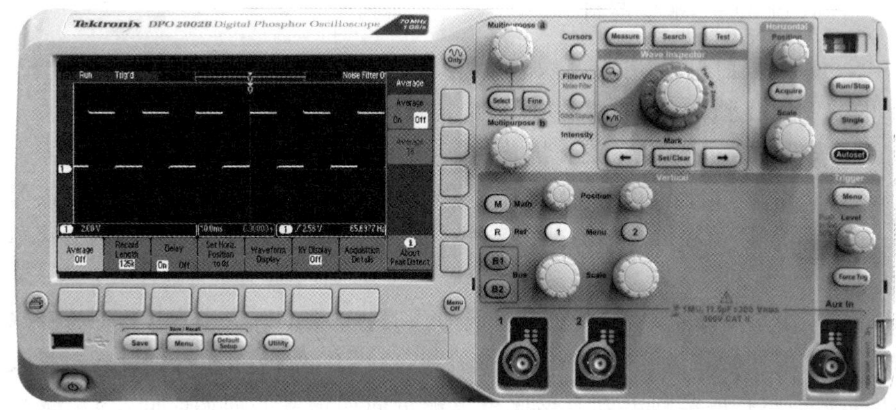

图 A1－1　DPO2002B 数字存储示波器的前面板图

A1.1　示波器的启动

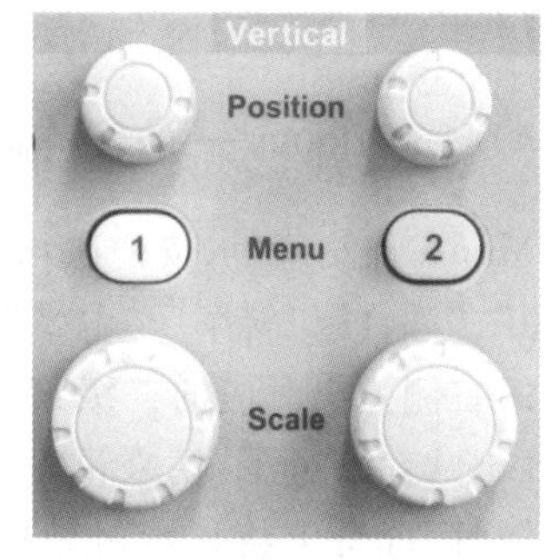

按下示波器左下方的电源开关，示波器将开始启动，并按照之前所存储的设置模式进行系统初始化，这个过程大概需要 1 分钟左右的时间。等待初始化好后方可进行相应的操作。

A1.2　Vertical — 垂直控制

Position 位置(1 和 2)：可垂直定位 1、2 通道的显示波形。顺时针旋转该功能旋钮，可将各自通道显示的波形沿垂直轴向上移，逆时针旋转时，显示的波形向下移。

Menu 菜单(1 和 2)：复合功能菜单键，按一次该功能键可选通相应的信号

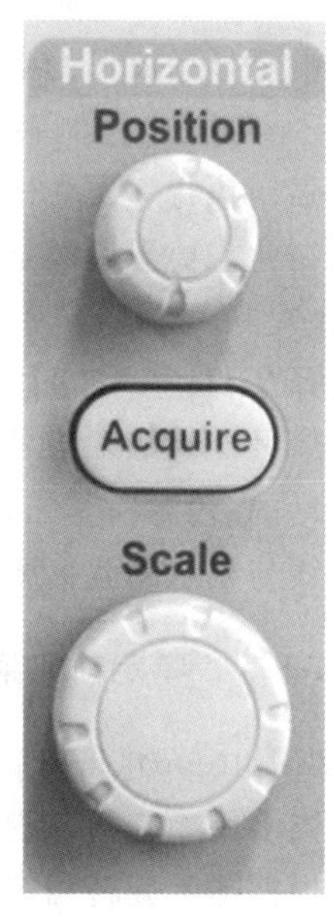

输入通道，并在屏幕的下方显示其一级菜单项 ——“耦合”、“反相”、“带宽”、“标签”、“探头设置” 及“更多”，根据需要按菜单项下面对应的菜单键，可在屏幕的右侧弹出对应的二级菜单选项，利用其右侧的菜单键可进行相关设置。在“更多” 菜单项还可以设置“伏 / 格” 的粗调与细调等选项。当连续按两次该功能键，可关闭对应的通道及波形显示。

Scale 刻度(1 和 2)：用来选择各自通道的垂直刻度标尺系数(V 或 mV/div)，也就是选择垂直轴向上 1 大栅格所代表信号的电压值。顺时针旋转该旋钮，标尺系数变小，逆时针旋转时标尺系数增大，该标尺系数显示在屏幕的左下方。据此可以测量信号的峰 － 峰值，为了减小读数误差，选择该系数的原则是在可视完整波形的前提下，使波形在垂直轴向上所占的栅格数愈多愈好，栅格数与标尺系数的乘积就是信号的峰 － 峰值。

A1.3 Horizontal — 水平控制

Position 位置：同时调整所有通道显示波形的水平位置。顺时针旋转该功能旋钮，各自通道显示的波形均沿水平轴向右移，逆时针旋转时，显示的波形向左移。

Acquire 采集：按一下该菜单键在屏幕的下方显示相关“采集”的一级菜单项 —“平均”、“记录长度”、“延迟”、“水平位置”、“波形显示”“XY 显示”及“采集细节”，再根据需要按菜单项下面对应的菜单键，可在屏幕的右侧弹出对应的二级菜单选项，利用其右侧的菜单键可进行相关设置。

Scale 标度：用来选择水平轴向上的时间标尺(时标，s、ms、μs、ns/div)，即选择水平轴向上 1 大栅格所代表的时间值。顺时针旋转该旋钮，标尺系数变小，逆时针旋转时标尺系数增大，该标尺系数显示在屏幕的下方。据此可以测量周期信号的周期时间，为了减小读数误差，选择该系数的原则是在可视完整一个周期波形的前提下，使波形在水平轴向上所占的栅格数愈多愈好，格数与标尺系数的乘积就是信号的周期时间，由 $f=1/T$ 可间接测出周期信号的频率。

A1.4 Trigger — 触发控制

Menu 触发菜单：按一次该菜单键将在屏幕的下方显示“触发”的一级菜单项 —“类型”、“信源”、“耦合”、“斜率”、“电平”及“模式”，再根据需要按菜单选项下面对应的菜单键，可在屏幕的右侧弹出对应的二级菜单，利用其右侧的菜单键可进行相关设置。

Level 触发电平：用来设置触发信号的幅值电平。旋转该功能旋钮时，屏幕上将显示触发电平的指示线，顺时针旋转该功能旋钮，触发电平的指示线向上移，表示幅值电平趋于递增，逆时针旋转时，触发电平的指示线向下移，表示幅值电平趋于递减。

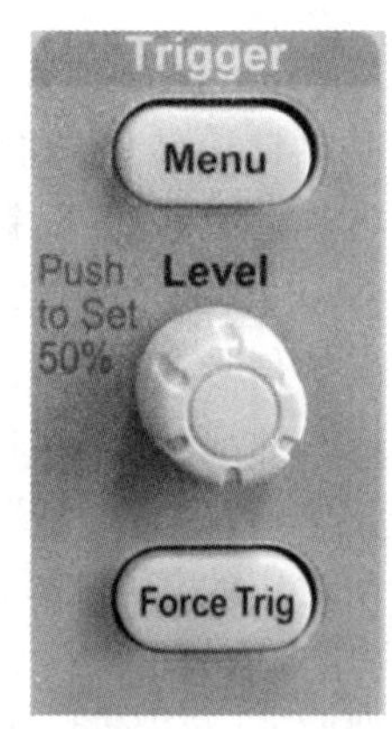

按一下该旋钮将触发电平自动设置为 50%，即将触发电平的位置设至显示波形的中间位置。

Force Trig 强制触发：无论示波器是否检测到触发，按此键都可以强制执行一次立即触发事件。

在此需要强调的是：要使显示的波形稳定，必须同时满足两个“触发”的条件，其一是“信源”，在“内触发”方式下，“信源”只能选择“CH1”或“CH2”，即选用通道“CH1”或“CH2”输入的被观测信号作为触发信号的“信源”。在“辅助”方式下，必须用在“Aux in”输入的信号作为触发信号的“信源”；其二是“触发电平”要合适，选择的依据是调节“Level”旋钮，使触发电平的指示线与显示的波形要相交。

A1.5 特定功能菜单键和多用途旋钮

“Multipurpose a”和“Multipurpose b”(多用途旋钮)：

当多用途旋钮 a 或 b 被激活时，屏幕上会显示相应的图标提示。

根据提示旋转相应的旋钮可以移动光标、设置菜单项的数字参数值或从弹出的选项列表中进行选择。

〖Fine〗(精细)功能键:按此键可以使用多用途旋钮a和b的垂直和水平位置旋钮、触发电平旋钮以及许多其他功能选项,执行粗调或细调操作。〖Fine〗键点亮执行细调,不亮执行粗调,可以在粗调和细调之间进行切换。

〖Select〗(选择)功能键:按此键一方面可以对菜单中的选项进行选择和确认,另一方面还可以激活特殊功能,比如,当使用两个垂直光标(水平光标不可见)时,可以按此键来链接光标或取消光标之间的链接。当两个垂直光标和两个水平光标都可见时,可以按此键激活垂直光标或水平光标。

〖Cursor〗(光标)功能键:按一次(该键点亮)可激活两个垂直光标,再按一次可以同时打开两个垂直和水平光标。在光标打开时,可以利用多用途旋钮调整和控制光标的位置,若测量选项为幅值时则控制水平光标,若测量选项为时间或相位时则控制垂直光标。

再按一次光标键(键不亮)将关闭所有光标。

利用光标线可以很方便地测量波形上任意两点之间的电位差和信号的峰－峰值,以及波形上任意两点之间的时间差和周期信号的周期时间等,若在自动测量模式下,可将测量的结果显示在屏幕上。

〖FilterVu〗(噪声过滤器)功能键:按一下该键可过滤被测信号中的无用噪声,而同时仍然继续捕获毛刺。

〖Intensity〗(亮度)功能键:按一下该键会在屏幕上弹出一个选项框,利用多用途a旋钮设置波形的显示亮度,利用多用途b旋钮设置刻度线的显示亮度。

〖Measure〗(测量)菜单键:按一下该键将会在屏幕的下方显示相关"测量"的一级菜单项—"添加测量"、"删除测量"、"指示器"、"选通"、"高低方法"及"配置光标",根据需要按菜单项下面对应的菜单键,可在屏幕的右侧弹出对应的二级菜单选项,利用其右侧的菜单键可进行相关设置。

〖Search〗(搜索)功能键:按一下该键将会在屏幕的下方显示相关"搜索"的一级菜单项—"搜索"、"搜索类型"、"源"、"斜率"及"阈值",根据需要按菜单项下面对应的菜单键,在屏幕的右侧或左侧弹出对应的二级菜单选项,利用其右侧的菜单键或多用途旋钮进行选项设置。

〖Test〗(测试)功能键:在较高级的同系列示波器中该键才有效,按此键可以激活高级的或专门应用的测试功能。

〖Zoom〗(缩放)功能键和〖Pan & Zoom〗(平移和缩放)旋钮:

按此键可激活缩放模式。利用外环旋钮可以在采集的波形上滚动缩放窗口，利用内环旋钮可以控制缩放因子，顺时针旋转为放大，逆时针旋转为缩小。

〖▶/‖〗(播放/暂停)功能键：按此键可以开始或停止波形的自动平移。利用平移旋钮可以控制波形平移的速度和方向。

〖Set/Clear〗(设置/清除标记)功能键：按该键可以建立或删除波形标记。

〖←〗和〖→〗(标记跳转)键：按〖←〗键可以跳转到上一个标记，按〖→〗可以跳转到下一个标记。

〖Run/Stop〗(运行/停止)功能键：按此键可以执行开始或停止采集。

〖Single〗(单次)功能键：按此键可以执行一次单一采集。

〖Autoset〗(自动设置)功能键：按此键可以自动设置垂直、水平和触发控制，以便能够显示有效、稳定的波形。

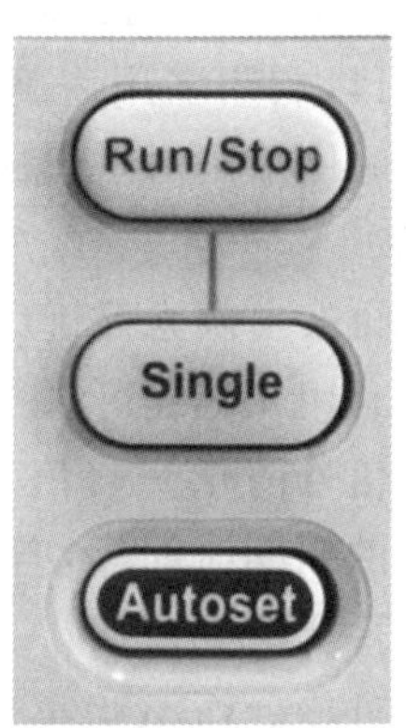

〖Save/Recall〗(保存/调出)功能键：按此功能键可以执行保存或调出内部存储器或USB闪存驱动器里的设置、波形参数和屏幕图像。

〖Menu〗(存储菜单)功能键：按此键可以打开相关存储的一级菜单—“保存屏幕图像”、“储存波形”、“储存设置”、“恢复波形”、“恢复已有的设置”、“分配”及“文件功能”。再根据需要按菜单选项下面对应的菜单键，可在屏幕的右侧弹出对应的二级菜单，利用其右侧的菜单键可进行相关设置。

〖Default Setup〗(默认设置)功能键：按此键可以立即还原为制造厂商或之前原有的初始设置。

〖Utility〗(辅助功能)菜单键：按此键可以激活系统的辅助功能，如选择系统使用的语言或设置当前日期和时间等。

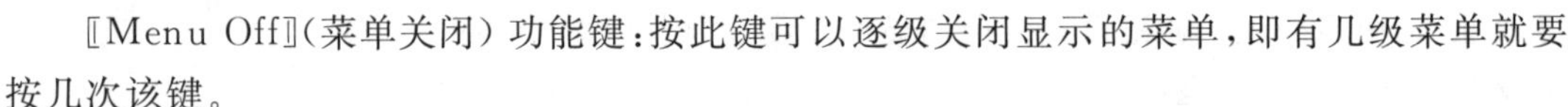

〖Menu Off〗(菜单关闭)功能键：按此键可以逐级关闭显示的菜单，即有几级菜单就要按几次该键。

〖Only〗(仅显示波形)功能键：按此键即可清除屏幕上显示的菜单和读数信息，仅显示当前的波形。再按一次该键可调出之前的菜单和读数信息。

A1.6 Q9型输入连接器

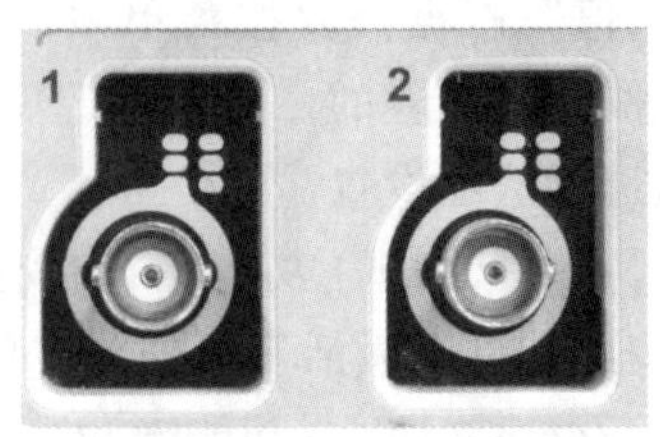

被观测信号的输入通道连接器。〖1〗、〖2〗分别为信号的第一输入通道(CH1)和第二输入通道(CH2)。另外还有一个〖Aux in〗辅助输入连接器，在选择辅助触发时，此连接器作为外部触发信源的输入连接器。

A1.7　探头和测试线

示波器一般都附带有与之相匹配的探头，使之能够充分发挥示波器所有的性能，并能确保所测信号的完整性。探头是由一个 Q9 型快速接头(输入连接器)、衰减器、同轴屏蔽电缆、探针和一个鳄鱼口式接地夹组成的。Q9 型快速接头与示波器的信号输入端相连，探针接至被测信号的测试点上，鳄鱼口式接地夹接到待测信号的公共地端或待测电路的接地点。

探头中串入的衰减器一般有两种衰减比率：×1 和×10。×1 表示对待测的信号不衰减直接送到示波器的输入端，常用于弱小信号的测量；×10 表示将待测的信号衰减 10 倍后再送到示波器的输入端，常用于大信号的测量。在采用×10 衰减倍率时，为了确保待测信号的真实值，应在示波器的“探头”菜单中的“衰减比率”设置为“×10”。

A1.8　示波器基本的测量技术

示波器的两个最基本的测量就是电压幅值测量和时间测量。在此测量技术的基础上，还可以测量脉冲信号的脉冲宽度和上升 / 下降时间，以及同频信号的相移(相位差)等。

A1.8.1　电压测量

示波器测量信号的电压时，一般先测出峰 — 峰值，即从信号的最大值点(峰点)到其最小值点(谷点)进行测量，相关的其他量值可以通过计算而间接获得，比如正弦信号的最大值、有效值和平均值。

电压测量的最基本方法就是适当调整“垂直标尺”(Vertical—Scale)和“位置”(Position)功能旋钮，使完整的信号波形在垂直方向上所覆盖的栅格越多越好，从屏幕中心垂直刻度线读取的栅格数就越准确，从而会得到最佳的电压测量值。根据读取的栅格数和所选择的垂直标尺分度系数(V/div)，就可以计算出所测量的电压值。参照图 A1-2 所示。

数字示波器都有“光标”(Cursor)菜单键，在屏幕上可以显示两条水平光标线，上下移动它就能标示出信号波形的幅值，而无须读取栅格数就可以自动进行电压测量。

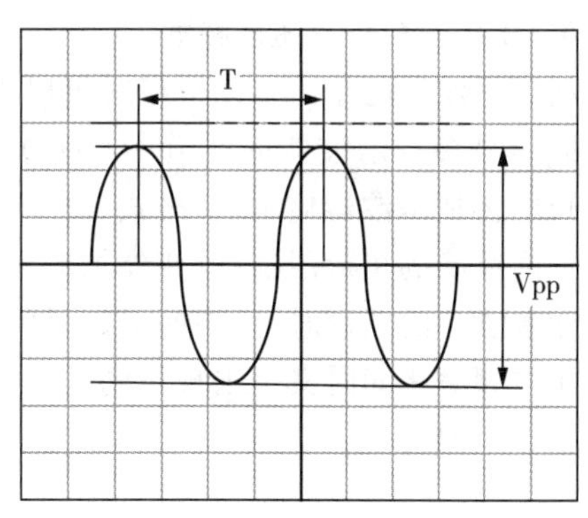

图 A1-2　测量幅值、频率的示意图

A1.8.2　时间和频率测量

用示波器的水平刻度可以进行时间的测量。时间测量包括测量周期和脉冲信号的脉冲宽度。周期与频率为倒数关系，所以测定了周期时间就可计算出频率。与测量电压的方法相似，适当调整“水平标尺”(Horizontal—Scale)和“位置”(Position)功能旋钮，使完整的信号波形在水平方向上所覆盖的栅格越多越好，从屏幕中心水平刻度线读取的栅格数就越准确。根据读取的栅格数和所选择的水平标尺分度系数(s、ms、μs/div)，就可以计算出所测量的时间值，参照图 A1-2 所示。

与自动测量电压同样的方法，可以利用屏幕上两条能够移动的垂直光标线，对时间或周期进行自动测量。

A1.8.3 脉冲宽度和上升/下降时间测量

脉冲宽度是一个脉冲信号从低电平到高电平再到低电平所占的时间量。一般在脉冲信号全电压的 50% 处来测量脉冲宽度，参照图 A1-3 所示。

脉冲信号的上升时间是指一个脉冲从低电平到高电平所占的时间量。一般从脉冲信号全电压的 10% 处到 90% 处来测量上升时间，这样测量可以消除脉冲转角处的不规则性，参照图 A1-3 所示。

测量脉冲宽度和上升/下降时间的操作方法与测量时间的操作方法相同。

A1.8.4 相移测量

参照图 A1-4 所指示的测量点，测量相移（或称相位差）的一般方法，就是利用屏幕上的两条垂直光标线分别测量出两个时间 t_1 和 T 的时间数值，再通过 $\varphi=(t_1/T)\times 360°$ 计算出相移的值。测量相移也可用示波器的自动测量模式。

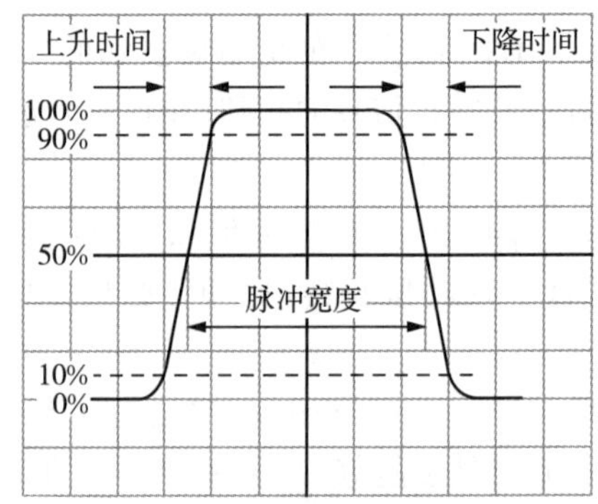

图 A1-3 测量脉宽时间的示意图

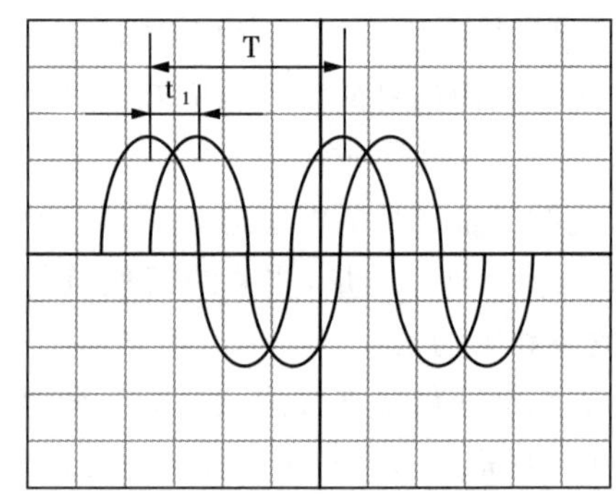

图 A1-4 测量相移的示意图

A1.8.5 李萨育图形模式

利用示波器的李萨育图形模式可以测量周期信号的频率和相移。测量的基本方法是将待测的信号接到示波器的通道 1(CH1)，把频率可调且可读的外加信号接到示波器的通道 2(CH2)，再把示波器显示的“格式”设置为“XY”模式，若两信号的频率不相同，屏幕上会呈现一个网纹状的矩形图框，改变外加信号的频率，当屏幕上出现一个稳定的“斜直线”或“椭圆”或“圆形”的图形时，说明两个信号的频率此时相等，即在可读的外加信号源上读出频率值。而在频率相同时又会出现不同的图形，说明两个信号之间存在不同的相移（相位差），参见图 A1-5 所示。

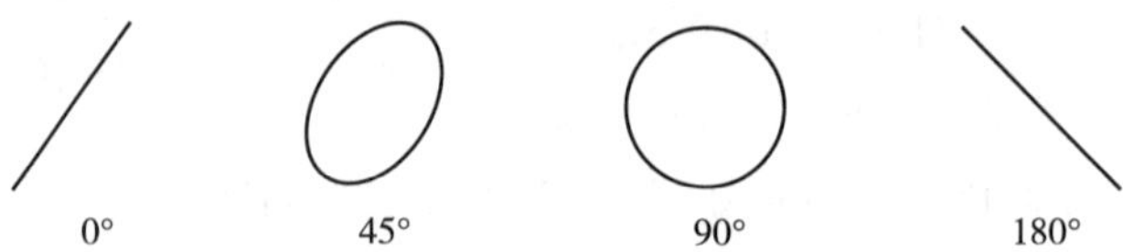

图 A1-5 李萨育图形法测量相移的示意图

由上图可以看出，利用李萨育图形模式测量相移，较适于几个特殊的相移角度，而对于其他的相移角度就不便于进行精准测量。

A2　函数信号发生器

函数信号发生器一般是利用信号数字合成技术来产生多种函数信号波的，如正弦波、三角波、方波(脉冲波)、锯齿波及调制波等。其产品的型号有很多，现以 DG1000 系列 DDS 函数信号发生器为例，简单介绍其基本操作界面及其使用方法。

A2.1　DG1022U 型函数信号发生器的前面板

DG1022U 型函数信号发生器的前面板图及功能组成如图 A2-1 所示。

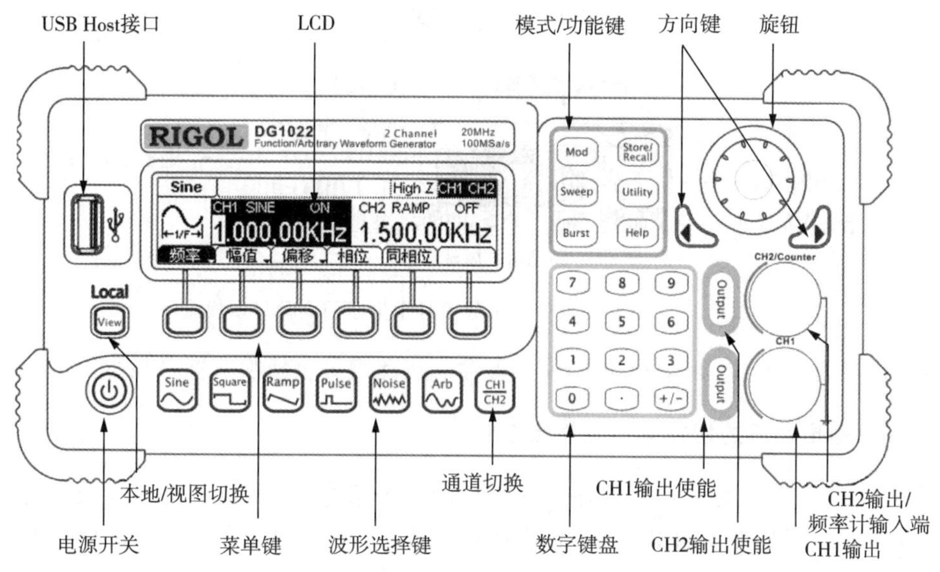

图 A2-1　DG1022U 型函数信号发生器的前面板图

A2.2　函数信号发生器的启动

打开函数信号发生器面板上的电源开关就进入启动状态，并按照默认的设置进行初始化，经过十几秒钟后完成这个过程。CH1 通道的输出默认设置为正弦波、频率是 1.000kHz、幅值是 5.000*V*pp，CH2 通道的输出默认设置为锯齿波、频率是 1.500kHz、幅值是 5.000*V*pp。液晶显示屏优先显示 CH1 通道的初始设置信息。

A2.3　LCD 及其显示模式

LCD 用于显示相关输出信号的设置信息。DG1022U 型函数信号发生器提供了 3 种界面显示模式，即单通道常规模式、单通道图形模式及双通道常规模式(见图 A2-2)。这 3 种显示模式可通过〖View〗键进行切换。

〖View〗键的另一个功能是本地显示唤醒功能。当长时间没有进行键操作时，DG1022U

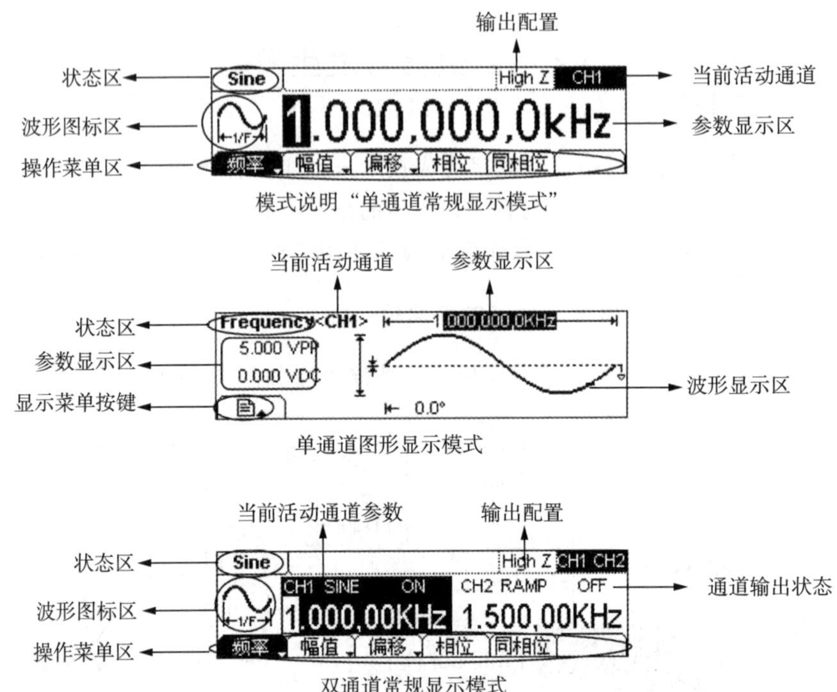

图 A2－2　DG1022U 型函数信号发生器的 3 种显示模式

会自动关闭屏幕显示，以延长 LCD 的使用寿命。按此键可重新唤醒屏幕显示。

A2.4　输出通道的切换显示及输出控制

通过〖CH1/CH2〗键可以切换显示两通道的相关信息，以便对每一个通道进行设置操作。在设置好之后是否要输出信号，由对应输出通道的输出使能键〖Output〗来控制，按一下对应的键，该键的背灯自动点亮，设置的信号就从此通道输出，否则为禁止输出。

A2.5　功能键简介

〖Mod〗功能键：可输出经过调制的波形。通过改变类型、内／外调制、深度、频率、调制波等参数，来改变输出波形。

〖Sweep〗功能键：可对正弦波、方波、锯齿波或任意波形产生扫描，但不允许扫描脉冲波、噪声波和直流信号。

〖Burst〗功能键：可以产生正弦波、方波、锯齿波、脉冲波或任意波形的脉冲串波形(具有指定循环数目的波形为脉冲串）输出，噪声波只能用于门控脉冲串。

注意：以上三个功能键只适用于信号通道 1(CH1)。

〖Store/Recall〗功能键：执行存储或调出波形数据和配置信息。

〖Utility〗功能键：可以设置同步输出的开／关、输出参数、通道耦合、通道复制、频率计测量；也可以查看接口设置、系统设置信息；还可以执行仪器自检和校准等操作。

〖Help〗功能键：可以查看系统提供的帮助信息。

A2.6　输出信号波形的设置

DG1022U 提供了 5 类基本波形和 48 种任意波形。任意波常用于高级的应用，在此不再赘述，仅介绍 5 种基本波形，即正弦波（Sine）、方波（Square）、锯齿波（Ramp）、脉冲波（Pulse）和噪声波（Noise）。在设置输出信号的波形时，应先选择信号输出通道，然后再按对应的波形标记键就可设置输出波形。

A2.7　输出信号幅值的设置

函数信号发生器输出信号的电压幅值一般有“峰-峰值”（V_{pp}）和“有效值”（V_{RMS}）两种。首先按一下对应屏幕菜单“幅度”下的菜单键，将自动切换显示当前要设置的数字及可选单位的菜单，再按一下单位（mV_{pp}、V_{pp}、mV_{RMS}、V_{RMS}）选择菜单键即可完成设置操作。

设置输出信号幅值大小的方法可分为两种情况：一种是已知固定值的输出，直接可以按对应的数字键〖0－9〗，然后再按所要选择的单位键即可；另一种是从某一个基准幅值开始，按照一定的递增或递减量连续调节输出，首先预设一个基本幅值，然后在根据递增或递减量值的大小，用方向键〖◀〗或〖▶〗选择数位，转动面板上的旋钮就可连续调节输出幅度的大小，顺时针转动为递增输出，反之为递减输出。

A2.8　输出信号频率的设置

设置输出信号频率的操作方法与设置幅值输出的操作方法完全相同，在此就不再赘述。

A2.9　输出信号的其他设置

输出信号的相关设置可能还包括方波信号的“占空比”的设置，以及输出信号的“电平偏移”和“相移”的设置。其设置的操作方法可参照上述的操作方法和步骤进行。

A2.10　后面板输入/输出端子

“Sync Out”输出端：输出与标准 TTL 电平相匹配的同步信号。

“10MHz IN”参考信号输入端：在进行信号比较时，需要的参考信号从此输入，允许输入信号的幅值为±5V。

“Modulation IN”调制波输入端：当要输出调幅（AM）或调频（FM）信号时，调制信号从该端输入，允许输入信号的幅值为±5V。

“Ext Trig/FSK/Burst”输入端：外部触发信号、移频键控信号或脉冲串信号在此端输入，允许输入的幅值为标准的 TTL 电平。

A2.11　输出信号与测试电路的连接

函数信号发生器的输出信号是通过专用的屏蔽电缆线（防干扰）连接到测试电路的，其一端为 Q9 型的快速连接头，与函数信号发生器的对应输出端相连，而另一端有红、黑色两个鳄鱼夹，红色鳄口夹应夹到测试电路的信号输入端，黑色鳄口夹应夹到测试电路的接地端，要注意不得接反。

A3　数字式交流毫伏表

数字式交流毫伏表是一种专用于测量正弦信号电压有效值的测试仪表。数字式交流毫伏表的型号有很多，但其基本的操作方法大同小异。下面以型号为 SM2030A 的数字式交流毫伏表为例，简单介绍其基本操作界面及其使用方法。

SM2030A 型数字式交流毫伏表，不仅适用于 5Hz ～ 3MHz、50μV ～ 300 V_{RMS} 的交流信号电压有效值的测量，也可以测量峰－峰值，还可以作为功率计和电平表来使用。

A3.1　SM2030A 的前面板

SM2030A 型数字式交流毫伏表的前面板图如图 A3－1 所示。其面板上主要有电源开关、VFD 显示屏、功能键、手动量程选择键及输入连接器等。

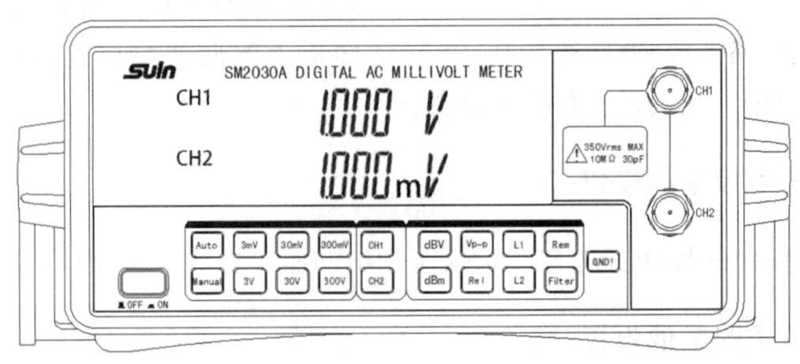

图 A3－1　SM2030A 型数字式交流毫伏表的前面板图

A3.2　按键功能简介

〖OFF/ON〗键：电源开关键，按下为开，弹出为关。

〖Auto〗键：按此键切换到自动选择量程。

〖Manual〗键：按此键切换到手动选择量程，并自动点亮当前所用量程的量程键。工作在手动选择量程时，若被测信号的幅值大于当前量程的 13%，屏幕上将显示“OVLD”字符，此时必须加大量程；若被测信号的幅值小于当前量程的 8%，屏幕上将显示“LOWER”字符，此时必须减小量程。手动量程的测量速度比自动量程的快。

〖3mV〗～〖300V〗键：手动量程选择键。当按某一个量程键时，此键被自动点亮，以指示当前所选的量程。

〖CH1〗、〖CH2〗键：被测信号输入通道选择键。按下对应的键就选择相应的通道，同时点亮该通道选择键，且被选择通道的测量信息显示在第一行（主显）。

〖dBV〗、〖dBm〗和〖V_{P-P}〗键：选用这 3 个功能键，可以把当前测得的电压值换算成电压电平或功率电平或峰－峰值显示出来。〖dBV〗为选择显示电压电平，〖dBm〗为选择显示功率电平，〖V_{P-P}〗为选择显示峰－峰值。再次按一下所选择的键将退出所选功能。

〖Rel〗键：归零键，只对显示有效值和峰－峰值时有效。按此键将不再显示所选通道的测量值，而应该显示为零或趋于零。若仍有较大的数值显示（相对于所选量程的精度要求而言），说明该通道的测量放大器存在较大误差，需要进行校准。再按一次该键退出。

〖L1〗、〖L2〗键：用来选择当前优先显示行，比如按〖L1〗键，就把第一行当作当前优先显示行，此时可以设置所要选择的输入通道、量程及测量功能等。

〖Rem〗键：按此键进入远程控制模式。再按一次退出。

〖Filter〗键：开启滤波器功能，此时测量值显示 5 位数。再按一次退出。

〖GND！〗键：接大地功能键。连续按两次就将输入通道的公共端接大地。再按一次退出接地模式而进入浮地模式，适合非共地信号的测量。

A3.3　输入通道连接器

CH1 为第一输入通道，CH2 为第二输入通道，输入端均为 Q9 型的快速连接头，通过专用的屏蔽电缆线（测试线）连接到测试电路上。

A3.4　基本测量

在这里仅介绍正弦交流电压有效值的测量，以及如何读取测量值的峰－峰值。其他的测量可参照电压有效值的测量方法，进行相关的设置来实现所需的测量。

A3.4.1　电压有效值的测量

① SM2030A 完成开机后的默认设置是在自动量程状态下测量交流电压的有效值。为了更准确、快速地获得测量值，可根据被测信号的大小，进行手动选择合适的量程。需要其他测量功能时，还要通过测量功能键先设置好测量功能。

② 设置好之后再将被测信号通过测试线缆可靠地连接到交流毫伏表的输入端。若进行单通道测量，一般连接到 CH1（通道 1），因系统默认设置通道 1 的信息优先显示在第一行。

③ 等待测量稳定后再读取测量的有效值。

注意：只有在测量有效值的状态下才可手动切换量程！

A3.4.2　双通道信号的测量

① 首先利用〖L1〗、〖L2〗行显示选择键选择当前优先显示行，然后根据需要分别设置两个被测信号将接入的通道、测量功能及手动设置量程。两通道的测量功能、量程可以相同，也可以不同，因需而定。

② 设置好之后，若两路测量功能或量程不同，要分别将两个被测信号通过测试线缆对应送入到所设置的输入通道内。

③ 等待测量稳定后再分别读取测量值。

注意：若两个被测信号不是同一共地信号，输入通道要设为为浮地模式。

A3.4.3　读取测量值的峰－峰值

SM2030A 始终是优先测量正弦信号的有效值，当需要读取峰－峰值时，只需要按一下〖V_{P-P}〗测量功能键，仪器将自动开启内部的运算功能，把当前测量的有效值换算成峰－峰值并显示出来，测量稳定后读取数据即可。

A4 直流稳压电源

直流稳压电源是为测试或实验电路提供工作电源的，也可以作为大功率直流供电电源。直流稳压电源的型号有很多，现以东方 WYK—303B3 型和普源 DP832 型两款直流稳压电源为例，来分别介绍其基本功能和使用方法。

A4.1 WYK—303B3 型直流稳压电源

WYK—303B3 型电源有三路电压输出，其中有一路为固定 5V 输出，另两路为可调输出，输出电压的调节范围均为 0 ～ 30V。三路允许输出的最大电流均为 3A。输出过流保护值可以通过旋钮设定。可调电压输出的两个通道还可以通过工作模式选择键进行组合工作。

A4.1.1 WYK—303B3 型直流稳压电源的前面板

WYK—303B3 型直流稳压电源的前面板如图 A4 - 1 所示。

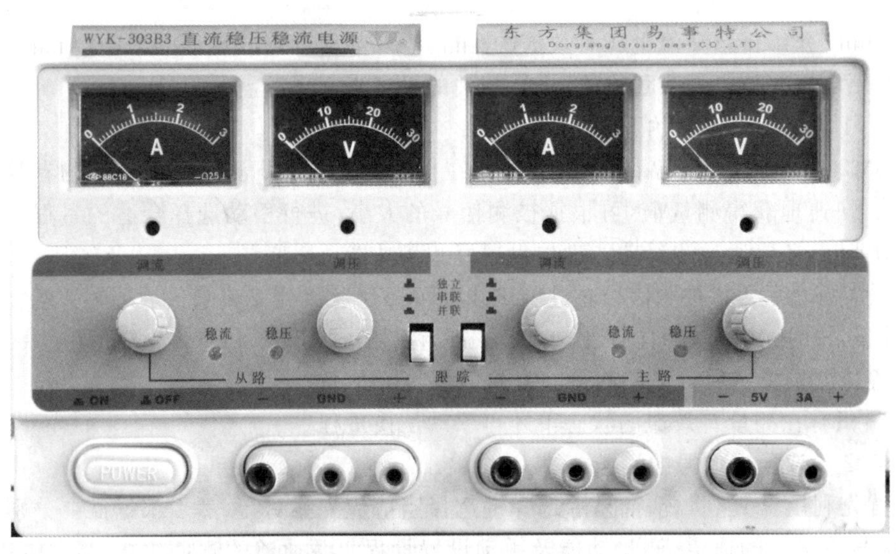

图 A4 - 1 WYK—303B3 型直流稳压电源的前面板图

A4.1.2 可调电压输出通道的 3 种工作模式

利用工作模式选择键可以对两个输出通道进行组合工作，其 3 种工作模式如下：

① 独立模式

将两个乒乓式工作模式选择键处于弹出状态时(标记符号为长键柄)，两路可调电压源互不关联，可单独使用，调节各自的输出电压调节旋钮，从而获得两路不同的输出电压。适用于需要两路不同电压独立输出的场合。

② 串联模式

将左键按下(标记符号为短键柄)、右键弹出，两路可调电压源工作在串联模式。在这种工作模式下，制造商把右边的一路可调电源定义为主路电源，左边的一路可调电源定义为从路电源，且该电源的内部有专用的自动切换和跟踪电路，一方面会自动地将主路电源的负极性(—)输出端子(黑色标记)与从路电源的正极性(+)输出端子(红色标记)内部短接，构成两路电源相串联；而另一方面使从路电源的输出电压调节旋钮功能失效，只要调节主路电源的输出电压调节旋钮就可以调节输出电压，从路电源的电压输出会自动跟踪主路电源的电压输出，即两路电源输出的电压值相等。若将输出电压从主路电源的正极性端子和从路电源的负极性端子引出，可获得 0 ～ 60V 的直流电压；若从主路电源的负极性端子或从路电源的正极性端子引出一根电源线作为公共地端，再分别从主路电源的正极性端子和从路电源的负极性端子引出两根电源线，可以获得正、负对称的双电源，主路电源输出为正电压、从路电源输出为负电压，连接示意图如图 A4 - 2 所示。因此，串联工作模式适用于需要 0 ～ 60V 的直流电压或正、负双电源的场合。

③ 并联模式

将两键均按下(标记符号均为短键柄)，通过电源内部的自动切换、跟踪匀压电路，会自动将两路电源的正、负极性输出端子在内部一一对应连接，构成两路电源相并联。同样，只要调节主路电源的输出电压调节旋钮就可以调节输出电压，从路电源的输出电压调节旋钮功能失效。并联工作模式适用于需要 0 ～ 30V、0 ～ 6A 电源输出的场合。

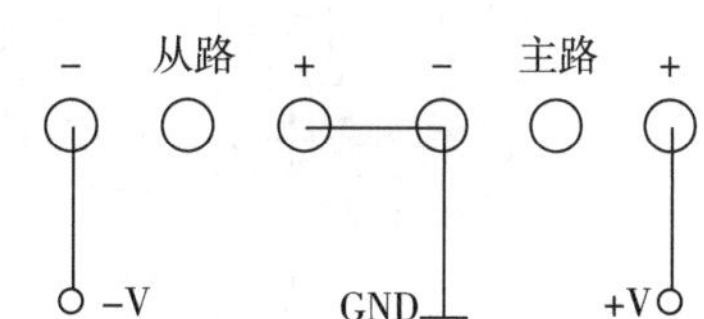

图 A4 - 2　正、负对称双电源连接示意图

需要强调的是：任何一路直流电源的输出都是从它的正、负极性输出端子引出的。而辅助端子“GND”一般与电源自身的金属结构外壳内部相连，而与电源的输出无关。只有在需要考虑静电屏蔽的问题时，该端子为接“大地”端，可通过直流电源的三芯输入电源线或外接大地线接至大地，起到防止静电干扰的作用。

A4.2　DP832 型直流稳压电源

DP832 型直流稳压电源是一款高性能的可编程线性直流电源。它拥有优异的性能指标和清晰的用户界面，还有多种分析功能和多种通信接口，可以满足多样化的测试需求。

A4.2.1　DP832 型直流稳压电源的前面板简介

DP832 的前面板如图 A4 - 3 所示。下面将按照编号的顺序来介绍各个部分的功用。

① LCD 液晶显示屏

3.5 英寸的显示屏用于显示系统的参数设置、输出状态、菜单选项以及提示信息等。支持实时显示输出电压或电流的动态波形。

② 通道选择与输出控制开关

〖1〗～〖3〗键：输出通道选择键。按下其中的一个通道号键，就把对应的通道选为当前通道并显示其设置菜单，在此可以设置该通道的输出电压值、电流值及过压 / 过流保护等参数。

〖On/Off〗键：通道输出控制键。按下该键，可以打开或关闭对应通道的输出。

〖All On/Off〗键：按下该键，屏幕上会弹出“确认开启所有通道输出？”的提示信息，按〖OK〗键确认打开所有通道的输出。再按一次该键，将关闭所有通道的输出。

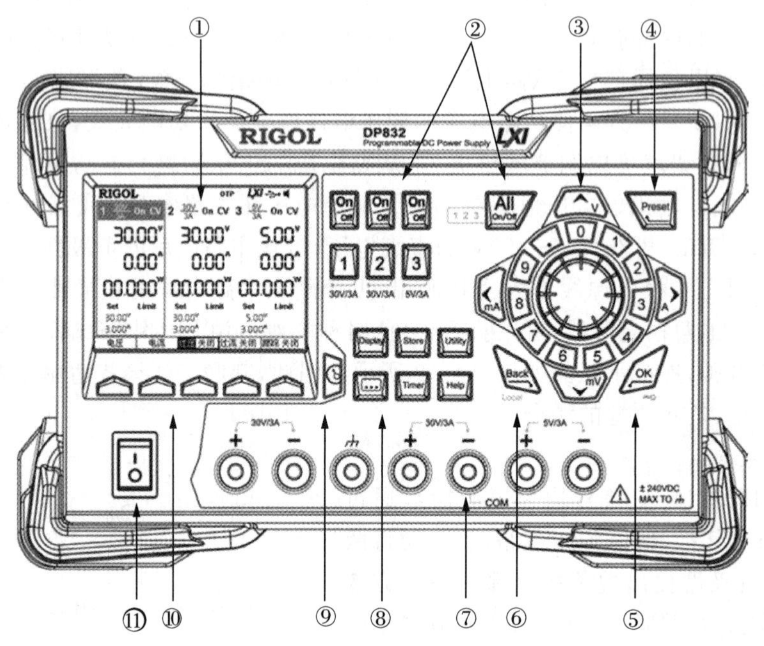

图 A4 - 3　DP832 的前面板图

③ 参数输入区

参数输入区包括方向 / 单位选择键、数字键盘和旋钮。

〖▲V〗、〖▼mV〗、〖◀ mA〗、〖▶A〗键：方向和单位选择键，均为复合功能键。方向键用于移动光标位置选择设置项；设置参数时，可以使用上 / 下方向键增大 / 减小光标处的数值。单位选择键用于数字键盘输入参数时，选择电压的单位（mV、V）或电流的单位（mA、A）。

〖0〗～〖9〗、〖.〗键：圆环形数字键盘。在设置参数时，可以直接输入数字和小数点。

旋钮：在设置参数时，旋转中间位置的旋钮可以增大或减小光标处的数值。

④〖Preset〗功能键

按下该键，可将仪器的所有设置恢复为制造商的默认设置，或调用用户自定义的通道电压 / 电流的配置。

⑤〖OK〗复合功能键

按一下该键，可以确认参数的设置。若长按该键，将锁定除通道输出控制开关和总电源开关之外的其他所有按键，即这些按键的功能失效；若再一次长按该键，可以解除锁定。

⑥〖Back〗复合功能键

在正常（本地）模式下，用于删除光标前的字符；若该仪器工作在远程模式时，该键用于返回本地（正常）模式。

⑦ 通道输出端子和接地端子

通道输出端子用于输出对应通道的电压和电流。最左侧的一对＋、－端子为通道 1 的输出端子，中间的一对＋、－端子为通道 2 的输出端子，最右侧的一对＋、－端子为通道 3 的输出端子。

接地端子为一个带有接地符号的独立端子，与通道输出端子无关。其内部与机壳、地线（电源线接地端）相连，处于接地状态。

⑧ 功能键区

〖Display〗功能键：按下该键进入相关显示的参数设置界面，可设置屏幕的亮度、对比度、颜色亮度、显示模式和显示主题。此外，用户还可以自定义开机界面。

再按一次该键将退出。

〖Store〗功能键：按下该键进入文件存储与调用的界面，可进行文件的保存、读取、删除、复制和粘贴等操作。存储的文件类型包括状态文件、录制文件、定时文件、延时文件和位图文件。仪器支持内、外部存储与调用。再按一次该键将退出。

〖Utility〗功能键：按下此键进入系统辅助功能的设置界面，可以设置远程接口参数、系统参数、打印参数等。此外，用户还可以校准仪器、查看系统信息、定义〖Preset〗功能键的调用配置、安装选件等。再按一次该键将退出。

〖…〗功能键：按该键进入高级功能的设置界面，可设置录制器、分析器等的相关参数。再按一次该键将退出。

〖Timer〗功能键：按下此键进入定时器与延时器的设置界面，可设置与其相关的参数，以及是否打开和关闭定时器和延时器的功能。再按一次该键将退出。

〖Help〗功能键：按该键将其背灯点亮，屏幕弹出提示“按下相应按键可获取帮助信息！”，之后按下需要获得帮助的键即可获取帮助信息。还可以连续按两次〖Help〗键，可打开内置的帮助界面，利用上／下方向键或旋钮选择所需要帮助的主题，然后再按对应“查看”的菜单键即可查看相应的帮助信息。

按屏幕右下角对应返回菜单的菜单键将退出帮助。

⑨ 显示模式切换功能键

按下该键强制进入显示模式切换状态，连续按此键可在当前显示模式和表盘模式之间进行切换。

⑩ 菜单键

菜单键与其上方显示的菜单一一对应，按下任一菜单键即可选择相应的菜单。

⑪ 电源总开关

用于打开或关闭仪器。

A4.2.2　电源的恒压输出

DP832型电源提供了3种输出模式：恒压输出(CV)、恒流输出(CC)和临界模式(UR)。在CV模式下，输出电压等于电压设定值，输出电流由负载决定；在CC模式下，输出电流等于电流设定值，输出电压由负载决定；UR是介于CV和CC之间的临界模式。下面介绍恒压输出的操作方法。

① 连接通道输出端子

根据需要的电压，将负载与相应通道的输出端子可靠连接。

② 打开电源开关，启动电源。

之所以先连接负载再启动电源，其目的是避免出现操作者被电击的现象。

③ 选择输出通道

根据负载连接的输出端子，按对应的通道选择键，此时屏幕突出显示当前通道的通道号、输出状态及输出模式。

④ 设置输出电压

DP832型电源的输出通道1和2，其允许设置输出电压的上限值为32V，过压保护的上限设定值为33V，通道3所允许设置输出电压的上限值为5.3V，过压保护的上限设定值为5.5V。

设置输出电压的方法有以下3种方法：

方法1：按“电压”菜单键，使用数字键盘直接输入所需的电压数值，然后按单位键〖V〗或〖mV〗选择单位，或按〖OK〗键选择默认单位。电源启动后的电压默认单位为V。

方法2：按“电压”菜单键，使用左/右方向键移动光标，合适地选择电压值的数位，单位默认为V，然后再用上/下方向键修改该位的数值，直到所需要的电压值。

方法3：按“电压”菜单键，使用左/右方向键移动光标，合适地选择电压值的数位，单位默认为V，然后旋转旋钮快速设置电压值。

在用数字键盘设置电压的过程中，用〖Back〗键可逐位删除当前所设置的字符。按“取消”菜单键可以取消本次输入设置。

⑤ 设置输出电流

DP832型电源的所有通道输出电流的上限设定值为3.2A，过流保护的上限设定值为3.3A。

按“电流”菜单键来设置允许输出电流，用设置输出电压的3种方法同样可以设置输出电流，在此就不再赘述。

设置允许输出电流时，要根据负载电流的最大值而定，即电流设定值要大于负载电流的最大值，这样才能使该输出通道工作在“CV”模式，否则就切换到“CC”模式。

⑥ 设置过流保护

按“过流”菜单键设置合适的过流保护值，设置的依据是：过流保护的电流值要适当大于允许输出电流的设定值。设置的方法与设置输出电流的方法完全相同。设置好之后再按“过流”菜单键打开过流保护功能(按此键可在“打开”与“关闭”之间切换)。

当实际输出电流大于过流保护值时，将自动关闭输出。

⑦ 打开输出

按对应的通道输出控制键〖On/Off〗打开该通道输出，屏幕将突出显示该通道的实际输出电压、电流、功率及输出模式(CV)。

⑧ 关注屏幕上的输出模式

恒压输出模式下应显示“CV”模式，若实际显示“CC”模式时，应适当增大输出电流的设定值，电源将自动切换到“CV”模式。

A4.2.3 电源的恒流输出

设置电源恒流输出的方法与设置恒压输出的方法相同，所不同的是：其一，电流的设定值要不大于实际负载电流的最小值，这样才能工作在“CC”输出模式。否则将自动切换到“CV”输出模式，应适当增大电压的设定值。其二，设置过压保护的电压值要不大于负载所能承受电压的最大值和输出通道所能允许输出电压的最大值(DP832允许的最大设定值为

33V),否则会击毁负载或禁止设置。

A4.2.4　电源的串并联

串联同一电源的两个或多个隔离通道可以获得更高的电压,并联同一电源的两个或多个通道可以获得更大的电流。对于DP832型电源,通道1可以和通道2串、并联,通道1可以和通道3串联,若要并联时,允许输出电压必须低于5.3V。通道2和通道3不能串并联因为两通道的负极性(—)端子在内部已短接。

注意:通道之间串并联时,相应参数的设置必须符合安全要求。

通道1与通道2之间的串、并联连接方法可参照WYK—303B3型电源两通道串、并联的连接方法,在此不再赘述。所不同的是:WYK—303B3型电源可根据设置的工作模式,自动在内部进行串联或并联连接,且能自动同步跟踪,而DP832型电源只能在外部输出端子进行串、并联的手动连接。

A4.2.5　电源的跟踪功能

跟踪功能常用于需要提供对称电压的场合。DP832型电源的通道1和通道2支持跟踪功能。用户可根据需要分别设置输出电压的设定值和输出开关状态的跟踪情况。下面分别介绍打开不同跟踪功能的方法。

① 仅打开单个通道的跟踪功能并跟踪电压设定值(以通道1为例)

操作步骤如下:

◎ 选择“独立”跟踪方式

按〖Utility〗功能键进入系统辅助功能的设置界面,按“系统设置”菜单键打开系统设置的第1页界面,按“→ 1/2”菜单键进入第2页界面,按“跟踪设置”菜单键之后,再连续按“跟踪方式”菜单键会在“同步”与“独立”之间进行切换,选择“独立”方式。

按〖Utility〗功能键退出系统辅助功能的设置界面。

◎ 打开通道1和通道2的跟踪功能

选择通道1,按“跟踪”菜单键选择“打开”,此时在通道1和通道2显示区域之间显示跟踪状态的图标“∞”。

◎ 关闭通道2的跟踪功能(若当前通道2的跟踪功能已关闭,忽略此步骤)

选择通道2,按“跟踪”菜单键选择“关闭”,此时通道2的跟踪功能处于关闭状态。

◎ 设置跟踪的电压值

选择通道1,按“电压”菜单键并设置所需要的电压值,此时通道2的电压值将随之改变,两者相同。与此同时,通道2的电压设置功能将失效(不可设置)。

② 打开两个通道的跟踪功能并跟踪电压设定值

操作步骤如下:

◎ 选择“同步”跟踪方式

此步骤的操作方法与选择“独立”跟踪方式的操作方法相同,只是选择“同步”跟踪方式。在此不再赘述。

◎ 同时打开两个通道的跟踪功能

任意选择通道1或通道2,按“跟踪”菜单键选择跟踪功能“打开”,此时两个通道的跟踪功能均打开,在通道1和通道2显示区域之间显示跟踪状态的图标“∞”。

若选择“独立”跟踪方式，要分别选择打开两个通道的跟踪功能。

◎ 设置跟踪的电压值

任意选择通道 1 或通道 2，按“电压”菜单键并设置所需要的电压值，此时另一通道的电压值将随之改变，两者相同，且两个通道的电压设置功能均可设置。

③ 跟踪通道的输出开关状态

操作方法如下：

◎ 按〖Utility〗功能键进入系统辅助功能的设置界面，按“系统设置”菜单键打开系统设置的第 1 页界面，按“→ 1/2”菜单键进入第 2 页界面，按“跟踪设置”菜单键之后，再连续按“开关同步”菜单键，将会在“禁止”与“使能”之间进行切换，选择“禁止”或“使能”方式。

按〖Utility〗功能键退出系统辅助功能的设置界面。

◎ 关于“禁止”

在禁止“开关同步”模式下，当打开或关闭其中一个跟踪通道的输出时，另一个跟踪通道的输出状态不受影响。

◎ 关于“使能”

“使能”就是开启“开关同步”模式。此时，通道输出开关状态的跟踪情况与当前已打开跟踪功能的通道数有关，即：

若当前仅有一个通道的跟踪功能已被打开，则打开或关闭该通道的输出时，另一个通道的输出将同时被打开或关闭，而未打开跟踪功能的通道的输出状态不可设。

若当前两个通道的跟踪功能均已被打开，则打开或关闭其中任意一个通道的输出时，另一个通道的输出将同时被打开或关闭。此时，对两个通道的输出状态均可进行设置。

A5 数字万用表

数字万用表可以用来测量直流电压或电流、交流电压或电流及电阻器的电阻值，还可以进行二极管的通断测试及晶体三极管的 hFE 参数测试。功能强大的数字万用表还可以测量电容器的电容量、交流信号的频率等。数字万用表的品牌及型号有很多，现以 VC9807A⁺ 型和 DM3058 型两款数字万用表为例，简单介绍其使用方法。

A5.1 VC9807A⁺ 型数字万用表

A5.1.1 VC9807A⁺ 型数字万用表的面板及功能简介

VC9807A⁺ 型数字万用表的面板图如图 A5－1 所示。

① 输入端子及测试表棒

数字万用表的输入端子共有四个，其中一个为公共端(COM)，另外三个为功能测试输入端(VΩ⋯、mA、20/2A)。

标配一副测试表棒，其中一个为黑色表棒，另一个为红色

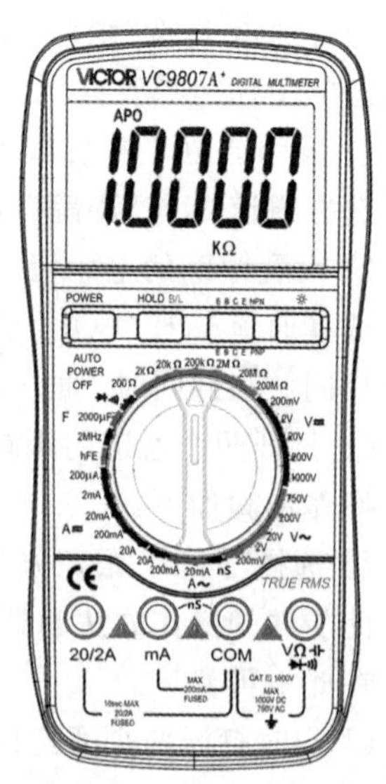

图 A5－1 VC9807A⁺ 型数字万用表的面板图

表棒。黑色表棒固定插入公共端(COM)，红色表棒根据需要测量的功能插入相应的输入端。

② 功能按键及插座

〖POWER〗功能键：乒乓式按键，用于万用表电源的开或关。

〖HOLD〗功能键：保持开关键，按下此功能键时，将当前所测量的数据保持显示在液晶屏上，并显示“HOLD”字符。再按一次该键，“HOLD”字符消失，退出保持功能状态。

功能插座：用于三极管的 hFE 参数测试。一行插孔适用于 NPN 型三极管，另一行插孔适用于 PNP 型三极管。

③ 多功能旋转开关

根据需要测量的功能，旋转该开关可以选择相应的功能和量程档位。在此要强调的是：在进行测量之前，一定要先选择好测量功能档位和合适的量程，然后再把表棒接到测试点。若不知道测量信号的大小，应把量程选到最大，根据测量的数值再适当减小量程，以获得较准确的读数。VC9807A$^+$ 型数字万用表的测量功能及其量程可参见表 A5－1。

表 A5－1　万用表的测量参数表

功能档位	量程	分辨率	功能档位	量程	分辨率
直流电压 DCV V ⎓	200mV	0.01mV	直流电流 DCA A ⎓	200μA	0.01μA
	2V	0.0001V		2mA	0.0001mA
	20V	0.001V		20mA	0.001mA
	200V	0.01V		200mA	0.01mA
	1000V	0.1V		20A	10mA
交流电压 DCV V ～	200mV	0.01mV	电阻 R Ω	200	0.01Ω
	2V	1mV		2kΩ	0.1Ω
	20V	10mV		20kΩ	1Ω
	200V	100mV		200kΩ	10Ω
	750V	1V		2MΩ	100Ω
交流电流 ACA A ～	20mA	0.01mA	频率 F	200MΩ	10kΩ
	200mA	0.1mA		2MHz	10 ～ 100Hz
	20A	10mA	hFE	0 ～ 1000	
电容 F	200μF	10pF ～ 10nF	二极管		

④ 液晶显示屏

由于数字万用表一般用电池供电，所以采用液晶显示屏以减小功耗。显示屏除了可以显示测量的数值、单位之外，还显示当前测量功能的标志符号等。

A5.1.2　基本测量方法简介

① 直流电压测量

◎ 把黑表棒接到“COM”端插孔，红表棒接到“V”端插孔。

◎ 将多功能开关旋至相应“V ⎓”(DCV) 的量程上。

◎ 再把红、黑表棒并接到两个测试点上，然后读取显示屏上的测量值，单位取所选量程标记的单位。若显示为“OL”，说明已超量程，应迅速增大量程。若读数为正值，则说明对应红表棒测试点的电位高于对应黑表棒测试点的电位，反之则显示负值。

② 交流电压测量

其测量方法与测量直流电压的方法相同，所不同的是应将多功能开关旋至相应“V ～”(ACV) 的量程上。读出的值为交流电压的有效值。

注意：利用数字万用表测量交流电压或电流时，其频率响应范围为 40 ～ 200Hz(有的表可达 400Hz)，若超出这个范围，测量值的准确度将会降低，即误差增大。

③ 电阻值的测量

其测量方法与测量电压的方法相同，所不同的是应将多功能开关旋至相应“Ω” 的量程上。另外要注意两点：其一要确保被测电阻器处于开路状态，其二是不能带电。

④ 直流电流测量

◎ 把黑表棒接到“COM” 端插孔，红表棒接到“mA” 或“20A” 端插孔。

◎ 将多功能开关旋至相应“A ⎓”(DCA) 的量程上。

◎ 再把红、黑表棒串接到两个测试点之间，然后读取显示屏上的测量值。

⑤ 交流电流测量

其测量方法与测量直流电流的方法相同，所不同的是应将多功能开关旋至相应“A ～”(ACA) 的量程上。读出的值为交流电流的有效值。

⑥ 电容测量

其测量方法与测量电阻的方法及注意事项相同。测量之前要确保电容没有残留电荷。

A5.2 DM3058 型数字万用表

DM3058 是一款 $5\frac{1}{2}$ 位双显台式数字万用表，它是针对高精度、多功能、自动测量的用户需求而设计的产品，集基本测量功能、多种数学运算功能，任意传感器测量等功能于一身。

A5.2.1 DM3058 数字万用表的前面板及功能简介

DM3058 数字万用表的前面板图如图 A5 - 2 所示。下面就参照该图简单介绍其各个组成部分的功能。

◎USB Host

U 盘的插口。用于存储数据和配置。

◎LCD

点阵式单色液晶显示屏。用于显示测量信息、功能符号、菜单等。显示模式可以设置为单显或双显。

◎ 方向键

〖Auto〗、〖▲〗 和〖▼〗 键用于选择量程，其中〖Auto〗 键为自动量程，〖▲〗 键用于增加量

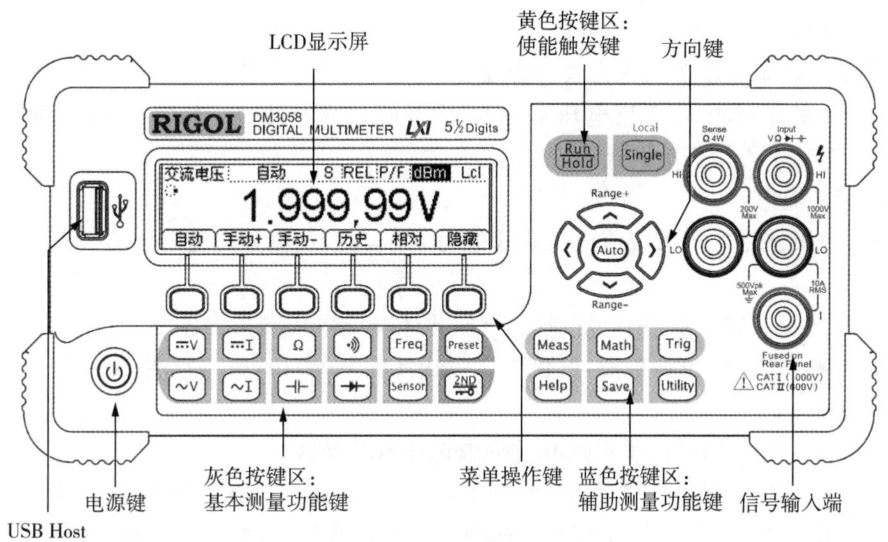

图 A5-2　DM3058 数字万用表的前面板图

程,〖▼〗键用于减小量程。

〖◀〗和〖▶〗键用于选择测量速率,其中〖◀〗键增大测量速率,〖▶〗键减小测量速率。系统提供了 3 种测量速率:2.5reading/s(慢速,标志符号为 S)、20reading/s(中速,标志符号为 M) 和 123reading/s(快速,标志符号为 F)。

◎ 使能触发键

〖Run/Hold〗键为复合功能键,Run 用于连续触发采集测量信号,Hold 用于测量数据的保持。

〖Single〗键用于单次触发。

◎ 输入端子

用于不同测量信号的输入端子。

◎ 基本测量功能键

其中有 10 个专用的基本测量功能键,分别用于测量直流电压和电流、交流电压和电流、电阻值、电容量、连通性、二极管,〖Freq〗键用于测量频率和周期,〖Sensor〗键用于传感器的测量。另外还有两个用于基本测量的辅助功能键,〖Preset〗键用于预设模式,〖2ND〗键用于执行第二功能。

◎ 菜单键

用于执行屏幕所显示菜单的相应操作。

◎ 辅助/测量功能键

〖Meas〗功能键:用于设置测量参数。

〖Math〗功能键:用于执行数学运算功能。

〖Trig〗功能键:用于设置触发参数。

〖Utility〗功能键:用于系统辅助功能的设置。

〖Save〗功能键:用于执行存储测量信息。

〖Help〗功能键:使用系统内置的相关帮助。

A5.2.2　基本测量的操作方法与步骤

在此仅举例介绍测量交流电压和频率及周期的操作方法,其它的基本测量可参见VC9807A^+型数字万用表的同类测量。

① 测量交流电压

本万用表可测量的最大交流电压有效值为750 V_{RMS}。测量交流电压的操作方法与步骤如下:

◎ 按下〖～ V〗键,该键的背灯点亮,同时进入交流电压测量的界面。

◎ 连接测试引线和被测电路,红色测试引线接到VAC Input-HI端,黑色测试引线接到Input－LO端。

◎ 根据测量电压的范围手动选择量程或选择自动模式。

◎ 读取测量的电压值。之后,还可以用左/右方向键选择测量速率(在屏幕上方的中间位置显示S或M或F),然后按〖2ND〗键执行第二功能操作,再按〖Freq〗键,可获得所测交流信号的频率。

◎ 查看历史测量数据(此操作为可选操作)。按"历史"菜单键进入信息查看界面,对本次测量的数据进行查看或予以保存。

② 直接测量交流信号的频率

本万用表可测量频率的范围为20Hz～1MHz。直接测量交流信号频率的操作方法与步骤如下:

◎ 按下〖Freq〗键,该键的背灯点亮,同时进入频率测量的界面。

◎ 连接测试引线和被测电路,红色测试引线接到Input-HI端,黑色测试引线接到Input－LO端。

◎ 读取频率测量值。在执行频率测量功能时,测量速率被固定设置为慢速,此时左/右方向键的功能失效。

◎ 查看历史测量数据(此操作为可选操作)。按"历史"菜单键进入信息查看界面,对本次测量的数据进行查看或予以保存。

3 直接测量交流信号的周期

本万用表可测量周期时间的范围为1μS～50mS。直接测量交流信号周期的操作方法与步骤如下:

◎ 连续按〖Freq〗键,该键的背灯点亮,同时进入周期测量的界面。

◎ 连接测试引线和被测电路,红色测试引线接到Input-HI端,黑色测试引线接到Input-LO端。

◎ 读取周期测量值。在执行周期测量功能时,测量速率也被固定设置为慢速,此时左/右方向键的功能也失效。

◎ 查看历史测量数据(此操作为可选操作)。按"历史"菜单键进入信息查看界面,对本次测量的数据进行查看或予以保存。

A6. 仪器使用应注意的事项

① 用于测量的仪器一般为精密仪器。仪器面板上的功能键和旋钮要轻按或旋，千万不要用力过猛，以免造成机械部件损坏。

② 函数信号发生器作为信号源使用时，它的输出端应避免短路，否则易烧毁仪器。

③ 直流稳压电源的输出内阻一般较小，接近理想的电压源，虽然电源内部都有过流/过载保护，但也应避免输出短路，特别是长时间处于短路或过载状态，因为短路时的冲击电流很大，有时会出现保护失控。

④ 在实施测量之前，应确保所用仪器的相关测量功能设置和选项是适宜的，然后再把测试探头或测试棒连接到测试点上，以免损坏仪器。

附录 B　Multisim14.0 仿真实例

本节以晶体管共射极放大电路和由 74LS160 构成二十四进制计数器为例，简要介绍 Multisim14.0 电路仿真的基本步骤。

例 1：晶体管共射极放大电路

电路图如图 B-1 所示。

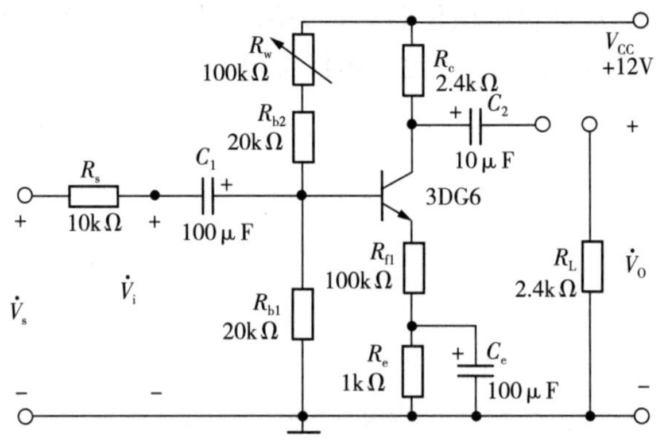

图 B-1　晶体管共射极放大电路

设计步骤如下。

步骤 1：打开 Multisim14 软件，运行基本界面如图 B-2 所示。基本界面主要由菜单栏、工具栏、设计工具箱、电路编辑窗口、仪器仪表栏及设计信息显示窗口等组成。默认文件名为 Design1。

图 B-2　基本界面

步骤 2:根据图 B-1 的电路图,选择元器件搭建电路。

点击元器件工具栏(或点击菜单栏 Place→Components),如图 B-3 所示。

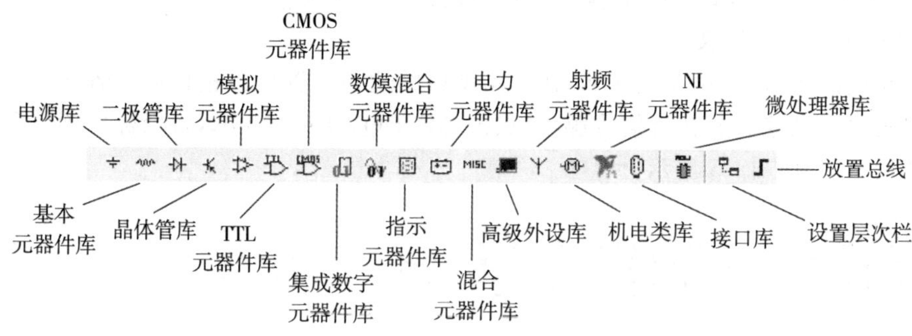

图 B-3　元器件工具栏

点击 ≑(电源库),在 Group 中选择 Sources,Family 中选择 POWER_SOURCES,打开如图 B-4 所示窗口。

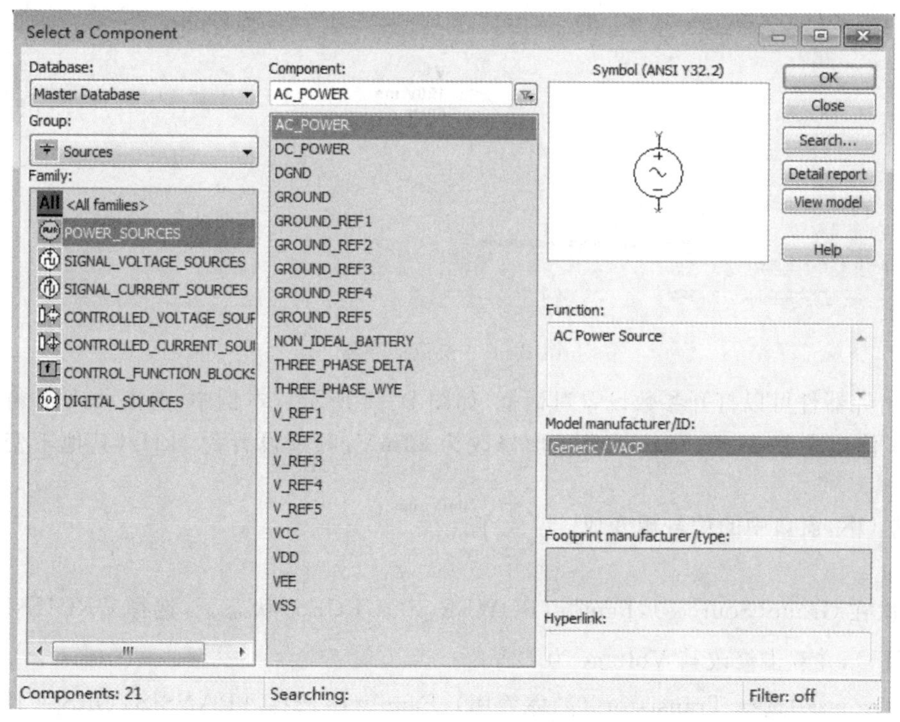

图 B-4　元器件浏览窗口

- Database:元器件所在的库;
- Group:元器件类型;
- Family:元器件系列;
- Component:元器件名称;
- Symbol:元器件示意图;

- Function:元器件功能描述;
- Model manufacture/ID:元器件制造厂商/编号;
- Footprint manufacture/type:元器件封装厂商/模式;
- Hyperlink: 超链接。

选定相应的元器件后,单击 OK,在电路窗口的适当位置单击鼠标后放置元器件。如晶体管共射极放大电路需要交流信号源,可点击 AC_POWER → OK,将图标拖到电路窗口的适当位置放下,如图 B-5 所示。

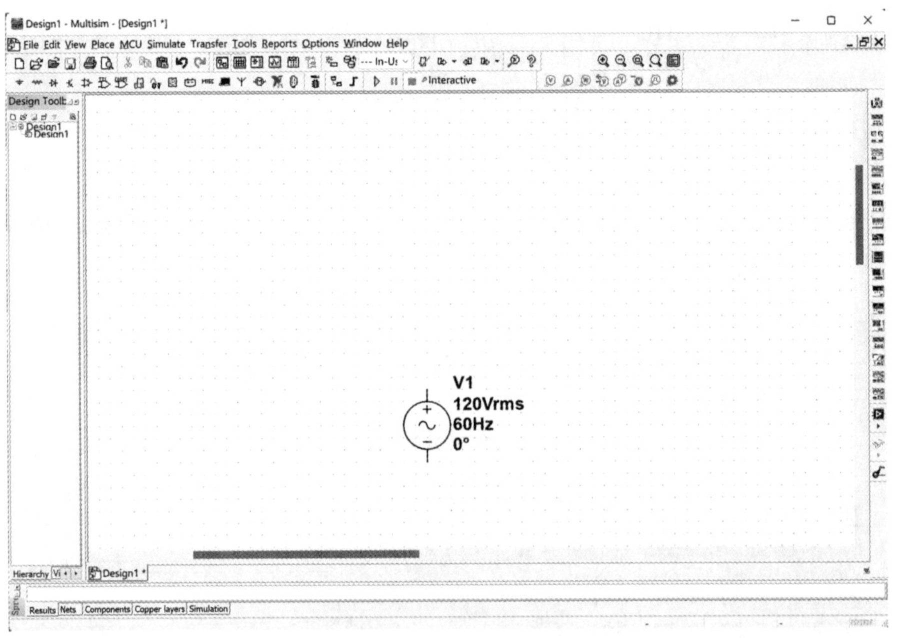

图 B-5 交流信号源

双击元器件可以打开参数设置对话框,如图 B-6 所示。本例中,点击 Label,将信号源名称 V1 修改成 Vs,点击 Value,有效值修改为 20mV,频率设置为 1kHz,其他不变。修改后,点击 OK,窗口中的信号源变成

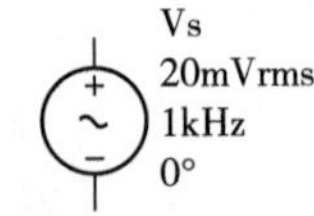

依次在 Group(Sources),Family(POWER_SOURCES)状态下,选择 GROUND(⏚),VCC(⊤),并双击修改其 Voltage 为 12V;

在 Group 中选择 Transistors(晶体管库),Family 中选择 TRANSISTORS_VIRTUAL(虚拟晶体管),Component 中选择 BJT_NPN,可双击打开修改其参数,如点击 Value,如图 B-7 所示。再点击 Edit model,如图 B-8 所示,内有很多参数,其中 BF 即 β,如有需要可修改其值,本例使用默认值 100。

在图 B-4 的 Group 中选择 Basic(基本元器件库),或点击工具栏 Basic,Family 中选择 RESISTOR(电阻)、VARIABLE_RESISTOR(可变电阻)、CAPACITOR(电容),本例中需要多个不同的电阻和电容,可通过在电路编辑窗口对已有元器件进行复制粘贴并设置不

同的参数后得到。选中某元器件后，点击右键，弹出如图 B－9 所示。通过点击相应的栏目，可以对元器件进行剪切、复制、粘贴、删除、翻转、旋转、颜色、字体、属性等设置。如选择复制粘贴即可得到相同元件，双击元器件修改其参数得到电路所需元件。

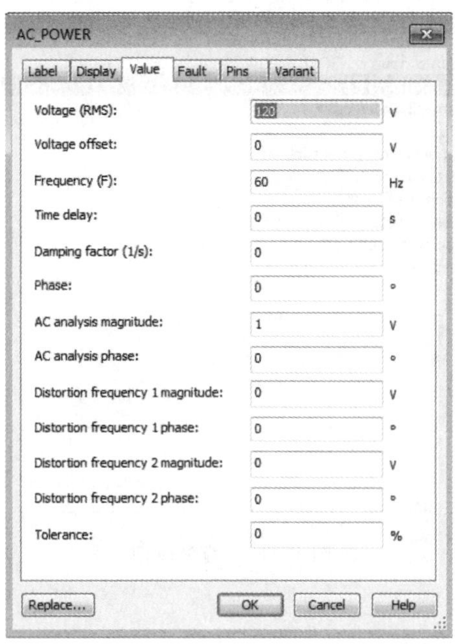

图 B－6　交流信号源参数设置

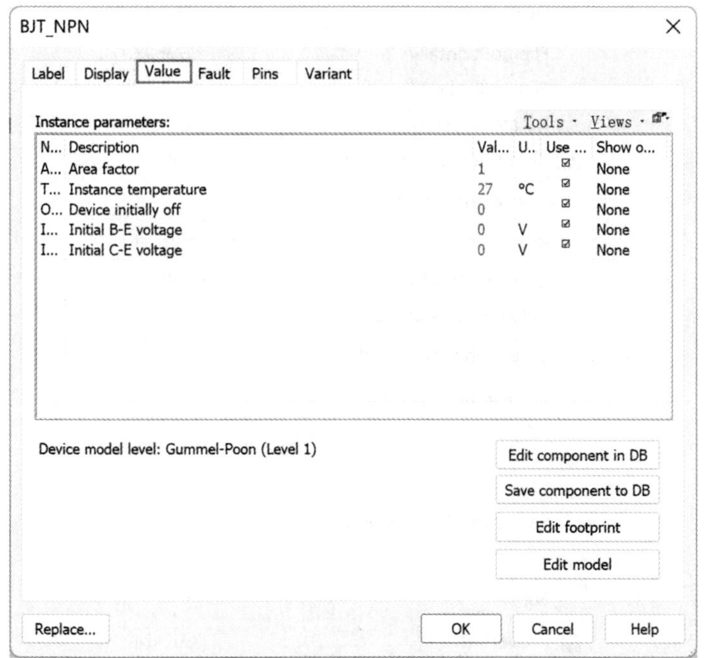

图 B－7　BJT_NPN 属性对话框

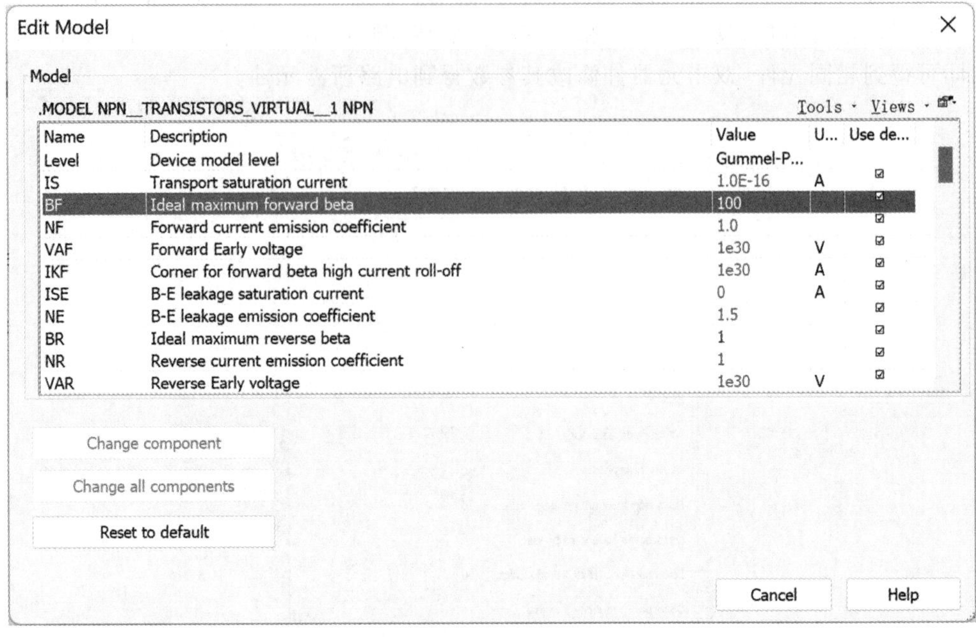

图 B-8　编辑模型

Cut	Ctrl+X
Copy	Ctrl+C
Paste	Ctrl+V
Delete	Delete
Flip horizontally	Alt+X
Flip vertically	Alt+Y
Rotate 90° clockwise	Ctrl+R
Rotate 90° counter clockwise	Ctrl+Shift+R
Bus vector connect...	
Replace by hierarchical block...	Ctrl+Shift+H
Replace by subcircuit...	Ctrl+Shift+B
Replace components...	
Save component to database...	
Edit symbol/title block	
Lock name position	
Reverse probe direction	
Save selection as snippet...	
Color	
Font	
Properties	Ctrl+M

图 B-9　元器件右键选项

按照以上步骤将电路中所需元件全部选取在电路编辑窗口，如图 B－10 所示。

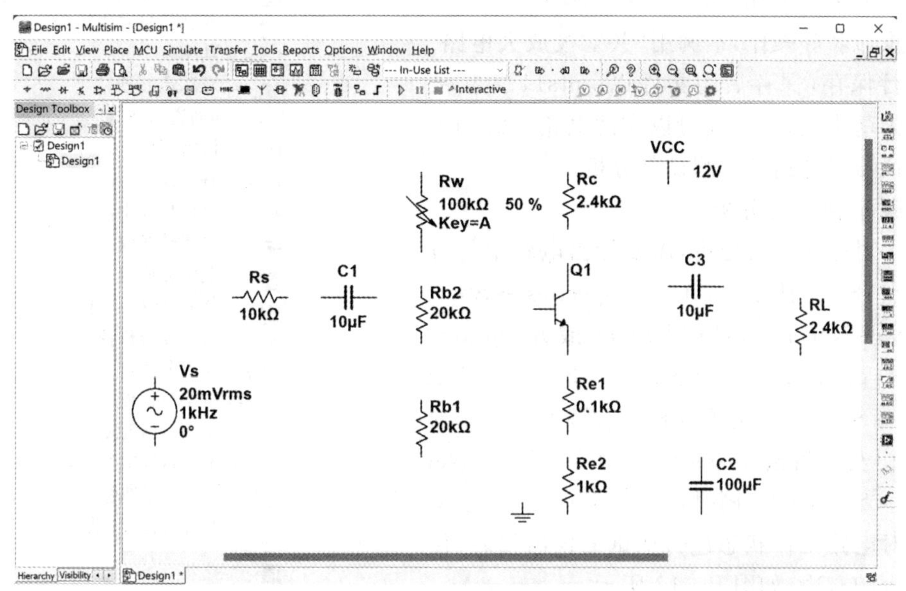

图 B－10　电路所需的元器件

步骤 3：连线

元器件选好后，就可以通过引脚用连线将元器件或仪器仪表连接起来构成电路。方法如下：把光标放在第一个器件的引脚上，光标会变成“+”号，单击鼠标，拖动鼠标，会出现一根连线随光标移动，在第二个元器件的引脚上单击鼠标，在两个元器件之间会自动完成连线。若中途需要从某点转弯，单击左键固定改点，然后继续移动直到终点，并单击完成连线。完成连接后的仿真电路如图 B－11 所示。

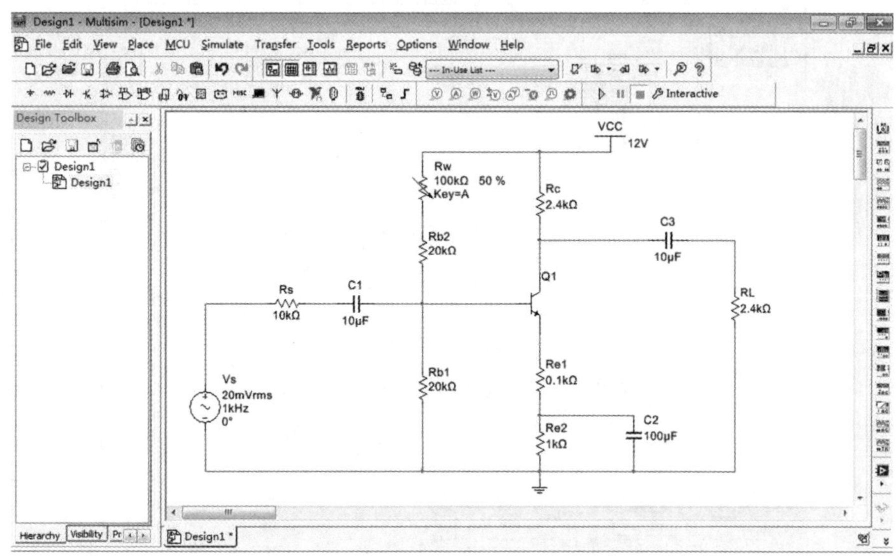

图 B－11　连接后的仿真电路

步骤 4:保存

电路编辑好后用 File/Save as 保存,用户可以进行重命名等操作,本例用“共射极放大电路”为名进行保存,保存后的文件以 .ms14 为扩展名。此为基本电路,后续可以在此电路上添加各种测量仪器对电路进行测试与分析。

步骤 5:测试与分析

为了对电路进行分析,需要标出电路中待分析的结点号。方法是:Edit→Properties→Sheet visiblity→Net names→Show all 或者 Options→Sheet properties → Sheet visiblity → Net names→Show all,也可以直接右键点击工作窗口的空白处,调出 Properties 命令,然后 Net names→Show all。同时,Multisim14 提供了多种用来对电路工作状态进行测试的仪器仪表,位于工作台的右边,如图 B-12 所示。

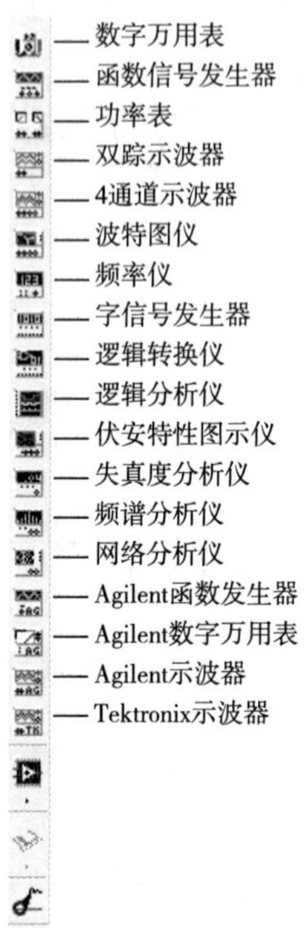

图 B-12 仪表工具栏

本例为了观测波形及测试需要,可添加双踪示波器和波特图仪,点击相应的图标拖拽至电路编辑窗口,进行连线,最后共射极放大电路仿真电路如图 B-13 所示(注:图中结点序号并非固定)。仿真电路图中所需元器件清单如表 B-1 所列。

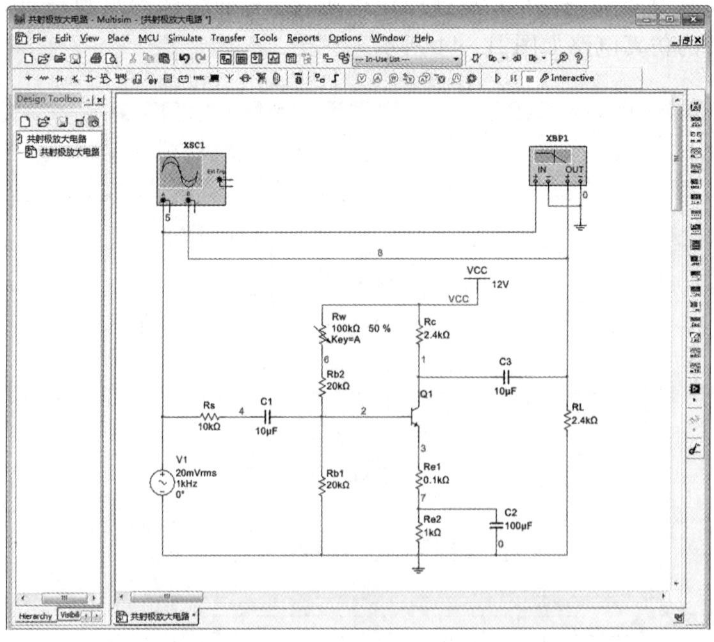

图 B-13 晶体管共射极放大电路仿真电路

表 B-1　晶体管共射极放大电路仿真电路元器件清单

器件名称	器件标识	数值	位置	Group	Family	Component
电阻	R_s	10kΩ	元器件工具栏	Basic	RESISTOR	
	R_{b1}	20kΩ	元器件工具栏	Basic	RESISTOR	
	R_{b2}	20kΩ	元器件工具栏	Basic	RESISTOR	
	R_C	2.4kΩ	元器件工具栏	Basic	RESISTOR	
	R_{e1}	0.1kΩ	元器件工具栏	Basic	RESISTOR	
	R_{e2}	1kΩ	元器件工具栏	Basic	RESISTOR	
	R_L	2.4kΩ	元器件工具栏	Basic	RESISTOR	
	R_W		元器件工具栏	Basic	VARIABLE_RESISTOR	
电容	C1	10μF	元器件工具栏	Basic	CAPACITOR	
	C2	100μF	元器件工具栏	Basic	CAPACITOR	
	C3	10μF	元器件工具栏	Basic	CAPACITOR	
信号源	V_S		元器件工具栏	Sources	POWER_SOURCES	AC_POWER
电源	VCC	12V	元器件工具栏	Sources	POWER_SOURCES	VCC
地			元器件工具栏	Sources	POWER_SOURCES	GROUND
示波器			仪表工具栏 /Oscilloscope			
波特图仪			仪表工具栏 /Bode Plotter			

步骤 5:测试与分析

为实现晶体管共射极放大电路的实验目的,对本电路进行如下仿真:

① 测试静态工作点

由图B-13可知,结点2为晶体管基极,结点1为集电极,结点3为发射极。这3点即为确定静态工作点的重要结点。点击工具栏 Interactive ,进入 Analyses and Simulation(分析与仿真),选择 DC Operating Point Analysis(直流工作点分析),如图 B-14 所示。

在此对话框中有三栏设置选项,分别是 Output、Analysis options、Summary。在一般情况下,所有的分析对话框设置中,Analysis options、Summary 两栏通常都采用默认值,不必进行操作。Output 选项主要用于选择需要分析的变量,是用户需要重点设置的对象。由图 B-14 可以看到,在 Variables in circuit 中列出了电路中的所有变量,本例中由于我们只需要对 1、2、3 这 3 个结点的电压进行分析,因此可以通过点击 Variables in circuit 的三角箭头,选择其中的 Circuit voltage(电路电压),这时会列出电路中所有结点的电压变量,选中我们需要的 V(1)后,点击 Add 按钮,将其添加到右侧的 Selected variables for analysis,V(2)、V(3)按照同样操作,得到如图 B-15 所示。

设置好以后,可以点击 Run 直接进行仿真分析,得到如图 B-16 所示的分析结果。

$$V_{BE}=V_B-V_E=V(2)-V(3)=2.43550-1.65104=0.78446V$$

$$V_{CE}=V_C-V_E=V(1)-V(3)=8.43339-1.65104=6.78235V$$

$$I_C=(V_{CC}-V_C)/R_C=(12-8.43339)/2.4=1.486\text{mA}$$

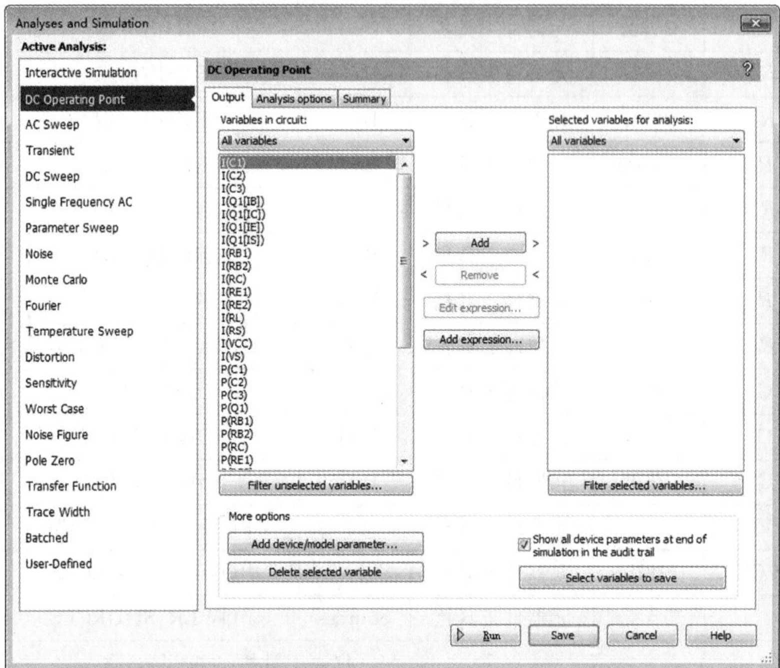

图 B-14　DC Operating Point Analysis 对话框

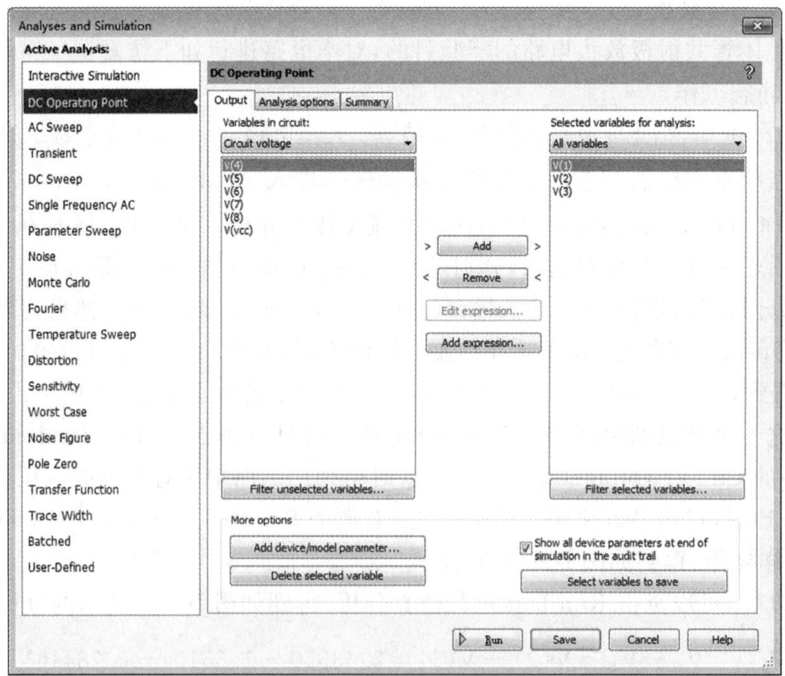

图 B-15　结点选择对话框

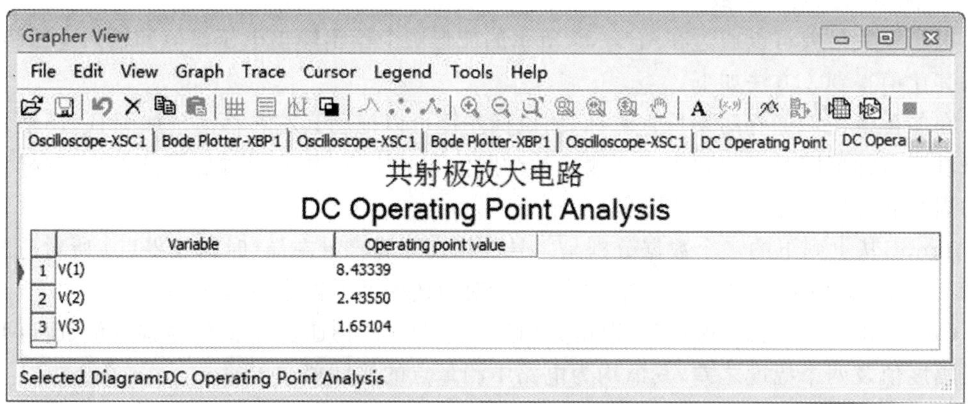

图 B-16　直流工作点分析结果

由此静态工作点可知此时电路工作在放大状态。将 DC Operating Point Analysis 改为 Interactive Simulation 后，运行仿真，并点击示波器，显示如图 B-17 所示，发现此时的波形没有失真，电路处于放大状态。

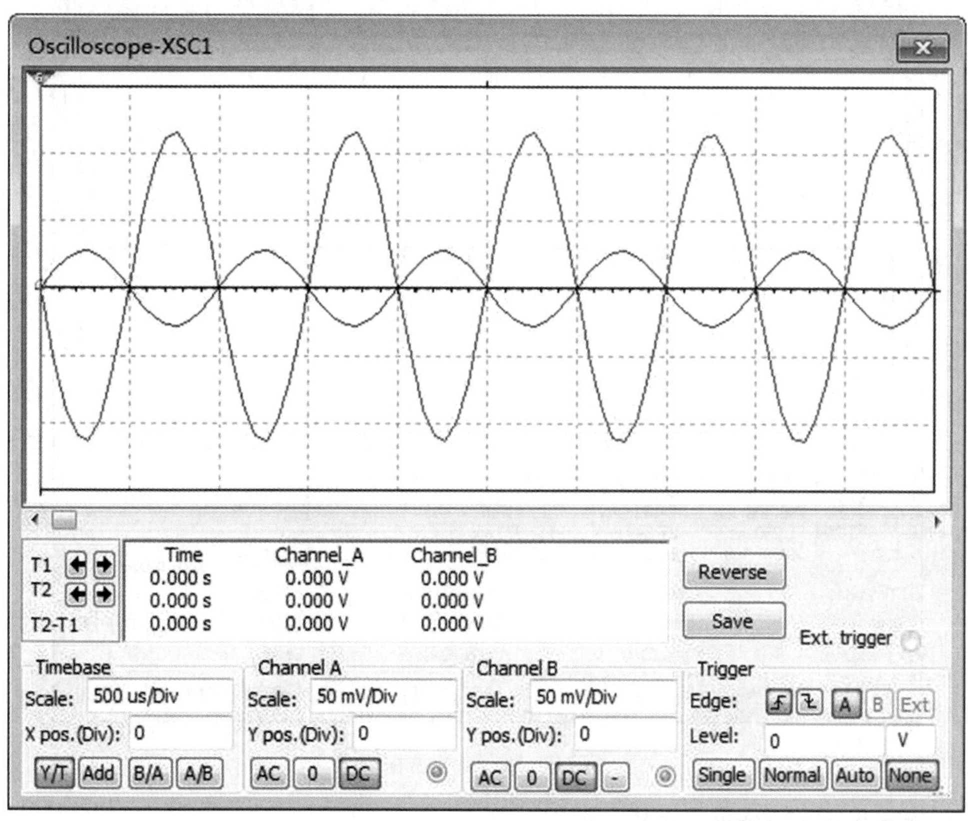

图 B-17　示波器波形

② 测量电压放大倍数

电压放大倍数可以通过在图 B-17 所示的波形图上读出输出电压幅值和输入电压幅值，并求其比值得到。方法如下：

在屏幕最左端上有两条垂直游标，用鼠标左键可以拖动其左右移动。如图 B-18 所示。两条垂直游标可同时显示两个不同测点的时间值和电压值，并可同时显示其差值，这样为信号的周期和幅值等测试提供了方便。

Time：从上到下的三个数据分别是 1 号游标离开屏幕最左端（时基线零点）所对应的时间、2 号游标离开屏幕最左端（时基线零点）所对应的时间及两个时间之差。

Channel_A：从上到下的三个数据分别是 1 号游标所指通道 A 的信号幅度值、通道 B 的信号幅度值及两个幅度之差，其值均为电路中测量点的实际值。

Channel_B：从上到下的三个数据分别是 2 号游标所指通道 A 的信号幅度值、通道 B 的信号幅度值及两个幅度之差，其值均为电路中测量点的实际值。实际测量时，为了测量方便，可单击 Simulate 菜单中的 Pause 暂停仿真，然后再测量。

根据图 B-17 中第三行数据 Channel_B/Channel_A 的绝对值可知，此时的电压放大倍数约为 4 左右。

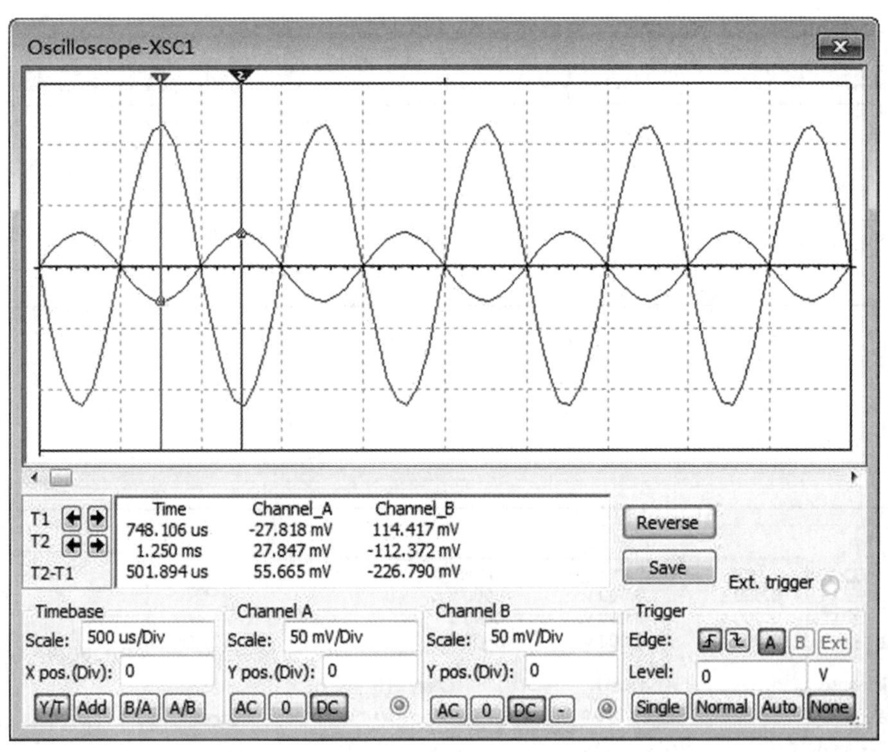

图 B-18 垂直游标

③ 静态工作点对输出波形的影响

加大输入信号，如使 Vs＝300mV，用示波器观测波形，注意：此时波形不能出现失真。再改变 R_W，使输出波形出现失真，如图 B-19 所示，重复 ① 对电路的静态工作点测试，分析

波形失真与 V_{CE} 之间的关系，并判断是何种失真。

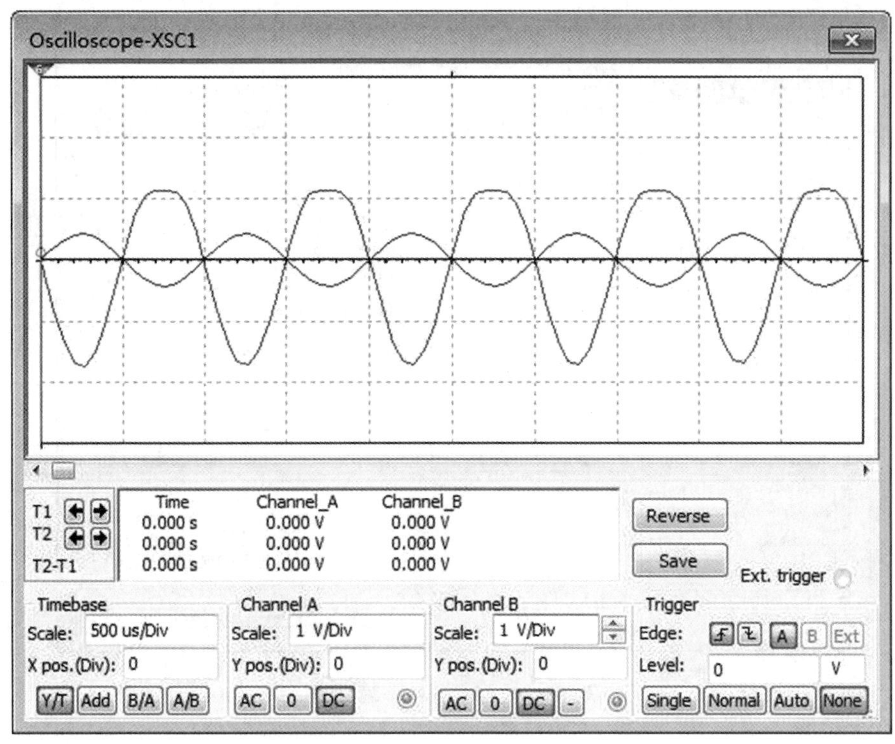

图 B-19　输出波形失真

④ 测量最大不失真输出电压 V_{OPP}

在放大电路正常工作的情况下(即输出波形不失真)，逐步增大输入信号 V_S 的幅度，并同时调节 R_W，用示波器观察输出波形，当输出波形同时出现饱和失真和截止失真时，说明静态工作点已调在交流负载线的中点。此后反复调整输入信号，当输出波形输出幅度最大，且无明显失真时，在示波器上读出此时的动态范围 V_{OPP} 的值，也可用交流毫伏表(调用仪表工具栏中的万用表，并设置成交流状态) 测出输出电压有效值 V_O，计算出动态范围 $V_{OPP} = 2\sqrt{2}\ V_O$

⑤ 测量放大电路频率特性

方法一：放大电路的频率特性可由点击工具栏 Interactive ，进入 Analyses and Simulation(分析与仿真)，选择 AC Sweep(交流扫描分析)，并在 Output 中选择结点 8 分析幅频特性和相频特性，选择 V(8)，点击 Add 后，Run，如图 B-20 所示。仿真结果如图 B-21 所示。

方法二：放大电路的频率特性也可用波特图仪来进行测量。如图 B-13 所示，启动仿真，打开波特图仪界面，幅频特性(Magnitude) 如图 B-22 所示，可见其中频增益为 12.201dB(换算后得到中频区的电压放大倍数约为 4)，向左拖动垂直游标，使其增益为 $12.201-3=9.201$dB 处，测出其下限频率约为 12Hz，图略。

切换至 Phase(相频特性)，得到相频特性如图 B-23 所示。

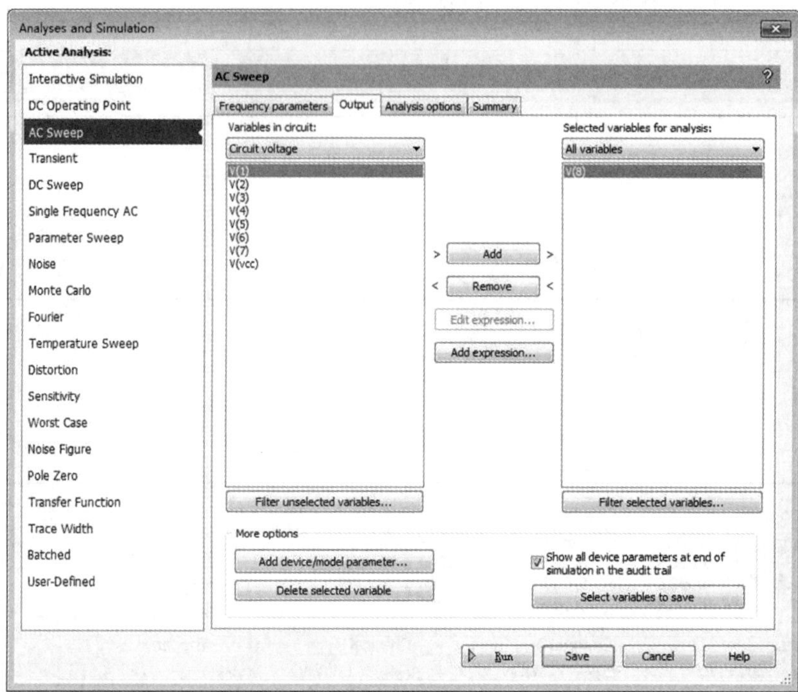

图 B-20　AC Sweep 对话框

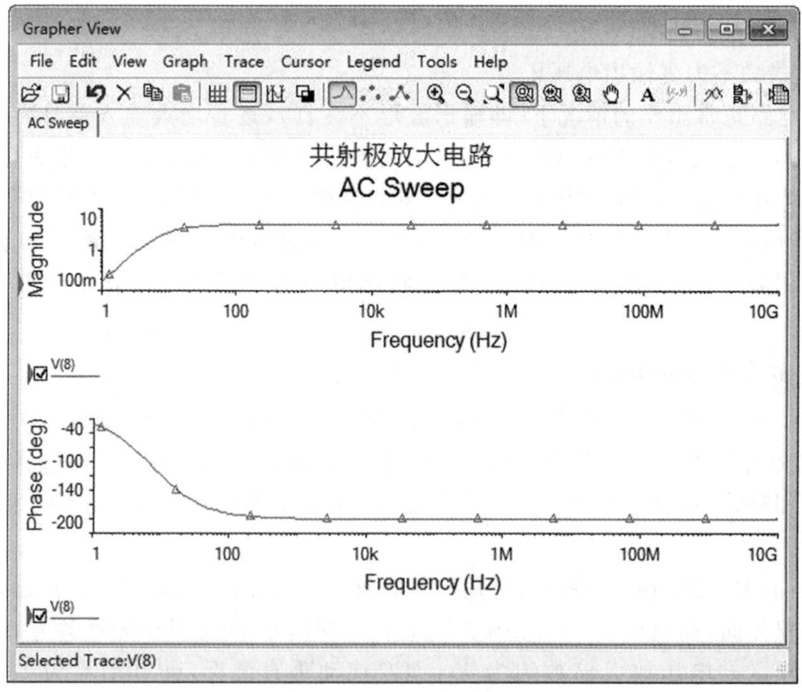

图 B-21　幅频特性和相频特性仿真结果

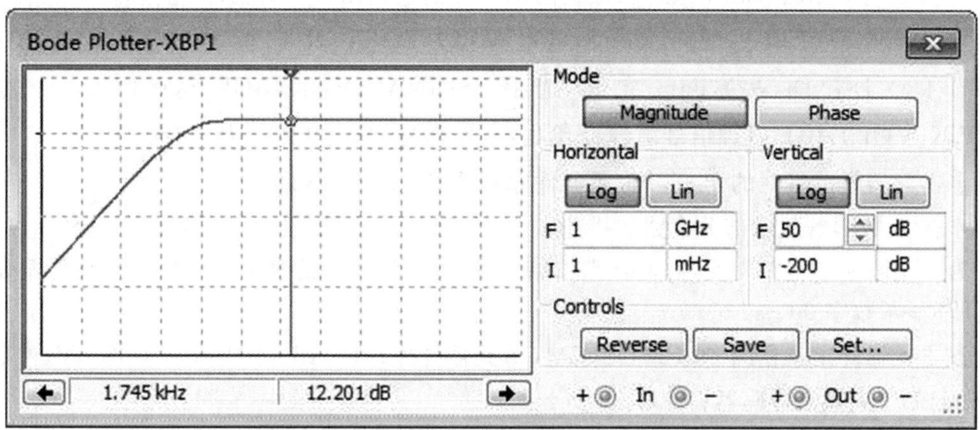

图 B-22　波特图仪幅频特性仿真结果

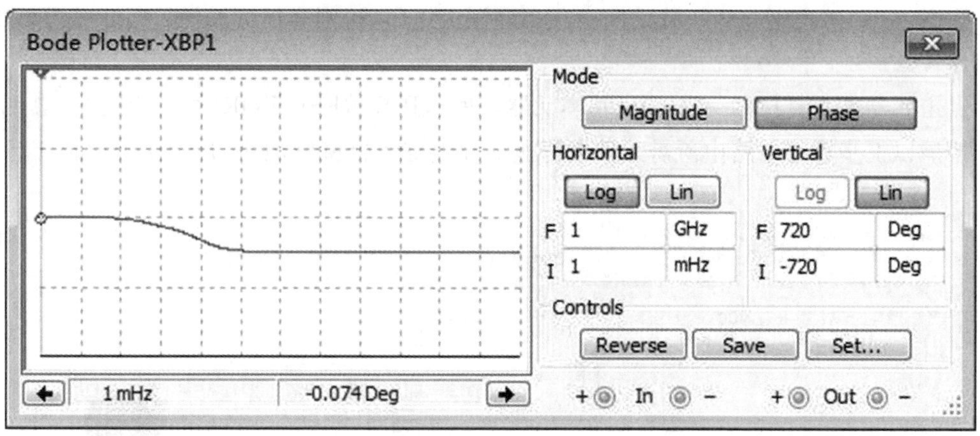

图 B-23　波特图仪幅频特性仿真结果

例 2:用 74LS160 清零法设计 24 进制计数器

电路如图 B-24 所示。设计步骤如下。

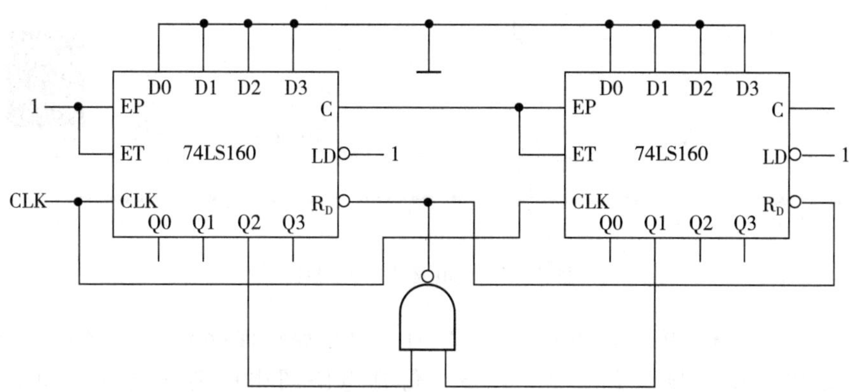

图 B-24　清零法 24 进制计数器原理图

步骤 1:打开 Multisim14 软件,根据图 B-24 的电路图,选择元器件搭建基本电路。

点击元器件工具栏的 ÷ Sources(电源库),Family 中选择 POWER_SOURCES,VCC(⊤),DGND(⏚),Family 中选择 SIGNAL_VOLTAGE_SOURCES, 选择 CLOCK_VOLTAGE 时钟信号源(⏀)给出 CLK 信号,修改其频率为 2Hz;

点击元器件工具栏的 TTL 图标(TTL 元器件库),选择 7400N,74160N;

步骤 2:数码管显示部分电路的搭建。

为了实际显示电路需要,并使计数器结果更加一目了然,仿真电路中加入数码管显示部分,循环显示数字 00 ~ 23。

点击元器件工具栏的 CMOS 图标 CMOS(CMOS 元器件库),Family 中选择 CMOS_5V,然后选择 4511BD_5V 显示译码器;

点击元器件工具栏的 Indicators 图标 Indicators(指示元器件库),Family 中选择 HEX_DISPLAY,然后选择 SEVEN_SEG_COM_K(共阴极数码管);

注意:4511 输出端与数码管之间必须串联限流电阻,否则会损坏器件。因此还需要添加电阻器件。

点击元器件工具栏的 ⩙ Basic(基本元器件库),选择 RESISTOR,并设置成 300Ω。

按照以上步骤将电路中所需元件全部选取在电路编辑窗口,如图 B-25 所示。

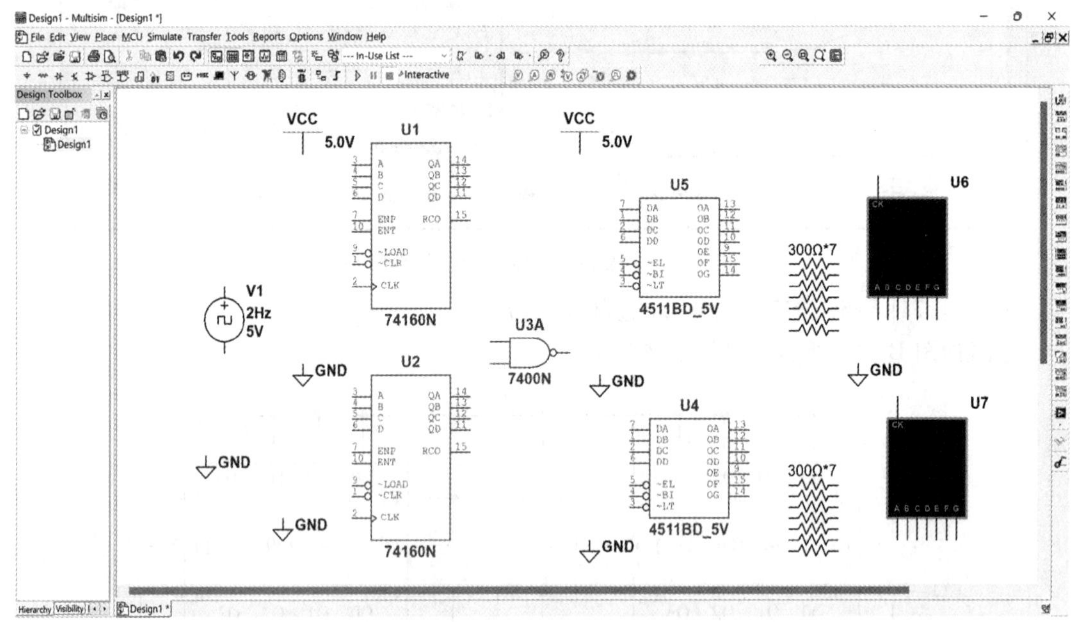

图 B-25　电路所需元器件

步骤 3:连线,保存,仿真。如下图 B-26 连接好电路后保存文件为 24jsq. ms14,点击仿真按钮,数码管循环显示数字 00 ~ 23。仿真电路图中所需元器件清单如表 B-2 所列。

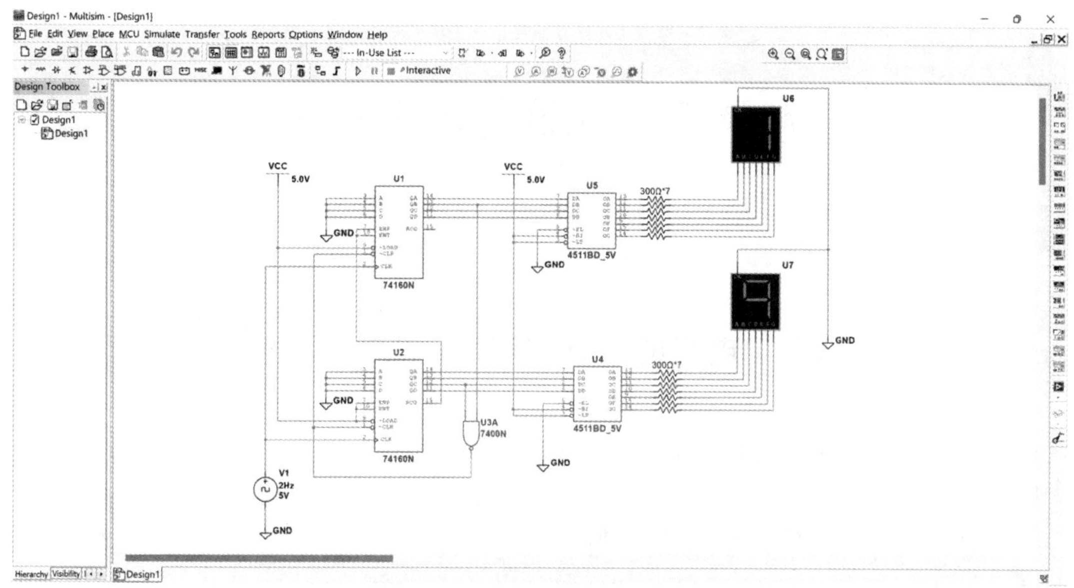

图 B-26　24 进制计数器及显示电路

表 B-2　24 进制计数器及显示电路仿真电路元器件清单

器件名称	器件标识	数值	Group	Family	Component
电阻		300Ω	Basic	RESISTOR	
时钟信号源	V1	5V/2Hz	Sources	SIGNAL_VOLTAGE_SOURCES	CLOCK_VOLTAGE
电源	VCC	5V	Sources	POWER_SOURCES	VCC
地	GND		Sources	POWER_SOURCES	DGND
7400N			TTL	74STD	7400N
74160N			TTL	74STD	74160N
显示译码器	4511BD_5V		CMOS	CMOS_5V	4511BD_5V
共阴极数码管			Indicators	HEX_DISPLAY	SEVEN_SEG_COM_K

Multisim 14.0 是一款功能强大、使用灵活的电子仿真软件，为用户提供了丰富的元器件库和功能齐全的虚拟仪器。以上例题介绍的步骤和分析方法仅为了让读者更快地熟悉软件，了解常用元器件的位置。在实际应用时，不同的电路要根据实际需要选取正确的元器件、采取不同的分析方法，有时候还需要读者多次操作和摸索，才能更好地掌握软件的使用，对电路做出全面而正确的分析。

附录 C　元器件基本常识

附录 C1　电阻的基础知识

固定电阻　可调电阻

电位器　热敏电阻

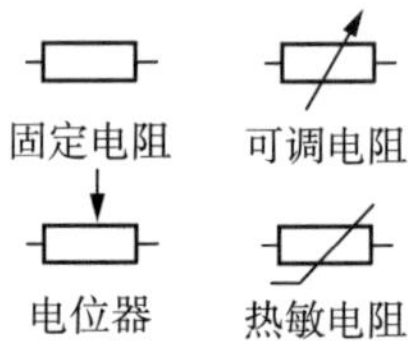

图 C1－1　电阻的电路符号表示方法

常用电阻有碳膜电阻、碳质电阻、金属膜电阻、线绕电阻和电位器等。常用的电阻电路符号表示方法如图 C－1 所示。

常用电阻的结构和特点如表 C1－1 所示：

表 C1－1　几种常用电阻的结构和特点

电阻种类	电阻结构和特点
碳膜电阻	气态碳氢化合物在高温和真空中分解，碳沉积在瓷棒或者瓷管上，形成一层结晶碳膜。改变碳膜厚度和用刻槽的方法变更碳膜的长度，可以得到不同的阻值。碳膜电阻成本较低，性能一般。
金属膜电阻	在真空中加热合金，合金蒸发，使瓷棒表面形成一层导电金属膜。刻槽和改变金属膜厚度可以控制阻值。这种电阻和碳膜电阻相比，体积小、噪声低、稳定性好，但成本较高。
碳质电阻	把炭黑、树脂、黏土等混合物压制后经过热处理制成。在电阻上用色环表示它的阻值。这种电阻成本低，阻值范围宽，但性能差，很少采用。
线绕电阻	用康铜或者镍铬合金电阻丝，在陶瓷骨架上绕制成。这种电阻分固定和可变两种。它的特点是工作稳定，耐热性能好，误差范围小，适用于大功率的场合，额定功率一般在 1 瓦以上。
碳膜电位器	它的电阻体是在马蹄形的纸胶板上涂上一层碳膜制成。它的阻值变化和中间触头位置的关系有直线式、对数式和指数式三种。碳膜电位器有大型、小型、微型几种，有的和开关一起组成带开关电位器。 还有一种直滑式碳膜电位器，它是靠滑动杆在碳膜上滑动来改变阻值的。这种电位器调节方便。
线绕电位器	用电阻丝在环状骨架上绕制成。它的特点是阻值范围小，功率较大。

大多数电阻上，都标有电阻的数值，这就是电阻的标称阻值。电阻的标称阻值，往往和它的实际阻值不完全相符。有的阻值大一些，有的阻值小一些。电阻的实际阻值和标称阻值的偏差，除以标称阻值所得的百分数，叫作电阻的误差。表 C1－2 是常用电阻允许误差的等级。

表 C1－2　常用电阻允许误差的等级

允许误差	±0.5%	±1%	±2%	±5%	±10%	±20%
级　别	005	01	02	Ⅰ	Ⅱ	Ⅲ

国家规定出一系列的阻值作为产品的标准。不同误差等级的电阻有不同数目的标称值。误差越小的电阻，标称值越多。表 C1－3 是普通电阻的标称阻值系列。表 C1－3 中的标称值可以乘以 10^n；比如 1.0 这个标称值，就有 1.0Ω、10.0Ω、100.0Ω、1.0kΩ、10.0kΩ、100.0kΩ、1.0MΩ、10.0MΩ。

表 C1－3　普通固定电阻标称阻值系列

允许误差	标称阻值系列
±5%	1.0　1.1　1.2　1.3　1.5　1.6　1.8　2.0　2.2　2.4　2.7　3.0 3.3　3.6　3.9　4.3　4.7　5.1　5.6　6.2　6.8　7.5　8.2　9.1
±10%	1.0　1.2　1.5　1.8　2.2　2.7　3.3　3.9　4.7　5.6　6.8　8.2
±20%	1.0　1.5　2.2　3.3　4.7　6.8

不同的电路对电阻的误差有不同的要求。一般电子电路，采用 Ⅰ 级或者 Ⅱ 级就可以了。在电路中，电阻的阻值，一般都标注标称值。如果不是标称值，可以根据电路要求，选择和它相近的标称电阻。当电流通过电阻的时候，电阻由于消耗功率而发热。如果电阻发热的功率大于它能承受的功率，电阻就会烧坏。电阻长时间工作时允许消耗的最大功率叫作额定功率。电阻消耗的功率可以由电功率公式：

$$P = I \times V, P = I^2 \times R, P = V^2 / R$$

计算出来，P 表示电阻消耗的功率，V 是电阻两端的电压，I 是通过电阻的电流，R 是电阻的阻值。

电阻的额定功率也有标称值，常用的有 1/8、1/4、1/2、1、2、3、5、10、20 瓦等。在电路图中，常用图 C1－2 所示的符号来表示电阻的标称功率。选用电阻的时候，要留一定的余量，选标称功率比实际消耗的功率大一些的电阻。比如电阻实际消耗功率 1/4 瓦，可以选用 1/2 瓦的电阻；实际消耗功率 3 瓦，可以选用 5 瓦的电阻。

一些体积较小的电阻，其阻值和误差用色环表示。在电阻上有三道或者四道色环。位置靠近电阻器一端的是第一道色环，其余顺次是二、三、四道色环，如图 C1－3 所示。第一道色环表示电阻阻值有效数字的高位，第二道色环表示电阻阻值的有效数字的第二位，第三道色环表示乘数（10^n）。第四道色环表示阻值的误差。色环颜色所代表的数字或者意义见表 C1－4。

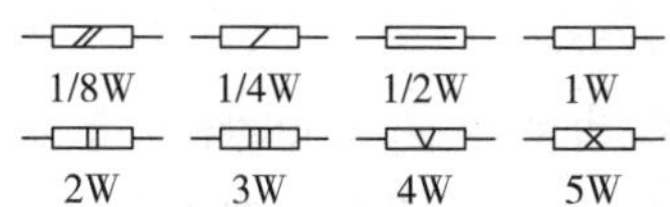

图 C1－2　电阻的功率标识

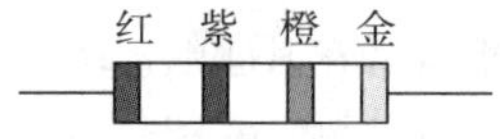

图 C1－3　用色环表示电阻的阻值

表 C1-4　色环颜色所代表的数字或意义

色别	第一色环 第一位数字	第二色环 第二位数字	第三色环 应乘的数	第四色环 误　差
棕	1	1	10^1	
红	2	2	10^2	
橙	3	3	10^3	
黄	4	4	10^4	
绿	5	5	10^5	
蓝	6	6	10^6	
紫	7	7	10^7	
灰	8	8	10^8	
白	9	9	10^9	
黑	0	0	10^0	
金			10^{-1}	±5%
银			10^{-2}	±10%
无色				±20%

如图 C1-3 所示的电阻，它有四道色环，顺序是红、紫、橙、金。这个电阻的阻值就是 27 千欧，误差是±5%。又比如有一个电阻，它有棕、绿、黑三道色环，它的阻值就是 15 欧，误差是±20%。

对于精密电阻器通常采用五道色环表示其阻值和误差，第一、二、三道色环分别表示电阻阻值从高到低的三位有效数字，第四道色环表示乘数，第五道色环表示阻值的误差。

附录 C2　电容的基础知识

常用电容按介质区分有纸介电容、油浸纸介电容、金属化纸介电容、云母电容、薄膜电容、陶瓷电容、电解电容等。

表 C2-1　常用电容的结构和特点

电容种类	电容结构和特点
纸介电容	用两片金属箔做电极，夹在极薄的电容纸中，卷成圆柱形或者扁柱形芯子，然后密封在金属壳或者绝缘材料(如火漆、陶瓷、玻璃釉等)壳中制成。它的特点是体积较小，容量可以做得较大。但是固有电感和损耗都比较大，用于低频比较合适。
云母电容	用金属箔或者在云母片上喷涂银层做电极板，极板和云母一层一层叠合后，再压铸在胶木粉或封固在环氧树脂中制成。它的特点是介质损耗小，绝缘电阻大、温度系数小，适宜用于高频电路。

（续表）

电容种类	电容结构和特点
陶瓷电容	用陶瓷做介质，在陶瓷基体两面喷涂银层，然后烧成银质薄膜做极板制成。它的特点是体积小，耐热性好、损耗小、绝缘电阻高，但容量小，适宜用于高频电路。 铁电陶瓷电容容量较大，但是损耗和温度系数较大，适宜用于低频电路。
薄膜电容	结构和纸介电容相同，介质是涤纶或者聚苯乙烯。涤纶薄膜电容，介电常数较高，体积小，容量大，稳定性较好，适宜做旁路电容。 聚苯乙烯薄膜电容，介质损耗小，绝缘电阻高，但是温度系数大，可用于高频电路。
金属化纸介电容	结构和纸介电容基本相同。它是在电容器纸上覆上一层金属膜来代替金属箔，体积小，容量较大，一般用在低频电路中。
油浸纸介电容	它是把纸介电容浸在经过特别处理的油里，能增强它的耐压。它的特点是电容量大、耐压高，但是体积较大。
铝电解电容	它是由铝圆筒做负极，里面装有液体电解质，插入一片弯曲的铝带做正极制成。还需要经过直流电压处理，使正极片上形成一层氧化膜做介质。它的特点是容量大，但是漏电大，稳定性差，有正负极性，适宜用于电源滤波或者低频电路中。使用的时候，正负极不要接反。
钽、铌电解电容	它用金属钽或者铌做正极，用稀硫酸等配液做负极，用钽或铌表面生成的氧化膜做介质制成。它的特点是体积小、容量大、性能稳定、寿命长、绝缘电阻大、温度特性好。用在要求较高的设备中。
半可变电容	也叫作微调电容。它是由两片或者两组小型金属弹片，中间夹着介质制成。调节的时候改变两片之间的距离或者面积。它的介质有空气、陶瓷、云母、薄膜等。
可变电容	它由一组定片和一组动片组成，它的容量随着动片的转动可以连续改变。把两组可变电容装在一起同轴转动，叫作双连。可变电容的介质有空气和聚苯乙烯两种。空气介质可变电容体积大，损耗小，多用在电子管收音机中。聚苯乙烯介质可变电容做成密封式的，体积小，多用在晶体管收音机中。

电容器上标有的电容数是电容器的标称容量。电容器的标称容量和它的实际容量会有误差。常用固定电容允许误差的等级见表 C2－2。常用固定电容的标称容量系列见表 C2－3。

表 C2－2　常用固定电容允许误差的等级

允许误差	±2%	±5%	±10%	±20%	(+20%−30%)	(+50%−20%)	(+100%−10%)
级别	02	Ⅰ	Ⅱ	Ⅲ	Ⅳ	Ⅴ	Ⅵ

表 C2－3　常用固定电容的标称容量系列

电容类别	允许误差	容量范围	标称容量系列
纸介电容、金属化纸介电容、纸膜复合介质电容、低频（有极性）有机薄膜介质电容	±5%	100pF ～ 1μF	1.0　1.5　2.2　3.3　4.7　6.8
	±10% ±20%	1μF ～ 100μF	1　2　4　6　8　10　15　20　30　50　60　80　100

（续表）

电容类别	允许误差	容量范围	标称容量系列
高频（无极性）有机薄膜介质电容、瓷介电容、玻璃釉电容、云母电容	±5%	其容量为标称值乘以 10^n（n 为整数）	1.1 1.2 1.3 1.5 1.6 1.8 2.0 2.4 2.7 3.0 3.3 3.6 3.9 4.3 4.7 5.1 5.6 6.2 6.8 7.5 8.2 9.1
	±10%		1.0 1.2 1.5 1.8 2.2 2.7 3.3 3.9 4.7 5.6 6.8 8.2
	±20%		1.0 1.5 2.2 3.3 4.7 6.8
铝、钽、铌、钛电解电容	±10% ±20% +50/−20% +100/−10%	容量单位 μF	1.0 1.5 2.2 3.3 4.7 6.8

电容长期可靠地工作，它能承受的最大直流电压，就是电容的耐压，也叫作电容的直流工作电压。如果在交流电路中，要注意所加的交流电压最大值不能超过电容的直流工作电压值。

表 C2－4 是常用固定电容直流工作电压系列。有 * 的数值，只限电解电容用。

表 C2－4　常用固定电容的直流电压系列　（单位：V）

1.6	4	6.3	10	16	25	32*	40	50	63	100	125*	160	250	300*	400	450*	500
630	1000																

由于电容两极之间的介质不是绝对的绝缘体，它的电阻不是无限大，而是一个有限的数值，一般在 1000 兆欧以上。电容两极之间的电阻叫作绝缘电阻，或者叫作漏电电阻。漏电电阻越小，漏电越严重。电容漏电会引起能量损耗，这种损耗不仅影响电容的寿命，而且会影响电路的工作。因此，漏电电阻越大越好。表 C2－5 是常用电容的几项特性。

表 C2－5　常用电容的几项特性

电容种类	容量范围	直流工作电压(V)	运用频率(MHz)	准确度	漏电电阻(MΩ)
中小型纸介电容	470pF ～ 0.22μF	63 ～ 630	8 以下	Ⅰ ～ Ⅲ	＞5000
金属壳密封纸介电容	0.01μF ～ 10μF	250 ～ 1600	直流，脉动直流	Ⅰ ～ Ⅲ	＞1000 ～ 5000
中、小型金属化纸介电容	0.01μF ～ 0.22μF	160、250、400	8 以下	Ⅰ ～ Ⅲ	＞2000
金属壳密封金属化纸介电容	0.22μF ～ 30μF	160 ～ 1600	直流，脉动电流	Ⅰ ～ Ⅲ	＞30 ～ 5000
薄膜电容	3pF ～ 0.1μF	63 ～ 500	高频、低频	Ⅰ ～ Ⅲ	＞10000

（续表）

电容种类	容量范围	直流工作电压(V)	运用频率(MHz)	准确度	漏电电阻(MΩ)
云母电容	10pF ～ 0.51μF	100 ～ 7000	75 ～ 250 以下	02 ～ Ⅲ	＞ 10000
瓷介电容	1pF ～ 0.1μF	63 ～ 630	低频、高频 50 ～ 3000 以下	02 ～ Ⅲ	＞ 10000
铝电解电容	1μF ～ 10000μF	4 ～ 500	直流， 脉动直流	Ⅳ Ⅴ	
钽、铌电解电容	0.47μF ～ 1000μF	6.3 ～ 160	直流， 脉动直流	Ⅲ Ⅳ	
瓷介微调电容	2/7pF ～ 7/25pF	250 ～ 500	高频		＞ 1000 ～ 10000
可变电容	最小 ＞ 7pF 最大 ＜ 1100pF	100 以上	低频，高频		＞ 500

附录 C3　常用 74LS 系列标准数字芯片功能表

名称	类别	功能
74LS00	TTL	2 输入端四与非门
74LS01	TTL	集电极开路 2 输入端四与非门
74LS02	TTL	2 输入端四或非门
74LS03	TTL	集电极开路 2 输入端四与非门
74LS04	TTL	六反相器
74LS05	TTL	集电极开路六反相器
74LS06	TTL	集电极开路六反相高压驱动器
74LS07	TTL	集电极开路六正相高压驱动器
74LS08	TTL	2 输入端四与门
74LS09	TTL	集电极开路 2 输入端四与门
74LS10	TTL	3 输入端 3 与非门
74LS107	TTL	带清除主从双 J－K 触发器
74LS109	TTL	带预置清除正触发双 J－K 触发器
74LS11	TTL	3 输入端 3 与门
74LS112	TTL	带预置清除负触发双 J－K 触发器
74LS12	TTL	开路输出 3 输入端三与非门

（续表）

名称	类别	功能
74LS121	TTL	单稳态多谐振荡器
74LS122	TTL	可再触发单稳态多谐振荡器
74LS123	TTL	双可再触发单稳态多谐振荡器
74LS125	TTL	三态输出高有效四总线缓冲门
74LS126	TTL	三态输出低有效四总线缓冲门
74LS13	TTL	4 输入端双与非施密特触发器
74LS132	TTL	2 输入端四与非施密特触发器
74LS133	TTL	13 输入端与非门
74LS136	TTL	开路输出 2 输入端四异或门
74LS138	TTL	3－8 线译码器 / 复工器
74LS139	TTL	双 2－4 线译码器 / 复工器
74LS14	TTL	六反相施密特触发器
74LS145	TTL	BCD— 十进制译码 / 驱动器
74LS15	TTL	开路输出 3 输入端三与门
74LS150	TTL	16 选 1 数据选择 / 多路开关
74LS151	TTL	8 选 1 数据选择器
74LS153	TTL	双 4 选 1 数据选择器
74LS154	TTL	4 线 —16 线译码器
74LS155	TTL	图腾柱输出译码器 / 分配器
74LS156	TTL	开路输出译码器 / 分配器
74LS157	TTL	同相输出四 2 选 1 数据选择器
74LS158	TTL	反相输出四 2 选 1 数据选择器
74LS16	TTL	开路输出六反相缓冲 / 驱动器
74LS160	TTL	可预置 BCD 异步清除计数器
74LS161	TTL	可预置四位二进制异步清除计数器
74LS162	TTL	可预置 BCD 同步清除计数器
74LS163	TTL	可预置四位二进制同步清除计数器
74LS164	TTL	八位串行入 / 并行输出移位寄存器
74LS165	TTL	八位并行入 / 串行输出移位寄存器
74LS166	TTL	八位并入 / 串出移位寄存器
74LS169	TTL	二进制四位加 / 减同步计数器

（续表）

名称	类别	功能
74LS17	TTL	开路输出六同相缓冲 / 驱动器
74LS170	TTL	开路输出 4×4 寄存器堆
74LS173	TTL	三态输出四位 D 型寄存器
74LS174	TTL	带公共时钟和复位六 D 触发器
74LS175	TTL	带公共时钟和复位四 D 触发器
74LS180	TTL	9 位奇数 / 偶数发生器 / 校验器
74LS181	TTL	算术逻辑单元 / 函数发生器
74LS185	TTL	二进制 —BCD 代码转换器
74LS190	TTL	BCD 同步加 / 减计数器
74LS191	TTL	二进制同步可逆计数器
74LS192	TTL	可预置 BCD 双时钟可逆计数器
74LS193	TTL	可预置四位二进制双时钟可逆计数器
74LS194	TTL	四位双向通用移位寄存器
74LS195	TTL	四位并行通道移位寄存器
74LS196	TTL	十进制 / 二 − 十进制可预置计数锁存器
74LS197	TTL	二进制可预置锁存器 / 计数器
74LS20	TTL	4 输入端双与非门
74LS21	TTL	4 输入端双与门
74LS22	TTL	开路输出 4 输入端双与非门
74LS221	TTL	双 / 单稳态多谐振荡器
74LS240	TTL	八反相三态缓冲器 / 线驱动器
74LS241	TTL	八同相三态缓冲器 / 线驱动器
74LS243	TTL	四同相三态总线收发器
74LS244	TTL	八同相三态缓冲器 / 线驱动器
74LS245	TTL	八同相三态总线收发器
74LS247	TTL	BCD—7 段 15V 输出译码 / 驱动器
74LS248	TTL	BCD—7 段译码 / 升压输出驱动器
74LS249	TTL	BCD—7 段译码 / 开路输出驱动器
74LS251	TTL	三态输出 8 选 1 数据选择器 / 复工器
74LS253	TTL	三态输出双 4 选 1 数据选择器 / 复工器
74LS256	TTL	双四位可寻址锁存器

（续表）

名称	类别	功能
74LS257	TTL	三态原码四 2 选 1 数据选择器 / 复工器
74LS258	TTL	三态反码四 2 选 1 数据选择器 / 复工器
74LS259	TTL	八位可寻址锁存器 /3－8 线译码器
74LS26	TTL	2 输入端高压接口四与非门
74LS260	TTL	5 输入端双或非门
74LS266	TTL	2 输入端四异或非门
74LS27	TTL	3 输入端三或非门
74LS273	TTL	带公共时钟复位八 D 触发器
74LS279	TTL	四图腾柱输出 S－R 锁存器
74LS28	TTL	2 输入端四或非门缓冲器
74LS283	TTL	4 位二进制全加器
74LS290	TTL	二 / 五分频十进制计数器
74LS293	TTL	二 / 八分频四位二进制计数器
74LS295	TTL	四位双向通用移位寄存器
74LS298	TTL	四 2 输入多路带存贮开关
74LS299	TTL	三态输出八位通用移位寄存器
74LS30	TTL	8 输入端与非门
74LS32	TTL	2 输入端四或门
74LS322	TTL	带符号扩展端八位移位寄存器
74LS323	TTL	三态输出八位双向移位 / 存贮寄存器
74LS33	TTL	开路输出 2 输入端四或非缓冲器
74LS347	TTL	BCD—7 段译码器 / 驱动器
74LS352	TTL	双 4 选 1 数据选择器 / 复工器
74LS353	TTL	三态输出双 4 选 1 数据选择器 / 复工器
74LS365	TTL	门使能输入三态输出六同相线驱动器
74LS366	TTL	门使能输入三态输出六反相线驱动器
74LS367	TTL	4/2 线使能输入三态六同相线驱动器
74LS368	TTL	4/2 线使能输入三态六反相线驱动器
74LS37	TTL	开路输出 2 输入端四与非缓冲器
74LS373	TTL	三态同相八 D 锁存器
74LS374	TTL	三态反相八 D 锁存器

（续表）

名称	类别	功能
74LS375	TTL	4 位双稳态锁存器
74LS377	TTL	单边输出公共使能八 D 锁存器
74LS378	TTL	单边输出公共使能六 D 锁存器
74LS379	TTL	双边输出公共使能四 D 锁存器
74LS38	TTL	开路输出 2 输入端四与非缓冲器
74LS380	TTL	多功能八进制寄存器
74LS39	TTL	开路输出 2 输入端四与非缓冲器
74LS390	TTL	双十进制计数器
74LS393	TTL	双四位二进制计数器
74LS40	TTL	4 输入端双与非缓冲器
74LS42	TTL	BCD— 十进制代码转换器
74LS447	TTL	BCD—7 段译码器 / 驱动器
74LS45	TTL	BCD— 十进制代码转换 / 驱动器
74LS450	TTL	16:1 多路转接复用器多工器
74LS451	TTL	双 8:1 多路转接复用器多工器
74LS453	TTL	四 4:1 多路转接复用器多工器
74LS46	TTL	BCD—7 段低有效译码 / 驱动器
74LS460	TTL	十位比较器
74LS461	TTL	八进制计数器
74LS465	TTL	三态同相 2 与使能端八总线缓冲器
74LS466	TTL	三态反相 2 与使能八总线缓冲器
74LS467	TTL	三态同相 2 使能端八总线缓冲器
74LS468	TTL	三态反相 2 使能端八总线缓冲器
74LS469	TTL	八位双向计数器
74LS47	TTL	BCD—7 段高有效译码 / 驱动器
74LS48	TTL	BCD—7 段译码器 / 内部上拉输出驱动
74LS490	TTL	双十进制计数器
74LS491	TTL	十位计数器
74LS498	TTL	八进制移位寄存器
74LS50	TTL	二 — 2 输入双与或非门
74LS502	TTL	八位逐次逼近寄存器

（续表）

名称	类别	功能
74LS503	TTL	八位逐次逼近寄存器
74LS51	TTL	2 输入 /3 输入双与或非门
74LS533	TTL	三态反相八 D 锁存器
74LS534	TTL	三态反相八 D 触发器
74LS54	TTL	四路输入与或非门
74LS540	TTL	八位三态反相输出总线缓冲器
74LS55	TTL	4 输入端二路输入与或非门
74LS563	TTL	八位三态反相输出 D 锁存器
74LS564	TTL	八位三态反相输出 D 触发器
74LS573	TTL	八位三态输出 D 锁存器
74LS574	TTL	八位三态输出 D 触发器
74LS645	TTL	三态输出八同相总线传送接收器
74LS670	TTL	三态输出 4×4 寄存器堆
74LS73	TTL	带清除负触发双 J－K 触发器
74LS74	TTL	带置位复位正触发双 D 触发器
74LS76	TTL	带预置清除双 J－K 触发器
74LS83	TTL	四位二进制快速进位全加器
74LS85	TTL	四位数字比较器
74LS86	TTL	2 输入端四异或门
74LS90	TTL	可二 / 五分频十进制计数器
74LS93	TTL	可二 / 八分频二进制计数器
74LS95	TTL	四位并行输入 \ 输出移位寄存器
74LS97	TTL	6 位同步二进制乘法器

参考文献

[1] 华成英,童诗白．模拟电子技术基础(第 4 版)．北京:高等教育出版社,2006.

[2] 阎石．数字电子技术基础(第 6 版)．北京:高等教育出版社,2016.

[3] 康华光．电子技术基础模拟部分(第 6 版)．北京:高等教育出版社,2013.

[4] 康华光．电子技术基础数字部分(第 6 版)．北京:高等教育出版社,2014.

[5] 毕满清．电子技术实验与课程设计(第 5 版)北京:机械工业出版社,2005.

[6] 廉玉欣．电子技术实验教程北京．高等教育出版社,2018.

[7] 彭介华．电子技术课程设计指导．北京:高等教育出版社,1997.

[8] 梁宗善．电子技术基础课程设计．武汉:华中科技大学出版社,2009.

[9] 李国丽．电子技术基础实验(第 2 版)．北京:机械工业出版社,2018.

[10] 张新喜．Multisim 14 电子系统仿真与设计(第 2 版)．北京:机械工业出版社,2017.

[11] 李国丽,朱维勇,何剑春．EDA 与数字系统设计(第 2 版)．北京:机械工业出版社,2014.

[12] 韩英歧．电子元器件应用技术手册．北京:中国标准出版社．2010.

[13] 王鹏,丁蕾．电子技术实验．合肥:中国科学技术大学出版社．2019.

[14] 陈大钦．电子技术基础实验(第 4 版)．北京:高等教育出版社,2017.

[15] 高吉祥．全国大学生电子设计竞赛培训系列教程．北京:电子工业出版社．2009.

[16] 高吉祥,库锡树．电子技术基础实验与课程设计．北京:电子工业出版社．2011.

[17] Herman,S. L 著．电子技术实验 Electronics for Electricians. 北京:机械工业出版社,2004.

[18] 廉玉欣．电子技术实验教程．北京:高等教育出版社．2018.

[19] 罗杰,谢自美．电子线路设计·实验·测试(第 5 版)．北京:电子工业出版社．2015.

图书在版编目(CIP)数据

电子技术实验与课程设计教程/刘春,朱维勇,李维华主编.—合肥:合肥工业大学出版社,2022.9(2024.10重印)
ISBN 978-7-5650-6073-1

Ⅰ.①电… Ⅱ.①刘…②朱…③李… Ⅲ.①电子技术—实验—课程设计—教材 Ⅳ.①TN-33

中国版本图书馆CIP数据核字(2022)第171853号

电子技术实验与课程设计教程

主　编　刘　春　朱维勇　李维华　　　　责任编辑　吴毅明　张惠萍

出　版	合肥工业大学出版社	版　次	2022年9月第1版
地　址	合肥市屯溪路193号	印　次	2024年10月第2次印刷
邮　编	230009	开　本	787毫米×1092毫米　1/16
电　话	党政办公室:0551-62903975	印　张	16.25
	营销与储运管理中心:0551-62903198	字　数	406千字
网　址	press.hfut.edu.cn	印　刷	安徽联众印刷有限公司
E-mail	hfutpress@163.com	发　行	全国新华书店

ISBN 978-7-5650-6073-1　　　　定价:39.00元